U0652882

高职高专经管类专业公共基础课系列教材

经 济 数 学

主　编　　余平洋

副主编　　路世英　　朱立柱

西安电子科技大学出版社

内 容 简 介

本书根据高职高专院校经济、管理类相关专业课程的改革经验和教学工作的需要而编写.

本书共 13 章,主要内容有函数、极限与连续、导数与微分、不定积分和定积分、随机事件及其概率、随机变量及其分布、数理统计、行列式、矩阵、线性方程组、线性规划初步、Mathematica 数学软件的应用等.每节后配有练习题,每章后配有综合练习题.另外,本书提供了丰富的实际案例和应用例题,以培养学生用定性与定量相结合的方法解决实际问题的能力.

本书可作为高职高专院校经济、管理类相关专业的教材,也可作为经济管理人员的自学用书.

图书在版编目(CIP)数据

经济数学/余平洋主编. --西安:西安电子科技大学出版社,2023.8
ISBN 978 - 7 - 5606 - 6939 - 7

Ⅰ. ①经⋯　Ⅱ. ①余⋯　Ⅲ. ①经济数学—高等职业教育—教材　Ⅳ. ①F224. O

中国国家版本馆 CIP 数据核字(2023)第 130529 号

策　　划　秦志峰
责任编辑　秦志峰
出版发行　西安电子科技大学出版社(西安市太白南路 2 号)
电　　话　(029)88202421　88201467　　　邮　编　710071
网　　址　www. xduph. com　　　　　　电子邮箱　xdupfxb001@163. com
经　　销　新华书店
印刷单位　咸阳华盛印务有限责任公司
版　　次　2023 年 8 月第 1 版　2023 年 8 月第 1 次印刷
开　　本　787 毫米×1092 毫米　1/16　印张　15.5
字　　数　365 千字
印　　数　1~2000 册
定　　价　37.00 元
ISBN 978 - 7 - 5606 - 6939 - 7/F

XDUP 7241001 - 1

＊＊＊如有印装问题可调换＊＊＊

前　言

经济数学是高职高专院校经济、管理类相关专业必修的一门基础课程，是学生素质拓展及能力培养的重要工具．本书根据高职高专院校的人才培养目标，结合经济数学的教学特点和课程改革的经验，充分考虑类别特点、专业需求、学生生源状况、数学学习认知规律等重要因素，依照"定位高职，淡化理论，强化应用，融入思政"的原则，组织教学经验丰富的一线教师编写而成．本书中注重渗透现代数学思想，有助于培养学生应用数学知识和方法解决经济问题的能力，提升学生的数学素养．

本书具有鲜明的高等职业教育特色，具体反映在下述几个方面：

1. 专业特色性

本书每节开始以体现经济、管理类相关专业背景的案例驱动学习内容，从案例的分析或解答中引入数学概念，然后将数学思想和方法应用到实际案例当中，较好地实现了数学知识与专业案例的对接，缩短了经济数学课程与后续专业课程之间的距离，既体现了"适度、够用"的原则，又满足了学生未来从事工作的需要．

2. 体系完整性

全书内容通俗易懂、深入浅出、循序渐进、精简实用、条理清楚，既满足高职教育教学的需求，又注重数学知识的严谨性、科学性、系统性，突出经济数学的基本思想和基本方法．

3. 简明实用性

本书对微积分、概率统计与线性代数等基本知识进行了有机整合，科学配置课程内容，淡化数学概念的抽象描述，强化几何直观，突出实际应用，有助于学生从整体上把握经济数学的思想方法，真正做到简单高效地掌握基本计算方法，从而提高学生运用数学知识解决实际问题的能力．

4. 育人功效性

本书精选了一些数学史、数学思想和数学方法等素材（以二维码形式体现），可使学生初步领会数学的精神实质和思想方法，有效体现了基础理论课的文化功能和数学课程的育人功能．

5. 实践创新性

本书在最后一章介绍了 Mathematica 数学软件的应用，学生可借助数学软件，利用计算机进行科学计算和统计分析，从而提高其运用数学软件解决实际问题的能力．

本书由开封大学余平洋担任主编，开封大学路世英、朱立柱担任副主编. 具体分工如下：第 1～5 章由余平洋执笔，第 6 章、第 7 章、第 13 章由朱立柱执笔，第 8 章由李辉、朱立柱执笔，第 9～12 章由路世英执笔. 全书由余平洋统稿.

　　在本书的编写过程中，西安电子科技大学出版社相关领导给予了大力支持，同行专家也提出了许多宝贵意见，在此一并表示感谢.

　　鉴于编者的水平有限，加之数学教学改革中的一些问题还有待探索，书中不妥之处恳请有关专家和读者批评指正.

编　者

2023 年 3 月

目录

CONTENTS

1

第 1 章　极限与连续

微积分是经济数学的核心内容，它研究的主要对象是函数. 研究微积分所用的主要工具是极限，而极限是研究变量的一种基本方法，极限的概念和运算从理论上贯穿微积分的始终. 本章将在函数概念的基础上介绍极限的概念和运算、函数的连续性等知识.

1.1　函　　数

在客观世界中，事物总是相互联系、相互影响的，这种相互间的联系和影响反映在数学上就是变量与变量间的函数关系. 下面介绍函数的有关知识.

1.1.1　函数的概念

案例 1.1（商品销售问题）　为了探索创业途径，学生李明利用业余时间在学校食堂打工. 经过一段时间的统计，他发现某种面包以每个 2 元的价格销售时，每天能卖 200 个；价格每提高 5 角，每天就少卖 20 个. 另外，摊位每天的固定开销为 50 元，每个面包的成本为 1 元. 此后，李明决定独自经营面包柜台. 李明怎样确定面包的价格，才能使获得的利润最大？

案例 1.2（气温的变化问题）　某城市一天 24 小时内，气温（T）会随着时间（t）的变化而变化，且每一时刻 t 都有唯一确定的气温 T 值.

上面两个案例的实际意义虽然不同，但它们都通过一定的对应法则来反映两个变量之间的相互依赖关系，由此可引出函数的定义.

定义 1.1　设 D 是一个非空的实数集合，如果存在一个对应法则 f，使得对任意的 $x \in D$，按照对应法则 f，都有唯一确定的实数 y 与之对应，则称对应法则 f 建立了一个在 D 上的函数. 其中：x 称为自变量；y 称为因变量；D 称为函数 f 的定义域，记作 $D(f)$.

函数的表示法通常有 3 种：表格法、图像法、公式法. 例如，经济活动中许多数量关系表格采用的是表格法；股市中的股市走向曲线采用的是图像法；$y = e^x$ 采用的是公式法.

函数的定义域和对应法则称为函数的两个确定性要素. 在中学我们已经学习了函数定义域的意义和求法. 如果两个函数的定义域相同，对应法则也相同，那么这两个函数就是相同的，否则就是不同的. 例如，函数 $y = 1 + x^2$ 与 $u = 1 + v^2$ 的定义域都是 $\mathbf{R}$，且对任一 $a \in \mathbf{R}$，两个函数都有相同的实数 $1 + a^2$ 与之对应，即有相同的对应法则，故它们是两个相同的函数. 对于函数 $y = 1$ 与 $y = \dfrac{x}{x}$，由于它们的定义域不同，因此它们是两个不同的函数. 对于函数 $y = \sqrt{1 - \cos^2 x} = |\sin x|$ 与 $y = \sin x$，由于它们的对应法则不同，因此它们是两个不同的函数.

函数的定义域通常按以下两种情形来确定. 一种是有实际背景的函数，这种函数的定义域根据变量的实际背景确定，因而这种定义域称为函数的实际定义域. 例如，某商品的销售量记作 Q，价格定为 3 元，则总收益 R 是销售量 Q 的函数. 即 $R=3Q$. 显然，若不考虑 Q、R 的实际意义，只考虑函数解析式本身，则定义域为 $(-\infty,+\infty)$；若同时考虑 Q、R 的实际意义，销售量 Q 不可能小于零，则定义域应为 $[0,+\infty)$. 另一种是抽象的用算式表达的函数，通常约定这种函数的定义域为使算式有意义的一切实数组成的集合，因而这种定义域称为函数的自然定义域. 例如，函数 $y=\sqrt{1-x}$ 的定义域为左开右闭区间 $(-\infty,1]$，函数 $y=\dfrac{1}{\sqrt{1-x}}$ 的定义域为 $(-\infty,1)$.

例 1 求下列函数的定义域.

(1) $f(x)=\dfrac{x+2}{x^2+2x}$；   (2) $f(x)=\dfrac{1}{\sqrt{1-2x}}-\lg(x+1)$.

解 (1) 要使 $f(x)=\dfrac{x+2}{x^2+2x}$ 有意义，则分母不能为零，即 $x^2+2x\neq0$，由此解得 $x\neq-2$ 且 $x\neq0$. 所以定义域为 $(-\infty,-2)\bigcup(-2,0)\bigcup(0,+\infty)$.

(2) 要使 $f(x)=\dfrac{1}{\sqrt{1-2x}}-\lg(x+1)$ 有意义，则要求函数第一项中的 $1-2x>0$，即 $x<\dfrac{1}{2}$，同时要求第二项中的 $x+1>0$，即 $x>-1$. 所以定义域为 $\left(-1,\dfrac{1}{2}\right)$.

1.1.2 基本初等函数与初等函数

案例 1.3（经济函数间的相互作用） 设某工厂的收益 R 是其产量 Q 的函数，即 $R=Q^2$，这是一个基本初等函数；而产量 Q 又是时间 t 的函数，即 $Q=2t+1$，这是一个初等函数. 于是，借助产量 Q，收益 R 可写成时间 t 的函数，即 $R=(2t+1)^2$，该函数称为函数 $R=R(Q)$ 与 $Q=Q(t)$ 复合而成的复合函数.

定义 1.2 常函数、幂函数、指数函数、对数函数、三角函数和反三角函数统称为基本初等函数.

定义 1.3 设 y 是 u 的函数 $y=f(u)$，u 是 x 的函数 $u=g(x)$，如果 $u=g(x)$ 的部分（或全部）值域包含在 $y=f(u)$ 的定义域中，则称 $y=f[g(x)]$ 为复合函数. 其中 x 为自变量，y 为因变量，u 为中间变量.

要分析复合函数的结构，必须分析其复合过程，也要分析复合函数的分解过程. 通常由外层到内层进行复合函数的分解，将 $y=f[g(x)]$ 拆成若干基本初等函数或简单函数. 我们习惯上将基本初等函数经过有限次四则运算所得到的函数称为简单函数. 例如，$y=x^2+1$，$y=x\sin x$，$y=\dfrac{e^x}{x}$ 等.

复合函数分解的标准如下：

(1) 除最后一个函数外，前面分解的函数一定都是基本初等函数（幂函数、指数函数、对数函数、三角函数和反三角函数）；

(2) 最后分解出来的函数是基本初等函数或简单函数，二者必居其一.

将复合函数分解的步骤如下：

(1) 确定外层函数 $y = f(u)$（y 是 u 的函数）；

(2) 确定内层函数 $u = g(x)$（u 是 x 的函数）.

例 2　在下列各题中，求由所给函数复合而成的复合函数.

(1) $y = u^2$，$u = \cos x$；　　　(2) $y = e^u$，$u = x^2$.

解　(1) 将函数 $u = \cos x$ 代入 $y = u^2$ 中，可得复合函数为 $y = \cos^2 x$.

(2) 将函数 $u = x^2$ 代入 $y = e^u$ 中，可得复合函数为 $y = e^{x^2}$.

函数的复合运算可以在多个函数中进行. 例如，函数 $y = \sqrt{u}$，$u = \tan v$，$v = 1 + x^2$ 可构成函数 $y = \sqrt{\tan(1 + x^2)}$.

例 3　指出下列复合函数的复合过程.

(1) $y = (2x + 1)^3$；(2) $y = \cos x^2$；(3) $y = \cos\sqrt{1 + x^2}$.

解　(1) 函数 $y = (2x + 1)^3$ 是由 $y = u^3$ 与 $u = 2x + 1$ 复合而成的.

(2) 函数 $y = \cos x^2$ 是由 $y = \cos u$ 与 $u = x^2$ 复合而成的.

(3) 函数 $y = \cos\sqrt{1 + x^2}$ 是由 $y = \cos u$，$u = \sqrt{v}$，$v = 1 + x^2$ 复合而成的.

定义 1.4　由基本初等函数经过有限次的四则运算和复合运算构成，可用一个数学式子表示的函数，统称为初等函数.

例如，$y = 1 + x^2$，$y = \sqrt{1 + \tan x^2}$，$y = e^{2x+1}$ 都是初等函数；而符号函数

$$y = \operatorname{sgn} x = \begin{cases} 1, & x > 0 \\ 0, & x = 0 \\ -1, & x < 0 \end{cases}$$

是分段函数，不是初等函数.

1.1.3　常用的经济函数

在经济活动与分析中，经常会遇到成本、价格、需求、收益、利润等经济量间关系（函数）的问题，下面介绍几个常用的经济函数.

案例 1.4（市场需求量与企业供给量关系的问题）　某种商品的市场饱和需求量为 500 套，当价格每上升 1（百元）时，市场需求量将减少 10 套，投放量将增加 5 套. 另外，从企业角度考虑，需生产 200 套供应外地市场. 试求市场需求量与价格、企业供给量与价格之间的关系.

定义 1.5　需求量是指在特定时间内消费者打算并能够购买的某种商品的数量，用 Q 表示.

影响需求量的因素有很多，主要是商品的价格 p. 通常，降低商品价格会使需求量增加，而提高商品价格会使需求量减少. 如果不考虑其他因素的影响，需求量 Q 可以看作价格 p 的一元函数，称为需求函数，记作 $Q = Q(p)$.

通常需求函数是价格的递减函数，如图 1-1 为一条需求曲线.

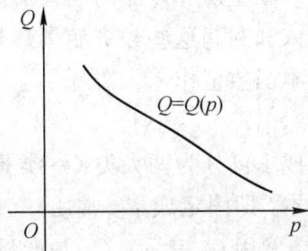

图 1-1

3

常见的需求函数有如下几种：

(1) 线性函数：$Q=a-bp$ $(a\geqslant0，b\geqslant0)$.

(2) 二次函数：$Q=a-bp-cp^2$ $(a\geqslant0，b\geqslant0，c\geqslant0)$.

(3) 指数函数 $Q=Ae^{-bp}$ $(a\geqslant0，b\geqslant0)$.

需求函数 $Q=Q(p)$ 的反函数反映了商品价格随商品需求量变化的依赖关系，称为价格函数，记作 $p=p(Q)$.

定义 1.6 供给量是指在特定时间内厂商愿意并且能够出售的某种商品的数量，用 S 表示.

影响供给量的主要因素也是商品的价格 p. 通常商品价格上涨将刺激生产者向市场提供更多的产品，使供给量增加；反之，商品价格下降将使供给量减少. 供给量 S 也可看作价格 p 的一元函数，称为供给函数，记作 $S=S(p)$.

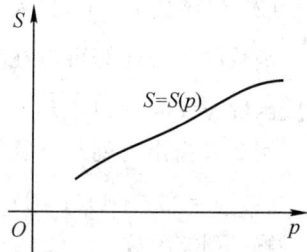

一般地，商品供给函数是价格的递增函数，如图 $1-2$ 是一条供给曲线.

图 $1-2$

常见的供给函数有如下几种：

(1) 线性函数：$S=ap-b$ $(a\geqslant0，b\geqslant0)$.

(2) 二次函数：$S=ap^2+bp-c$ $(a\geqslant0，b\geqslant0，c\geqslant0)$.

(3) 幂函数：$S=kp^a$ $(k\geqslant0，a\geqslant0)$.

(4) 指数函数：$S=Ae^{bp}$ $(a\geqslant0，b\geqslant0)$.

在实际生活中，需求函数与供给函数是密切相关的. 在市场经济体系下，人们将通过市场逐步调节供求关系，消除供不应求和供大于求的现象. 理想的状态是供与求处于平衡状态，即市场上商品的需求量等于供给量. 供需平衡时的商品价格称为均衡价格，此时的商品量称为商品的均衡数量. 一般地，市场上的商品价格将围绕着均衡价格上下波动.

例 4 设某商品的市场需求量 Q 和供给量 S 与价格 p 的关系分别为

$$Q=120-7p$$
$$S=8p-30$$

试求该商品的市场均衡价格与均衡数量(商品数量单位为吨，价格单位为万元).

解 由于商品价格为均衡价格意味着商品供需平衡，即 $Q=S$，故将已知方程联立得

$$120-7p=8p-30$$

解得该商品的均衡价格为 $p=10$(万元)，商品的均衡数量为 $Q=50$(吨).

在生产和产品的经营活动中，人们总希望尽可能降低成本而提高收入和利润. 成本、收入和利润这些经济变量都与产品的产量或销售量 Q 密切相关，都可以看作 Q 的函数. 总成本函数记作

$$C=C(Q)$$

总成本可分为两大类：一类是在短时间内不发生变化或随产品产量的变化其变化不明显的成本，即固定成本，常用 C_0 表示；另一类是随着产品数量的变化而变化的成本，即可变成本，常用 C_1 表示，C_1 是产量 Q 的函数，即 $C_1=C_1(Q)$. 因此，总成本可表示为

$$C=C_0+C_1(Q)$$

对于一个企业，仅看总成本的多少是无法评价这个企业生产情况好坏的，还要看单位产品成本的多少. 单位产品的成本称为平均成本，常用 $\bar{C}(Q)$ 表示，即

$$\bar{C}(Q) = \frac{C(Q)}{Q} = \frac{C_0 + C_1(Q)}{Q}$$

平均成本愈小，说明企业的生产形势愈好.

例 5　已知某种产品的总成本函数为 $C(Q) = 700 + \frac{Q^2}{4}$，求生产 100 个该产品的总成本和平均成本.

解　由已知总成本函数知，生产 100 个该产品的总成本为

$$C(100) = 700 + \frac{100^2}{4} = 3200$$

该产品的平均成本为

$$\bar{C}(100) = \frac{C(100)}{100} = \frac{3200}{100} = 32$$

收益是指商品售出后得到的收入. 收益又分总收益和平均收益两种. 总收益是指销售者售出一定量的商品所得的全部收入，常用 R 表示，即 $R = R(Q)$；平均收益是指售出一定数量的商品时，平均每售出一个单位的商品的收入，常用 $\bar{R}$ 表示，即 $\bar{R} = \frac{R(Q)}{Q}$.

如果商品的价格为 p，则售出 Q 个单位的商品的总收益函数为 $R = R(Q) = pQ$.

生产一定数量产品的总收益与总成本之差称为生产一定数量产品的利润，常用 L 表示，即

$$L = L(Q) = R(Q) - C(Q)$$

例 6　已知生产某种产品 Q 件的总成本为 $C(Q) = 10 + 5Q + 0.2Q^2$，若每售出一件该产品的收入为 15 万元，求生产 10 件该产品的总利润和平均利润.

解　由题意知 $p = 15$（万元），于是产品的总收益函数为

$$R = R(Q) = pQ = 15Q$$

利润函数为

$$L(Q) = R(Q) - C(Q) = 15Q - (10 + 5Q + 0.2Q^2)$$
$$= 10Q - 0.2Q^2 - 10$$

当 $Q = 10$（件）时，总利润为

$$L(10) = 10 \times 10 - 0.2 \times 10^2 - 10 = 70 \text{（万元）}$$

平均利润为

$$\bar{L}(10) = \frac{L(10)}{10} = 7 \text{（万元）}$$

在企业的生产（经营）管理和经济活动分析中，利润分析一直是产品定价和生产决策的重要依据. 在实际经济活动中，利润会呈现三种情况：一是有利润状态的盈余生产，即 $L(Q) > 0$；二是有亏损状态的亏损生产，即 $L(Q) < 0$；三是无盈亏生产，即盈亏平衡，$L(Q) = 0$. 我们把无盈亏生产时的产量记作 Q_0，称为盈亏平衡点. 盈亏平衡分析常用于企业生产（经营）管理和经济活动的各种定价和生产决算中.

■ 练习 1.1

1. 指出下列各组函数可否复合. 如果可以复合，请写出它们的复合函数.

(1) $y=\sqrt{u}$，$u=1-x^2$；

(2) $y=\ln u$，$u=x-1$；

(3) $y=\arcsin u$，$u=2+x^2$；

(4) $y=\arctan u$，$u=2+x^2$.

2. 指出下列函数的复合过程.

(1) $y=\sin x^2$；

(2) $y=\ln^2 x$；

(3) $y=\sin^3(2x+1)$；

(4) $y=\sqrt{\ln(1+x^2)}$.

3. 已知某种产品的总成本函数为

$$C(Q)=3000+\frac{Q^2}{32}+\sqrt{Q}\ \text{（元）}$$

求当生产 64 个该产品时的总成本和平均成本.

4. 某车间最大生产能力为月生产 100 台机床，且该车间至少要完成 40 台方可保本. 已知生产 Q 台机床时的总成本函数为 $C(Q)=Q^2+10Q$（万元）；按市场规律，价格为 $p=250-5Q$（Q 为需求量）时，可以销售完. 试写出其月利润函数.

5. 当书店中某本图书的售价为 18 元/本时，每天销量为 100 本；若售价每提高 1 元，则销量减少 5 本. 试求图书的需求函数.

6. 当某种药材的收购价为 4.5 元/千克时，某收购站每月能收购 5000 千克；若收购价每千克提高 0.1 元，则收购量可增加 400 千克. 求药材的线性供给函数.

7. 已知需求函数为 $Q=\dfrac{100}{3}-\dfrac{2}{3}p$，供给函数为 $S=-20+10p$，求市场均衡价格 p_0。

1.2　函数的极限

极限理论是建立和应用微积分学中各种概念和计算方法的前提，微积分学中的许多重要概念都是利用极限来定义的，函数的连续性、导数、积分等都与极限有着密切的关系.

1.2.1　数列极限的概念

案例 1.5（截木问题）　战国时期著名的哲学家庄周所著的《庄子·天下篇》中记载了一句话"一尺之锤，日取其半，万世不竭." 假设木棒的长度为 1（单位：尺），第 1 天截取 $\dfrac{1}{2}$，第 2 天截取 $\dfrac{1}{2^2}=\dfrac{1}{4}$，第 3 天截取 $\dfrac{1}{2^3}=\dfrac{1}{8}$，……，第 n 天截取 $\dfrac{1}{2^n}$，这样我们得到一列数

$$\frac{1}{2},\ \frac{1}{2^2},\ \cdots,\ \frac{1}{2^n},\ \cdots$$

这是一个等比数列. 显然，随着时间的增加，截取的木棒长度越来越短，当天数 n 无限增大时，截取的木棒长度 $\dfrac{1}{2^n}$ 越来越接近数 0. 此时，我们称常数 0 为截取的木棒长度构成的数列极限.

案例 1.6（圆面积的确定）　我国魏晋时期杰出的数学家刘徽用割圆术来确定圆的面积. 假设用 S 表示圆的面积, S_n 表示圆内接正 n 边形的面积, 则当正多边形的边数 n 无限增大时(见图 1-3), 正多边形的面积 S_n 就无限地接近圆的面积 S.

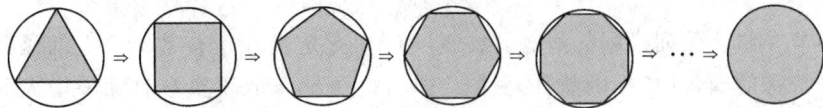

图 1-3

在上述截木问题与割圆术中, 随着自变量(截木天数、圆内接正多边形边数)的逐渐增大, 因变量(截取到的木棒长度、多边形的面积)随之变化并逐步逼近一个确定的常量(0、圆面积). 这种变量逐步向一个常量逼近的动态过程就是极限过程, 如果能变化着向一个确定的常数逼近, 就称变量的极限存在.

定义 1.7　如果按照某一法则, 对每个 $n \in \mathbf{N}_+$, 对应着一个确定的实数 x_n, 这些实数 x_n 按照下标 n 从小到大排列得到一个序列 $x_1, x_2, x_3, \cdots, x_n, \cdots$, 则这个序列称为数列, 简记作 $\{x_n\}$. 数列 $\{x_n\}$ 中的每个数叫作数列的项, 第 n 项 x_n 叫作数列的通项(或一般项).

求数列的极限, 就是研究数列 $\{x_n\}$ 的通项 x_n 当 n 无限增大时的变化趋势, 特别地, 这种变化趋势是否趋向于某个固定常数. 数学中极限的概念就是从无穷数列发生变化的趋势这一类问题中抽象出来的.

定义 1.8　设数列为 $\{x_n\}$, 如果存在一个确定的常数 A, 当 n 无限增大时, x_n 无限趋近常数 A, 则称数列 $\{x_n\}$ 的极限为 A, 或称数列 $\{x_n\}$ 收敛于 A, 记作

$$\lim_{n \to \infty} x_n = A \quad 或 \quad x_n \to A \,(n \to \infty)$$

如果这样的常数 A 不存在, 则说明数列 $\{x_n\}$ 没有极限, 或者说数列 $\{x_n\}$ 发散, 习惯上也说 $\lim_{n \to \infty} x_n$ 不存在.

一般情况下, 称数列 $\{x_n\}$ 的极限为某一常数 A, 是指 x_n 在给定的变化过程中(n 逐渐增大)可以与 A 越来越接近, 随着变化过程的进行, x_n 与 A 可以无限接近, 最后发生飞跃而转化为 A.

例 1　观察下列数列 $\{x_n\}$ 的极限.

(1) $\left\{\dfrac{1}{n}\right\}$；　(2) $\{n^2\}$；　(3) $\{(-1)^n\}$.

解　(1) $\left\{\dfrac{1}{n}\right\}$ 即 $1, \dfrac{1}{2}, \dfrac{1}{3}, \dfrac{1}{4}, \cdots, \dfrac{1}{n}, \cdots \to 0$, 此数列的极限为 0.

(2) $\{n^2\}$ 即 $1, 4, 9, 16, \cdots, n^2, \cdots \to +\infty$, 此数列的极限不存在. 与其他"极限不存在"的情况不同的是, 此数列有确定的变化趋势——绝对值无限增大. 为了方便表示, 我们记此极限为正无穷大.

(3) $\{(-1)^n\}$ 即 $-1, 1, -1, 1, \cdots$, 这个数列为震荡数列, 极限不存在.

对于数列 $\left\{\dfrac{1}{n}\right\}$, 随着 n 的逐渐增大, 数列有一个变化过程, 而"0"则是数列变化的最后结果. 一方面, 数列 $\left\{\dfrac{1}{n}\right\}$ 中的每个具体的数都不是"0", 反映了过程与结果对立的一面；另

一方面，随着变化过程的进行，数列又能转化为"0"，反映了过程与结果又有统一性. 过程决定了结果，结果体现了过程. 因而这个极限值"0"的得出是变化过程与变化结果的对立统一.

1.2.2 函数极限的概念

上一小节介绍了数列极限的概念，数列$\{f(n)\}$是定义在正整数集合上的函数，它的极限只是一种特殊的函数(整标函数)的极限，即当自变量n取正整数且无限增大时，对应的函数值$f(n)$无限接近一个确定的常数A.

讨论定义在实数集合上的函数$y=f(x)$的极限的概念和性质时，我们主要研究两种情形.

1. $x\to\infty$时函数的极限

自变量的变化趋势"$x\to\infty$"是指x的绝对值无限增大，它包含了x取正值绝对值无限增大($x\to+\infty$)和x取负值绝对值无限增大($x\to-\infty$)两种特殊情形.

案例1.7(艾宾浩斯记忆遗忘曲线) 德国心理学家艾宾浩斯(H. Ebbinghaus)研究发现，遗忘在学习之后立即开始，而且遗忘的进程并不是均匀的. 最初遗忘速度很快，以后逐渐缓慢. 他认为"保持和遗忘是时间的函数"(见图1-4)，他用无意义音节(由若干音节字母组成的，能够读出但无内容意义(不是词)的音节)作为记忆材料，用节省法计算保持和遗忘的数量，并根据实验结果绘制出了描述遗忘进程的曲线，即著名的艾宾浩斯记忆遗忘曲线. 这条曲线表明当时间趋于正无穷大时，记忆的数量将无限接近于某个常数.

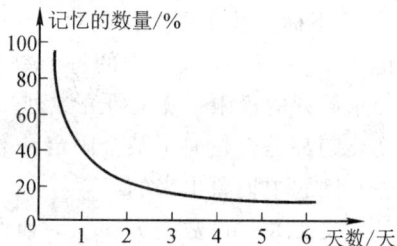
图1-4

定义1.9 设函数$y=f(x)$在$x\to\infty$的过程下有定义，如果$x\to\infty$时，函数$f(x)$无限地接近一个确定的常数A，则称A为函数$f(x)$在$x\to\infty$时的极限，记作$\lim\limits_{x\to\infty}f(x)=A$或$f(x)\to A(x\to\infty)$.

注：(1) 如果$x\to+\infty$(或$x\to-\infty$)时，$f(x)$无限地接近A，则称A为函数$f(x)$在$x\to+\infty$(或$x\to-\infty$)时的极限，记作$\lim\limits_{x\to+\infty}f(x)=A$(或$\lim\limits_{x\to-\infty}f(x)=A$).

(2) $\lim\limits_{x\to\infty}f(x)=A$的充分必要条件是$\lim\limits_{x\to+\infty}f(x)=\lim\limits_{x\to-\infty}f(x)=A$.

例2 讨论函数$y=\dfrac{x+1}{x}(x\neq0)$在$x\to\infty$时的变化状态.

解 由函数$y=\dfrac{x+1}{x}$的图像(见图1-5)可知，当$x\to+\infty$时，函数的曲线向右逐步伸展且递减地趋向于1；当$x\to-\infty$时，函数的曲线向左逐步伸展且无限地趋向于1. 故

$$\lim_{x\to\infty}\frac{x+1}{x}=1$$

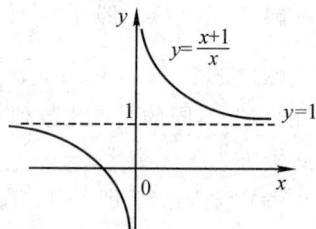
图1-5

2. $x \rightarrow x_0$ 时函数的极限

自变量的变化趋势"$x \rightarrow x_0$"是指 x 在点 x_0 的邻近区域(左、右侧近旁)以任意方式趋向于点 x_0 的过程.

案例 1.8　讨论函数 $y = \dfrac{x^2 - 1}{x - 1}$ $(x \neq 1)$ 在 $x \rightarrow 1$ 时的变化状态.

由函数 $y = \dfrac{x^2 - 1}{x - 1}$ 的图像(见图 1-6)可知,当 $x \rightarrow 1$ 时,函数值逐渐接近常数 2,于是,按照极限思想,我们称 $x \rightarrow 1$ 时,函数 $y = \dfrac{x^2 - 1}{x - 1}$ 以 2 为极限.

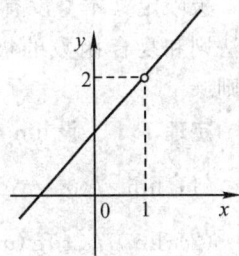

图 1-6

定义 1.10　设函数 $y = f(x)$ 在点 x_0 的邻域内有定义(x_0 点除外),如果当 $x \rightarrow x_0$ 时,函数 $f(x)$ 无限地接近一个确定的常数 A,则称 A 为函数 $f(x)$ 在 $x \rightarrow x_0$ 时的极限,记作

$$\lim_{x \to x_0} f(x) = A \quad \text{或} \quad f(x) \rightarrow A \ (x \rightarrow x_0)$$

注:(1) 函数 $f(x)$ 在 $x \rightarrow x_0$ 时的极限是否存在与它在点 x_0 处是否有定义无关.

(2) 如果自变量 x 在点 x_0 的左侧近旁(或右侧近旁)以任意方式趋近点 x_0,$f(x)$ 无限地接近于 A,则称 A 为函数 $f(x)$ 在点 $x = x_0$ 处的左极限(或右极限),记作 $\lim\limits_{x \to x_0^-} f(x) = A$ (或 $\lim\limits_{x \to x_0^+} f(x) = A$). 函数的左极限(或右极限)也可简记作 $f(x_0 - 0)$(或 $f(x_0 + 0)$).

(3) $\lim\limits_{x \to x_0} f(x) = A$ 的充分必要条件是 $\lim\limits_{x \to x_0^-} f(x) = \lim\limits_{x \to x_0^+} f(x) = A$.

例 3　已知函数 $f(x) = 1 + \dfrac{1}{x^2}$,讨论极限 $\lim\limits_{x \to \infty} f(x)$ 与 $\lim\limits_{x \to 1} f(x)$ 的存在性.

解　函数 $f(x) = 1 + \dfrac{1}{x^2}$ 的图像如图 1-7 所示. 观察可知,

当自变量 $x \rightarrow \infty$ 时,函数 $y = 1 + \dfrac{1}{x^2}$ 逐渐趋向于 1,即

$$\lim_{x \to \infty} f(x) = 1$$

当自变量 $x \rightarrow 1$ 时,$x^2 \rightarrow 1$,$\dfrac{1}{x^2} \rightarrow 1$,故

$$\lim_{x \to 1}\left(1 + \frac{1}{x^2}\right) = 2$$

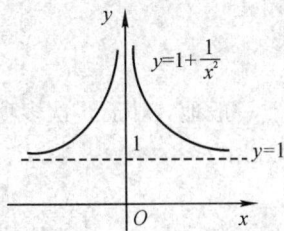

图 1-7

例 4　已知函数 $f(x) = \begin{cases} x + 1, & x < 0 \\ 0, & x = 0 \\ x - 1, & x > 0 \end{cases}$,讨论 $\lim\limits_{x \to 0} f(x)$ 是否存在.

解　因为

$$\lim_{x \to 0^-} f(x) = \lim_{x \to 0^-} (x + 1) = 1, \ \lim_{x \to 0^+} f(x) = \lim_{x \to 0^+} (x - 1) = -1$$

即

$$\lim_{x \to 0^-} f(x) \neq \lim_{x \to 0^+} f(x)$$

所以由函数极限的充分必要条件知 $\lim_{x \to 0} f(x)$ 不存在.

1.2.3　极限的四则运算法则

极限定义本身没有给出求解极限的一般方法,极限的求法主要是建立在极限的四则运算法则和复合函数的极限运算法则之上的.下面我们不加证明地给出极限的四则运算法则.

定理 1.1　设 $\lim_{x \to x_0} f(x) = A$, $\lim_{x \to x_0} g(x) = B$($A$, B 为常数),则有

(1) $\lim_{x \to x_0} [f(x) \pm g(x)] = \lim_{x \to x_0} f(x) \pm \lim_{x \to x_0} g(x) = A \pm B$;

(2) $\lim_{x \to x_0} [f(x) g(x)] = \lim_{x \to x_0} f(x) \cdot \lim_{x \to x_0} g(x) = AB$;

(3) $\lim_{x \to x_0} \dfrac{f(x)}{g(x)} = \dfrac{\lim\limits_{x \to x_0} f(x)}{\lim\limits_{x \to x_0} g(x)} = \dfrac{A}{B}$　($B \neq 0$).

推论　设 $\lim_{x \to x_0} f(x) = A$, C 为常数, n 为正整数,则

(1) $\lim_{x \to x_0} [Cf(x)] = C \lim_{x \to x_0} f(x) = CA$;

(2) $\lim_{x \to x_0} [f(x)]^n = [\lim_{x \to x_0} f(x)]^n = A^n$.

例 5　求极限 $\lim_{x \to -1} (x^2 + 2x + 3)$.

解　由极限的四则运算法则知

$$\begin{aligned}
\lim_{x \to -1} (x^2 + 2x + 3) &= \lim_{x \to -1} x^2 + \lim_{x \to -1} 2x + \lim_{x \to -1} 3 \\
&= (\lim_{x \to -1} x)^2 + 2 \lim_{x \to -1} x + 3 \\
&= (-1)^2 + 2 \times (-1) + 3 \\
&= 2
\end{aligned}$$

一般地,对于 n 次多项式

$$P_n(x) = a_0 x^n + a_1 x^{n-1} + \cdots + a_{n-1} x + a_n$$

有

$$\begin{aligned}
\lim_{x \to x_0} P_n(x) &= \lim_{x \to x_0} (a_0 x^n + a_1 x^{n-1} + \cdots + a_{n-1} x + a_n) \\
&= a_0 x_0^n + a_1 x_0^{n-1} + \cdots + a_{n-1} x_0 + a_n
\end{aligned}$$

例 6　求极限 $\lim_{x \to 0} \dfrac{x^2 - 2x + 3}{3x + 1}$.

解　由例 5 的结论知, $\lim_{x \to 0} (3x + 1) = 1 \neq 0$, $\lim_{x \to 0} (x^2 - 2x + 3) = 3$,于是,根据极限的四则运算法则得

$$\lim_{x \to 0} \frac{x^2 - 2x + 3}{3x + 1} = \frac{\lim\limits_{x \to 0} (x^2 - 2x + 3)}{\lim\limits_{x \to 0} (3x + 1)} = \frac{3}{1} = 3$$

例 7　求极限 $\lim\limits_{x\to 1}\dfrac{x^2+2x-3}{x^2-1}$.

解　方法同上，有 $\lim\limits_{x\to 1}(x^2-1)=0$，$\lim\limits_{x\to 1}(x^2+2x-3)=0$. 因为分母以 0 为极限，所以不能直接利用商的极限运算法则求极限. 像这种分子、分母的极限均为零的求极限形式，称为 $\dfrac{0}{0}$ 型未定式. 它的解法通常有三种：第一种是分解因式，分子、分母约去极限为零的公因子；第二种是分子或分母中含有根式时，分子或分母有理化；第三种是利用洛必达法则（在第 3 章会详细介绍）. 本例题采用第一种方法. 于是有

$$\lim_{x\to 1}\frac{x^2+2x-3}{x^2-1}=\lim_{x\to 1}\frac{(x-1)(x+3)}{(x-1)(x+1)}=\lim_{x\to 1}\frac{x+3}{x+1}=\frac{\lim\limits_{x\to 1}(x+3)}{\lim\limits_{x\to 1}(x+1)}=\frac{4}{2}=2$$

例 8　求极限 $\lim\limits_{x\to 1}\dfrac{x^2+2}{x^2-1}$.

解　因为 $\lim\limits_{x\to 1}(x^2-1)=0$，$\lim\limits_{x\to 1}(x^2+2)=3$，所以当 $x\to 1$ 时，$\left|\dfrac{x^2+2}{x^2-1}\right|$ 逐渐增大，故无极限. 此时，我们也称函数以 ∞ 为广义极限，或称函数 $f(x)=\dfrac{x^2+2}{x^2-1}$ 是 $x\to 1$ 时的无穷大量.

例 9　求极限 $\lim\limits_{x\to 1}\left(\dfrac{1}{x-1}-\dfrac{2}{x^2-1}\right)$.

解　因为 $\lim\limits_{x\to 1}\dfrac{1}{x-1}$ 与 $\lim\limits_{x\to 1}\dfrac{2}{x^2-1}$ 都不存在，所以不能直接利用极限的四则运算法则求极限，但可通分作恒等变形，然后讨论极限. 于是

$$\lim_{x\to 1}\left(\frac{1}{x-1}-\frac{2}{x^2-1}\right)=\lim_{x\to 1}\frac{x-1}{x^2-1}=\lim_{x\to 1}\frac{x-1}{(x-1)(x+1)}=\lim_{x\to 1}\frac{1}{x+1}=\frac{1}{2}$$

例 10　求极限 $\lim\limits_{x\to\infty}\dfrac{x^2-3x+2}{3x^2+2x-1}$.

解　这是 $x\to\infty$ 条件下的极限，通过多项式的变化可知分子、分母的极限皆不存在，因此不能直接利用极限的四则运算法则求极限. 为进一步求极限，我们对已知函数作恒等变形，分子与分母同除以分子、分母中 x 的最高次幂，于是有

$$\lim_{x\to\infty}\frac{x^2-3x+2}{3x^2+2x-1}=\lim_{x\to\infty}\frac{1-\dfrac{3}{x}+\dfrac{2}{x^2}}{3+\dfrac{2}{x}-\dfrac{1}{x^2}}=\frac{\lim\limits_{x\to\infty}\left(1-\dfrac{3}{x}+\dfrac{2}{x^2}\right)}{\lim\limits_{x\to\infty}\left(3+\dfrac{2}{x}-\dfrac{1}{x^2}\right)}=\frac{1}{3}$$

一般地，当 $x\to\infty$ 时，有理分式的极限情形如下（$a_0\neq 0$，$b_0\neq 0$）：

$$\lim_{x\to\infty}\frac{a_0x^n+a_1x^{n-1}+\cdots+a_n}{b_0x^m+b_1x^{m-1}+\cdots+b_m}=\begin{cases}\dfrac{a_0}{b_0}, & n=m\\ 0, & n<m\\ \infty, & n>m\end{cases}$$

利用这个结果可方便地求 $x\to\infty$ 时的有理分式的极限. 例如，$\lim\limits_{x\to\infty}\dfrac{2x^2+x+3}{x^3+2x-1}=0$ 等.

11

■ 练习 1.2

1. 分析下列函数在已知条件下的变化趋势. 如果有极限, 则求出极限.

(1) $y = \dfrac{1}{x^2}$ $(x \to \infty)$;

(2) $y = \ln x$ $(x \to 1)$;

(3) $y = e^x$ $(x \to -\infty)$;

(4) $y = \dfrac{x^2 - 4}{x + 2}$ $(x \to -2)$.

2. 判断下列数列是否有极限.

(1) $x_n = (-1)^n \dfrac{1}{n}$;

(2) $x_n = 1 + \dfrac{1}{n}$;

(3) $x_n = (-1)^n$;

(4) $x_n = 2$.

3. 求下列极限.

(1) $\lim\limits_{x \to 1}(2x^2 - 3x + 5)$;

(2) $\lim\limits_{x \to \infty}\left(1 - \dfrac{1}{x} + \dfrac{2}{x^2}\right)$;

(3) $\lim\limits_{x \to 0} \dfrac{x^3 + 2x^2 - x}{x^2 - 2x}$;

(4) $\lim\limits_{x \to 1} \dfrac{x^2 - 3x + 2}{1 - x^2}$.

4. 求下列极限.

(1) $\lim\limits_{x \to 1}\left(\dfrac{3}{1 - x^3} - \dfrac{2}{1 - x^2}\right)$;

(2) $\lim\limits_{x \to 0} \dfrac{1 - \sqrt{1 + x^2}}{x^2}$;

(3) $\lim\limits_{x \to \infty} \dfrac{3x^2 + 2x - 1}{x^2 - 2x + 1}$;

(4) $\lim\limits_{x \to \infty} \dfrac{3x + 1}{x^2 + 2x - 3}$.

1.3　两个重要极限

本节主要介绍两个重要极限, 它们在微积分中起着重要的作用. 为减弱理论性, 对两个重要极限不予证明.

1.3.1　第一个重要极限 $\lim\limits_{x \to 0} \dfrac{\sin x}{x} = 1$

我们注意到, 当 $x \to 0$ 时, 函数 $\dfrac{\sin x}{x}$ 的分子和分母都趋于零, 因此不能使用极限的四则运算法则求解. 通过表 $1-1$ 的数值分析可观察到当 $x \to 0$ 时函数 $\dfrac{\sin x}{x}$ 的变化趋势.

表 $1-1$　$x \to 0$ 时, 函数 $\dfrac{\sin x}{x}$ 的变化趋势

x	$\pm\dfrac{\pi}{8}$	$\pm\dfrac{\pi}{16}$	$\pm\dfrac{\pi}{64}$	$\pm\dfrac{\pi}{128}$	$\pm\dfrac{\pi}{512}$	$\cdots$
$\dfrac{\sin x}{x}$	0.974 495	0.993 589	0.999 598	0.999 899	0.999 993	$\cdots$

上述数据显示，当 $x \to 0$ 时，$\dfrac{\sin x}{x} \to 1$，即极限 $\lim\limits_{x \to 0} \dfrac{\sin x}{x} = 1$.

极限 $\lim\limits_{x \to 0} \dfrac{\sin x}{x} = 1$ 是 $\dfrac{0}{0}$ 型未定式.

例 1　求极限 $\lim\limits_{x \to 0} \dfrac{\tan x}{x}$.

解　本题是一个 $\dfrac{0}{0}$ 型极限问题，先利用三角公式将所求极限转化为第一个重要极限的形式，然后利用极限运算法则求极限，即

$$\lim_{x \to 0} \frac{\tan x}{x} = \lim_{x \to 0} \frac{\sin x}{x} \cdot \frac{1}{\cos x} = \lim_{x \to 0} \frac{\sin x}{x} \cdot \lim_{x \to 0} \frac{1}{\cos x} = 1$$

例 2　求极限 $\lim\limits_{x \to 0} \dfrac{\sin 5x}{3x}$.

解　本题是一个 $\dfrac{0}{0}$ 型极限问题，首先将所求极限转化为第一个重要极限的形式，然后利用极限运算法则求极限，即

$$\lim_{x \to 0} \frac{\sin 5x}{3x} = \lim_{x \to 0} \frac{\sin 5x}{5x \cdot \frac{3}{5}} = \lim_{x \to 0} \frac{\sin 5x}{5x} \times \frac{5}{3} = 1 \times \frac{5}{3} = \frac{5}{3}$$

例 3　求极限 $\lim\limits_{x \to 0} \dfrac{1 - \cos x}{x^2}$.

解　本题是一个 $\dfrac{0}{0}$ 型极限问题，求解的出发点也是将所求极限转化为第一个重要极限的形式. 利用三角公式，有

$$\lim_{x \to 0} \frac{1 - \cos x}{x^2} = \lim_{x \to 0} \frac{1 - \left(1 - 2\sin^2 \frac{x}{2}\right)}{x^2} = \lim_{x \to 0} \frac{2\sin^2 \frac{x}{2}}{x^2} = \frac{1}{2} \lim_{x \to 0} \left(\frac{\sin \frac{x}{2}}{\frac{x}{2}}\right)^2 = \frac{1}{2}$$

例 4　求极限 $\lim\limits_{x \to \infty} x \sin \dfrac{\pi}{x}$.

解　该题不是一个 $\dfrac{0}{0}$ 型极限问题，包含三角函数 $\sin \dfrac{\pi}{x}$，可以考虑先进行等式变形，再使用第一个重要极限，即

$$\lim_{x \to \infty} x \sin \frac{\pi}{x} = \lim_{x \to \infty} \frac{\sin \frac{\pi}{x}}{\frac{1}{x}} = \pi \lim_{x \to \infty} \frac{\sin \frac{\pi}{x}}{\frac{\pi}{x}} = \pi$$

例 5　求极限 $\lim\limits_{x \to \frac{\pi}{2}} \dfrac{\cos x}{\frac{\pi}{2} - x}$.

解 该题是一个 $\dfrac{0}{0}$ 型极限问题，包含三角函数 $\cos x$，可以考虑先利用三角公式变形，再使用第一个重要极限，即

$$\lim_{x \to \frac{\pi}{2}} \frac{\cos x}{\dfrac{\pi}{2} - x} = \lim_{x \to \frac{\pi}{2}} \frac{\sin\left(\dfrac{\pi}{2} - x\right)}{\dfrac{\pi}{2} - x} = 1$$

1.3.2 第二个重要极限 $\lim\limits_{x \to \infty}\left(1 + \dfrac{1}{x}\right)^x = e$

函数 $\left(1 + \dfrac{1}{x}\right)^x$ 既不是幂函数，也不是指数函数，我们称之为幂指函数. 通过表 1-2 的数值分析可观察到当 $x \to \infty$ 时函数 $\left(1 + \dfrac{1}{x}\right)^x$ 的变化趋势.

表 1-2 $x \to \infty$ 时，函数 $\left(1 + \dfrac{1}{x}\right)^x$ 的变化趋势

x	10	100	1000	10 000	100 000	1 000 000	$\cdots$
$\left(1+\dfrac{1}{x}\right)^x$	2.593 74	2.704 81	2.716 92	2.718 15	2.718 27	2.718 28	$\cdots$
x	-10	-100	-1000	$-10\ 000$	$-100\ 000$	$-1\ 000\ 000$	$\cdots$
$\left(1+\dfrac{1}{x}\right)^x$	2.867 97	2.732 00	2.719 64	2.718 40	2.718 30	2.718 28	$\cdots$

上述数据显示，当 $x \to +\infty$ 和 $x \to -\infty$ 时，总有 $\left(1 + \dfrac{1}{x}\right)^x \to e$，即 $\lim\limits_{x \to \infty}\left(1 + \dfrac{1}{x}\right)^x = e$. 这里的 e 是一个无理数，其值为 2.718 281 828 459 045$\cdots$.

极限 $\lim\limits_{x \to \infty}\left(1 + \dfrac{1}{x}\right)^x = e$ 是底数的极限为 1、指数为无穷大的变量的极限，这也是一种未定式，通常记作 1^∞ 型未定式.

例 6 求极限 $\lim\limits_{x \to \infty}\left(1 + \dfrac{1}{x}\right)^{2x}$.

解 该题是一个 1^∞ 型极限问题，为了将所求极限转化为第二个重要极限的形式，先作恒等变换，即

$$\lim_{x \to \infty}\left(1 + \frac{1}{x}\right)^{2x} = \lim_{x \to \infty}\left(1 + \frac{1}{x}\right)^{x \cdot 2} = \lim_{x \to \infty}\left[\left(1 + \frac{1}{x}\right)^x\right]^2 = e^2$$

例 7 求极限 $\lim\limits_{x \to \infty}\left(1 + \dfrac{2}{x}\right)^x$.

解 该题是一个 1^∞ 型极限问题，先作恒等变换，即

$$\lim_{x \to \infty}\left(1 + \frac{2}{x}\right)^x = \lim_{x \to \infty}\left(1 + \frac{1}{\dfrac{x}{2}}\right)^{\frac{x}{2} \cdot 2} = \lim_{x \to \infty}\left[\left(1 + \frac{1}{\dfrac{x}{2}}\right)^{\frac{x}{2}}\right]^2 = e^2$$

例 8　求极限 $\lim\limits_{x\to\infty}\left(1-\dfrac{1}{x}\right)^{x}$.

解　该题是一个 1^{∞} 型极限问题,先作恒等变换,即

$$\lim\limits_{x\to\infty}\left(1-\dfrac{1}{x}\right)^{x}=\lim\limits_{x\to\infty}\left(1+\dfrac{1}{-x}\right)^{(-x)\times(-1)}=\mathrm{e}^{-1}$$

例 9　求极限 $\lim\limits_{x\to\infty}\left(\dfrac{2x}{1+2x}\right)^{x}$.

解　该题是一个 1^{∞} 型极限问题,先作恒等变换,即

$$\lim\limits_{x\to\infty}\left(\dfrac{2x}{1+2x}\right)^{x}=\lim\limits_{x\to\infty}\dfrac{1}{\left(\dfrac{1+2x}{2x}\right)^{x}}=\lim\limits_{x\to\infty}\dfrac{1}{\left(1+\dfrac{1}{2x}\right)^{x}}$$

$$=\lim\limits_{x\to\infty}\dfrac{1}{\left(1+\dfrac{1}{2x}\right)^{2x\cdot\frac{1}{2}}}=\dfrac{1}{\mathrm{e}^{\frac{1}{2}}}=\mathrm{e}^{2}$$

例 10　求极限 $\lim\limits_{x\to\infty}\left(\dfrac{x+2}{x+1}\right)^{2x+1}$.

解　该题是一个 1^{∞} 型极限问题,首先被求极限的函数可化为

$$\left(\dfrac{x+2}{x+1}\right)^{2x+1}=\left(1+\dfrac{1}{x+1}\right)^{2x+1}=\left(1+\dfrac{1}{x+1}\right)^{2(x+1)-1}=\left[\left(1+\dfrac{1}{x+1}\right)^{(x+1)}\right]^{2}\cdot\left(1+\dfrac{1}{x+1}\right)^{-1}$$

故

$$\lim\limits_{x\to\infty}\left(\dfrac{x+2}{x+1}\right)^{2x+1}=\lim\limits_{x\to\infty}\left\{\left[\left(1+\dfrac{1}{x+1}\right)^{(x+1)}\right]^{2}\cdot\left(1+\dfrac{1}{x+1}\right)^{-1}\right\}$$

$$=\mathrm{e}^{2}\cdot 1^{-1}=\mathrm{e}^{2}$$

■ 练习 1.3

1. 求下列极限.

(1) $\lim\limits_{x\to 0}\dfrac{\sin 2x}{x}$;

(2) $\lim\limits_{x\to 0}\dfrac{\tan 3x}{\sin x}$;

(3) $\lim\limits_{x\to 0}\dfrac{1-\cos 2x}{x\sin x}$;

(4) $\lim\limits_{n\to\infty}2^{n}\sin\dfrac{1}{2^{n}}$.

2. 求下列极限.

(1) $\lim\limits_{x\to\infty}\left(1-\dfrac{2}{x}\right)^{x}$;

(2) $\lim\limits_{x\to 0}(1+3x)^{\frac{1}{x}}$;

(3) $\lim\limits_{x\to 0}\dfrac{\ln(1+2x)}{x}$;

(4) $\lim\limits_{x\to\infty}\left(\dfrac{x+1}{x-1}\right)^{x+1}$.

1.4　无穷小的比较

无穷小(量)是高等数学中一个重要的概念,用以严格地定义诸如"最终会消失的量""绝对值比任何正数都要小的量"等非正式描述. 在经典的微积分或数学分析中,无穷小

(量)通常以函数、序列等形式出现.

1.4.1 无穷小与无穷大

案例 1.9（仪器的折旧费） 某医院对一台颈椎治疗仪的投资额是 10 万元，每年的折旧费为该仪器年账面价格（以前各年折旧费用提取后余下的价格）的 $\frac{1}{5}$，那么该设备的账面价格（单位：万元）第一年为 10，第二年为 $10 \times \frac{4}{5}$，第三年为 $10 \times \left(\frac{4}{5}\right)^2$，第四年为 $10 \times \left(\frac{4}{5}\right)^3$……. 随着年数 n 的无限增大，账面价格趋向于零.

定义 1.11 如果某函数在一定的自变量变化条件下以零为极限，则称该函数是已知条件下的无穷小（量）.

定义 1.12 如果某函数在一定的自变量变化条件下，函数的绝对值逐步增大，则称该函数是已知条件下的无穷大（量）.

例如，$\lim\limits_{x \to 1}(x-1)^2 = 0$，称函数 $f(x) = (x-1)^2$ 是条件 $x \to 1$ 时的无穷小（量）. 再如，$x \to 1^+$ 时，函数 $f(x) = \frac{1}{x-1}$ 是正无穷大，$x \to 1^-$ 时，函数 $f(x) = \frac{1}{x-1}$ 是负无穷大，总之可以称 $f(x) = \frac{1}{x-1}$ 是 $x \to 1$ 时的无穷大（量），即 $\lim\limits_{x \to 1} \frac{1}{x-1} = \infty$.

例 1 求极限 $\lim\limits_{x \to \infty} \frac{x^3}{x^2-5}$.

解 因为 $\lim\limits_{x \to \infty} \frac{x^2-5}{x^3} = \lim\limits_{x \to \infty}\left(\frac{1}{x} - \frac{5}{x^3}\right) = 0$，所以当 $x \to \infty$ 时，$\frac{x^2-5}{x^3}$ 是无穷小，因此 $\frac{x^3}{x^2-5}$ 是无穷大，即 $\lim\limits_{x \to \infty} \frac{x^3}{x^2-5} = \infty$.

例 2 求极限 $\lim\limits_{x \to 3} \frac{5x}{x^2-9}$.

解 因为 $\lim\limits_{x \to 3}(x^2-9) = 0$，所以不能直接利用极限的四则运算法则求此分式的极限. 由于 $\lim\limits_{x \to 3} 5x = 15 \neq 0$，因此，可求出

$$\lim_{x \to 3} \frac{x^2-9}{5x} = \frac{\lim\limits_{x \to 3}(x^2-9)}{\lim\limits_{x \to 3} 5x} = \frac{0}{15} = 0$$

由此可知当 $x \to 3$ 时，$\frac{x^2-9}{5x}$ 是无穷小，故 $\frac{5x}{x^2-9}$ 是无穷大，即 $\lim\limits_{x \to 3} \frac{5x}{x^2-9} = \infty$.

1.4.2 无穷小的性质

性质 1 有限个无穷小的和或者差仍是无穷小.

性质 2 有限个无穷小的乘积仍是无穷小.

性质 3 有界函数与无穷小的乘积是无穷小.

例 3　求极限 $\lim\limits_{x\to\infty}\dfrac{\sin x}{x}$.

解
$$\lim_{x\to\infty}\frac{\sin x}{x}=\lim_{x\to\infty}\frac{1}{x}\cdot\sin x$$

由于 $|\sin x|\leqslant 1$ 是有界的，当 $x\to\infty$ 时 $\dfrac{1}{x}$ 是无穷小，因此由性质 3 知，当 $x\to\infty$ 时 $\dfrac{\sin x}{x}$ 是无穷小，即 $\lim\limits_{x\to\infty}\dfrac{\sin x}{x}=0$.

在运用上述结论时要注意定理的条件. 无穷多个无穷小之和不一定是无穷小. 例如
$$\lim_{n\to\infty}\underbrace{\left(\frac{1}{n}+\frac{1}{n}+\cdots+\frac{1}{n}+\frac{1}{n}\right)}_{n\,\text{个}}=\lim_{n\to\infty}\frac{n}{n}=1$$

即当 $n\to\infty$ 时，$\underbrace{\left(\dfrac{1}{n}+\dfrac{1}{n}+\cdots+\dfrac{1}{n}+\dfrac{1}{n}\right)}_{n\,\text{个}}$ 不是无穷小. 此外，无穷小与有界函数、常数、无穷小的乘积都是无穷小，但不能认为无穷小与任何量的乘积都是无穷小. 例如
$$\lim_{x\to 0}x\cdot\frac{1}{x^3}=\lim_{x\to 0}\frac{1}{x^2}=\infty$$

即当 $x\to 0$ 时，$x\cdot\dfrac{1}{x^3}$ 不是无穷小.

1.4.3　无穷小的比较

由无穷小的性质可知，两个无穷小的和、差、积仍为无穷小. 两个无穷小的商，其结果比较复杂，可能是无穷小，也可能是一个不为零的常数，还可能是无穷大.

案例 1.10（极限状况判断）　当 $x\to 0$ 时，x^2，$3x$，$2x$ 都是无穷小，判断下列极限的情况：

(1) $\lim\limits_{x\to 0}\dfrac{x^2}{2x}$;　(2) $\lim\limits_{x\to 0}\dfrac{2x}{3x}$;　(3) $\lim\limits_{x\to 0}\dfrac{3x}{x^2}$.

我们能够得到：第一个极限为 0，第二个极限为 $\dfrac{2}{3}$，第三个极限为 ∞. 那么，同样是两个无穷小的商的极限，为什么会有不同的极限结果呢？原因是虽然都是无穷小，但是它们趋于 0 的快慢程度不同，相比之下，当 $x\to 0$ 时，x^2 要比 $2x$ 更快趋于 0，而 $2x$ 与 $3x$ 趋于 0 的快慢程度相当. 无穷小趋于 0 的快慢是相对的，是相比较而言的，其趋于 0 的快慢可以用下面引入的无穷小的阶来衡量.

定义 1.13　设函数 $\alpha(x)$，$\beta(x)$ 都是同一自变量变化过程下的无穷小，且 $\beta(x)\neq 0$.

(1) 如果极限 $\lim\dfrac{\alpha(x)}{\beta(x)}=0$，那么称 $\alpha(x)$ 是比 $\beta(x)$ 高阶的无穷小.

(2) 如果极限 $\lim\dfrac{\alpha(x)}{\beta(x)}=\infty$，那么称 $\alpha(x)$ 是比 $\beta(x)$ 低阶的无穷小.

(3) 如果极限 $\lim\dfrac{\alpha(x)}{\beta(x)}=C(C\neq 0)$，那么称 $\alpha(x)$ 是与 $\beta(x)$ 同阶的无穷小. 特别地，当

$C=1$ 时，称 $\alpha(x)$ 是与 $\beta(x)$ 等价的无穷小，记作 $\alpha(x)\sim\beta(x)$.

由案例 1.10 的讨论知，当 $x\to 0$ 时，x^2 是比 $2x$ 高阶的无穷小，而 $2x$ 与 $3x$ 是同阶的无穷小.

同一自变量变化过程下两个无穷小相对阶数的高低是通过二者商的极限来比较的. 在计算一些复杂极限问题时，可以利用无穷小来等价代替，从而达到简化计算的目的.

当 $x\to 0$ 时，常用的等价无穷小有 $\sin x\sim x$，$\tan x\sim x$，$\arcsin x\sim x$，$\arctan x\sim x$，$\ln(1+x)\sim x$，$e^x-1\sim x$，$1-\cos x\sim\dfrac{1}{2}x^2$，$(1+x)^\alpha-1\sim\alpha x(\alpha>0)$.

例 4 当 $x\to 0$ 时，无穷小 $1-\cos 2x$ 与 $\sin x$ 哪一个是高阶无穷小？

解 当 $x\to 0$ 时，$1-\cos 2x\sim 2x^2$，$\sin x\sim x$，所以，$1-\cos 2x$ 是比 $\sin x$ 高阶的无穷小.

定理 1.2 设函数 $\alpha(x)$，$\alpha'(x)$，$\beta(x)$，$\beta'(x)$ 都是同一自变量变化过程下的无穷小，且 $\alpha(x)\sim\alpha'(x)$，$\beta(x)\sim\beta'(x)$，如果极限 $\lim\dfrac{\alpha'(x)f(x)}{\beta'(x)g(x)}$ 存在或为 ∞，则极限 $\lim\dfrac{\alpha(x)f(x)}{\beta(x)g(x)}$ 存在或为 ∞，且

$$\lim\frac{\alpha(x)f(x)}{\beta(x)g(x)}=\lim\frac{\alpha'(x)f(x)}{\beta'(x)g(x)}$$

例 5 求极限 $\lim\limits_{x\to 0}\dfrac{\tan 2x}{\sin 5x}$.

解 当 $x\to 0$ 时，$\tan 2x\sim 2x$，$\sin 5x\sim 5x$，于是

$$\lim_{x\to 0}\frac{\tan 2x}{\sin 5x}=\lim_{x\to 0}\frac{2x}{5x}=\frac{2}{5}$$

例 6 求极限 $\lim\limits_{x\to 0}\dfrac{\sqrt[3]{1+2x}-1}{\tan x}$.

解 当 $x\to 0$ 时，$\sqrt[3]{1+2x}-1\sim\dfrac{2}{3}x$，$\tan x\sim x$，于是

$$\lim_{x\to 0}\frac{\sqrt[3]{1+2x}-1}{\tan x}=\lim_{x\to 0}\frac{\dfrac{2}{3}x}{x}=\frac{2}{3}$$

若分式中的分子或分母为若干个因子的乘积，则可对其中的任意一个或几个无穷小因子作等价无穷小替换，而不会改变原式的极限.

例 7 求极限 $\lim\limits_{x\to 0}\dfrac{\tan x-\sin x}{x^3}$.

解 该极限属于两个无穷小的商，又 $\tan x-\sin x=\tan x(1-\cos x)$，于是

$$\lim_{x\to 0}\frac{\tan x-\sin x}{x^3}=\lim_{x\to 0}\frac{\tan x(1-\cos x)}{x^3}=\lim_{x\to 0}\frac{x\cdot\dfrac{1}{2}x^2}{x^3}=\frac{1}{2}$$

■ **练习 1.4**

1. 指出下列函数在什么条件下为无穷小，在什么条件下是无穷大.

(1) $f(x) = \dfrac{x}{x^2 - 1}$；

(2) $f(x) = \ln(1 + x)$.

2. 利用等价无穷小的替换求下列极限.

(1) $\lim\limits_{x \to 0} \dfrac{\ln(3x + 1)}{\sin 3x}$；

(2) $\lim\limits_{x \to 0} \dfrac{\cos x - 1}{e^{2x} - 1}$；

(3) $\lim\limits_{x \to 0} \dfrac{\tan 2x}{\sin x}$；

(4) $\lim\limits_{x \to 0} \dfrac{\sqrt{1 + x^2} - 1}{e^{x^2} - 1}$.

1.5　函数的连续性

在自然界中，事物都是运动变化着的，在变化过程中，连续的变化现象十分普遍，如植物的生长、气温的变化、物体的运动、股市的跌涨、运输车辆运行路程的变化等都是连续的. 这种连续变化的现象反映了某一变量随其他变量变化的连续变化特性，即函数的连续性. 本节将以极限的方式来描述函数的连续变化特性，并引入微积分学中很重要的一类函数——连续函数的概念及其性质.

1.5.1　函数的连续性与间断点

案例 1.11（某股票某日走势）　如图 1-8 所示，观察创业板块某股票某日走势，这是一条连续的曲线.

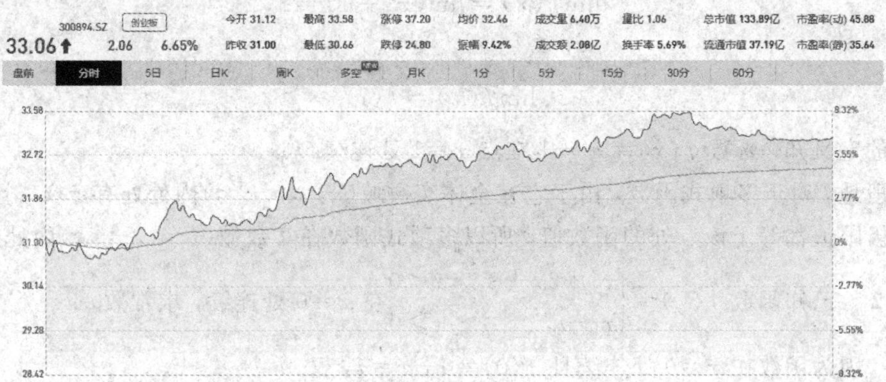

图 1-8

案例 1.12（曲线变化特征）　观察下列曲线在指定点邻近处的变化情况.

(1) $y = e^x$，$x = 0$ 处；

(2) $y = \begin{cases} x + 1, & x > 0 \\ 0, & x = 0 \\ x - 1, & x < 0 \end{cases}$，$x = 0$ 处.

曲线 (1) 的图形如图 1-9 所示，我们可直观地看到，曲线 $y = e^x$ 在点 $x = 0$ 处是连接的. 具体体现在函数 $y = e^x$ 在点 $x = 0$ 处有定义，且在该点近旁，当自变量 $x \to 0$ 时，函数 $y = e^x$ 的函数值逐渐趋向于 1.

曲线(2)的图形如图 1-10 所示,曲线在点 $x=0$ 处是断开的,虽然函数在点 $x=0$ 处有定义,但是在该点处,当自变量 $x \to 0$ 时,函数无极限($x \to 0^-$ 时,$y \to -1$; $x \to 0^+$ 时,$y \to 1$),该曲线不具备上述连续曲线具有的特征. 因此,我们可以利用这些特征定义函数在某个点处的连续性.

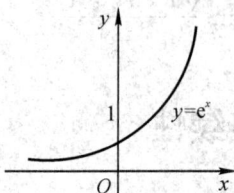

图 1-9

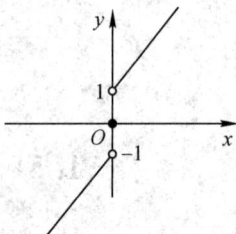

图 1-10

定义 1.14 设函数 $y=f(x)$ 在点 x_0 的某邻域内有定义,如果函数极限存在,即

$$\lim_{x \to x_0} f(x) = f(x_0)$$

则称函数 $f(x)$ 在点 x_0 处连续,点 $x = x_0$ 称为函数 $f(x)$ 的一个连续点. 如果函数 $f(x)$ 在点 x_0 处不连续,则点 $x = x_0$ 称为函数 $f(x)$ 的一个间断点.

例 1 讨论函数 $f(x) = x^2 + 1$ 在点 $x = 1$ 处是否连续.

解 因为函数 $f(x) = x^2 + 1$ 在点 $x = 1$ 处有定义,且 $f(1) = 1^2 + 1 = 2$,又

$$\lim_{x \to 1} f(x) = \lim_{x \to 1} (x^2 + 1) = 2$$

故

$$\lim_{x \to 1} f(x) = f(1)$$

由连续的定义知,函数 $f(x) = x^2 + 1$ 在点 $x = 1$ 处连续.

一般地,对于多项式函数,由于它在全体实数域 $(-\infty, +\infty)$ 内处处有定义,且在每一点处的极限值都等于该点处的函数值,所以以多项式函数在实数域 $(-\infty, +\infty)$ 内处处连续.

例 2 已知函数 $f(x) = \begin{cases} x^2 + 2x + 3, & x < 0 \\ x + a, & x \geqslant 0 \end{cases}$ 在 $x = 0$ 处连续,求常数 a.

解 因为函数在 $x = 0$ 处连续且 $f(0) = 0 + a = a$,又

$$\lim_{x \to 0^-} f(x) = \lim_{x \to 0^-} (x^2 + 2x + 3) = 3$$

$$\lim_{x \to 0^+} f(x) = \lim_{x \to 0^+} (x + a) = a$$

所以由 $\lim\limits_{x \to 0^-} f(x) = \lim\limits_{x \to 0^+} f(x)$ 解得 $a = 3$,即当 $a = 3$ 时,函数在 $x = 0$ 处连续.

定义 1.15 如果函数 $y = f(x)$ 在开区间 (a, b) 内任一点处都连续,则称函数 $y = f(x)$ 在开区间 (a, b) 内连续,或称函数 $y = f(x)$ 是开区间 (a, b) 内的连续函数.

定义 1.16 如果函数 $y = f(x)$ 在闭区间 $[a, b]$ 上有定义,在开区间 (a, b) 内连续,且

$$\lim_{x \to a^+} f(x) = f(a), \ \lim_{x \to b^-} f(x) = f(b)$$

则称函数 $y = f(x)$ 在闭区间 $[a, b]$ 上连续.

1.5.2 初等函数的连续性

为讨论初等函数的连续性,我们先讨论基本初等函数的连续性和连续函数的运算性质.

定理 1.3 一切基本初等函数在其定义域内皆连续.

定理 1.4 连续的函数其和、差、积、商(分母不为零时)仍连续.

定理 1.4 的具体表述为:设函数 $f(x)$ 与 $g(x)$ 在点 x_0 处皆连续,则函数 $f(x) \pm g(x)$、$f(x) \cdot g(x)$、$\dfrac{f(x)}{g(x)}(g(x_0) \neq 0)$ 在点 x_0 处连续.

定理 1.5 连续函数的复合函数仍连续.

定理 1.5 的具体表述为:设函数 $u = \varphi(x)$ 在点 x_0 处连续,函数 $y = f(u)$ 在相应点 u_0 处连续,且 $u_0 = \varphi(x_0)$,则复合函数 $y = f[\varphi(x)]$ 在点 x_0 处连续.

定理 1.6 一切初等函数在其定义区间内是连续的.

定义区间是指包含在定义域内的区间. 对于初等函数来说,由函数连续的定义、极限的存在性结论共同判定函数的连续性;反过来,也可以利用函数的连续性求相关的极限问题.

例 3 求函数 $y = \dfrac{x+1}{x^2 + 2x - 3}$ 的连续区间.

解 根据多项式函数的连续性,已知函数的分子、分母确定的函数处处连续,但是函数在分母为零的点 $x = -3$、$x = 1$ 处无定义,所以点 $x = -3$、$x = 1$ 都是其间断点,除此之外,由定理 1.6 知函数处处连续,故函数的连续区间为 $(-\infty, -3) \bigcup (-3, 1) \bigcup (1, +\infty)$.

若 x_0 是初等函数 $f(x)$ 的连续点,则 $\lim\limits_{x \to x_0} f(x) = f(x_0) = f(\lim\limits_{x \to x_0} x)$. 对于连续函数,极限运算与函数运算可以交换次序.

若 $u = \varphi(x)$ 在点 x_0 有极限 $\lim\limits_{x \to x_0} \varphi(x) = u_0$,$y = f(u)$ 在 $u = u_0$ 处连续,则

$$\lim_{x \to x_0} f[\varphi(x)] = f\left[\lim_{x \to x_0} \varphi(x)\right]$$

例 4 求极限 $\lim\limits_{x \to 0} \dfrac{e^x + \cos 2x}{\sqrt{x+1}}$.

解 由函数 $\dfrac{e^x + \cos 2x}{\sqrt{x+1}}$ 的结构可知该函数是初等函数,且其定义域为 $(-1, +\infty)$. 于是,点 $x = 0$ 为其定义域内的点,也即其连续点,故

$$\lim_{x \to 0} \frac{e^x + \cos 2x}{\sqrt{x+1}} = \frac{e^0 + \cos 2 \times 0}{\sqrt{0+1}} = 2$$

■ 练习 1.5

1. 下列函数中,a 取何值时函数为连续函数?

(1) $f(x) = \begin{cases} e^x, & x < 0; \\ a + x, & x \geq 0 \end{cases}$

(2) $f(x) = \begin{cases} x^2 + 1, & x < 1 \\ a + \ln x, & x \geq 1 \end{cases}$

2. 求下列函数的间断点与连续区间.

(1) $y = \dfrac{x^2 + 3x + 2}{x^2 - 1}$; (2) $y = \dfrac{x}{\sqrt{1 - \cos x}}$.

3. 利用函数的连续性求下列极限.

(1) $\lim\limits_{x \to 1}\left(\dfrac{3x+1}{x^2 - 2x + 3} + e^{x-1}\right)$; (2) $\lim\limits_{x \to \frac{\pi}{4}} \dfrac{\sin x - \cos x}{\cos 2x}$.

4. 某停车场收费规定为：停车一个小时内收费 5 元，一个小时后每小时追加收费 2 元，但一天最多收费为 20 元. 试建立停车场一天的收费函数，并讨论该函数的间断点.

1.6 极限在经济问题中的应用

本节主要将极限和经济问题结合在一起，给出复利与贴现的相关内容.

1.6.1 复利问题

案例 1.13（复利的魔力） 假定投资 100 万元，每年有 10％的获利. 若以单利计算，每年可获利 10 万元，十年可获利 100 万元，总投资增长了 1 倍. 如果以复利计算，虽然年获利率也是 10％，但每年实际获利的金额却会不断增加. 以 100 万元投资来说，第一年获利 10 万元，但第二年获利是 110 万元的 10％，即 11 万元，第三年则是 12.1 万元，到第十年，总投资获利将近 160 万元，增长了 1.6 倍. 这就是"复利的魔力".

定义 1.17 复合利息简称复利，它是指在计算利息时，某一计息周期的利息是由初始本金加上先前周期所积累利息总额来计算的计息方式，即每年的收益还可以产生收益.

复利是与单利相对应的经济概念，单利的计算不用把利息计入本金；而复利恰恰相反，它的利息要并入本金中重复计息，具体计息方法是将整个借贷期限分割为若干段，前一段按本金计算出的利息要并入本金中，形成增大的本金，该增大的本金作为下一段计算利息的本金基数，直到每一段的利息都计算出来，加总后就得出整个借贷期内的利息，简单来说就是俗称的"利滚利". 由此可以看出复利的要素有三个：初始本金、报酬率和时间.

设有一笔本金 A_0 存入银行，年利率为 r，则一年末结算时，其本利和为

$$A_1 = A_0 + A_0 r = A_0(1 + r)$$

二年末的本利和为

$$A_2 = A_1(1 + r) = A_0(1 + r)^2$$

t 年末的本利和为

$$A_t = A_{t-1}(1 + r) = A_0(1 + r)^t$$

如果一年分 n 期计息，每期利率为 $\dfrac{r}{n}$，且前一期的本利和为后一期的本金，则一年末的本利和为

$$A_n = A_0\left(1 + \dfrac{r}{n}\right)^n$$

于是，到 t 年末共计复利 nt 次，其本利和为

$$A_n(t) = A_0\left(1 + \frac{r}{n}\right)^{nt}$$

此式称为 t 年末本利和的离散复利公式. 令 $n \to \infty$，则表示利息随时计入本金，因此，t 年末的本利和为

$$A(t) = \lim_{n\to\infty} A_n(t) = \lim_{n\to\infty} A_0\left(1 + \frac{r}{n}\right)^{nt} = A_0 \lim_{n\to\infty}\left[\left(1 + \frac{r}{n}\right)^{\frac{n}{r}}\right]^{rt} = A_0 e^{rt}$$

此式称为 t 年末本利和的连续复利公式. 在经济学中本金 A_0 称为现在值（或现值），t 年末本利和 $A_n(t)$ 或 $A(t)$ 称为未来值（或将来值）. 已知现在值 A_0，求未来值 $A_n(t)$ 或 $A(t)$ 的问题称为复利问题.

　　例 1　某人打算用 10 000 元进行投资，现有两种投资方案：一种是一年支付一次红利，年利率是 12%；另一种是一年分 12 个月按复利支付红利，月利率是 1%. 哪一种投资方案合算？

　　解　本金 $A_0 = 10\ 000$ 元，年利率 $r = 12\%$，一年计息 1 期，则 1 年末的本利和为
$$A_1 = 10\ 000(1 + 12\%) = 11\ 200\ (\text{元})$$
一年计息 12 期，$n = 12$，每期的利率为 1%，则 1 年末的本利和为
$$A_1 = 10\ 000(1 + 1\%)^{12 \times 1} \approx 10\ 000 \times 1.126\ 825 = 11\ 268.25\ (\text{元})$$
所以一年分 12 个月按复利支付红利的投资方案更合算，可以多得 68.25 元.

　　例 2　新世纪贸易公司 2014 年 7 月 1 日购买一批进口物资，贷款 200 万元，以复利计息，年利率是 4%，2023 年 7 月 1 日到期一次性还本付息，试确定贷款到期时还款总额.

　　(1) 若一年计息 2 期；

　　(2) 若按连续复利计息.

　　解　(1) 本金 $A_0 = 200$ 万元，年利率 $r = 4\%$，一年计息 2 期，则 9 年末的还款总额为
$$A_9 = 200\left(1 + \frac{4\%}{2}\right)^{2 \times 9} \approx 200 \times 1.4282 = 285.64\ (\text{万元})$$

　　(2) 若按连续复利计息，$A_0 = 200$ 万元，$r = 4\%$，则由连续复利公式求得 9 年末的还款总额为
$$A_9 = 200 e^{4\% \times 9} \approx 200 \times 1.4333 = 286.66\ (\text{万元})$$

1.6.2　贴现问题

　　案例 1.14（投资的回报）　某家庭进行理财投资，打算在某投资担保证券公司投入一笔资金. 这笔投资 10 年后价值为 120 万元. 如果该证券公司以年利率 9%、每年计息 4 期的方式付息，应该投资多少万元？如果复利是连续的，应投资多少万元？

　　定义 1.18　已知未来值 $A_n(t)$ 或 $A(t)$，求现值 A_0 的问题称为贴现问题，这时称利率 r 为贴现率.

　　以 A_0 元存入银行，年利率为 r，t 年后变为 $A_t = A_0(1+r)^t$ 元，则 $A_0 = A_t(1+r)^{-t}$

元，即 t 年后 A_t 元只相当于现在的 $A_0 = A_t (1+r)^{-t}$ 元.

如果一年分 n 期计息，每期利率为 $\dfrac{r}{n}$，则一年末的本利和为 $A_n = A_0 \left(1 + \dfrac{r}{n}\right)^n$，现值为

$A_0 = A_n \left(1 + \dfrac{r}{n}\right)^{-n}$. 若 t 年末共计复利 nt 次，则现值为 $A_0 = A_n \left(1 + \dfrac{r}{n}\right)^{-nt}$. 若连续复利，

令 $n \to \infty$，则现值为 $A_0 = A_n \mathrm{e}^{-rt}$.

案例 1.14 中，若每年计息 4 期，则 10 年后 120 万元的现值为

$$A_0 = 120 \left(1 + \frac{9\%}{4}\right)^{-4 \times 10} \approx 49.278 \text{（万元）}$$

如果连续复利，则 10 年后 120 万元的现值为

$$A_0 = 120 \mathrm{e}^{-9\% \times 10} = 120 \mathrm{e}^{-0.9} \approx 48.788 \text{（万元）}$$

因此，在两种复利方式下，应分别投资 49.278 万元和 48.788 万元.

贴现和计息与我们的经济生活息息相关. 人们接触更多的是计息，因为几乎每个家庭都在银行有存款. 贴现和计息的本质是货币的时间价值，即在排除风险和通货膨胀的条件下，资金在周转使用过程中随着时间的推移而发生的增值. 只有将货币投入生产或是借给别人再投入生产，由生产过程实现价值转移和价值创造，才有可能带来价值增值.

理解了货币的时间价值，就更容易理解贴现和计息了. 计息是你将现在的货币借给别人一段时间并在未来某个时刻收回时，别人支付给你这段时间的货币增值额. 而贴现就是计息的反过程，即你将未来某个时刻的货币在现在收回，就要扣除这段时间的货币增值额.

■ 练习 1.6

1. 某人用 100 万元进行投资，一年支付一次红利，年利率是 10％，2 年末能够得到的本利和为多少？

2. 某公司向银行贷款 20 万元，以复利计息，年利率是 5％，若一年计息 4 期，求 2 年末贷款到期时的还款总额.

3. 设有本金 1000 元，若用连续复利计算，年利率为 8％，问：5 年末能够得到的本利和为多少？

4. 某公司计划发行公司债券，规定以年利率 6.5％的连续复利计算利息，10 年后每份债券偿还本息 1000 元，问：发行时每份债券的价格应定为多少？

本 章 小 结

本章在理解函数概念的基础上介绍了几种常用的经济函数，在理解极限概念的基础上介绍了求极限的四则运算法则、两个重要极限，最后介绍了函数的连续性及连续函数的知识.

作为经济应用数学，在 1.1.3 节就介绍了经济活动中常用的几类经济函数，体现了高职教学的要求——"基于工作工程"，也体现了专业特点. 极限是高等数学的基本知识，它

是高等数学研究问题的主要方法之一. 为减弱理论性,突出应用,本书对极限概念、理论等不长篇大论,而是把重点放在几种基本求极限的方法的应用上. 在经济函数中,有些函数是连续的,如"需求函数""成本函数"等,有些函数是间断的,如库存问题中库存量的变化是分段函数,往往是不连续的. 在高等数学中,一切初等函数在有定义的区间内皆连续.

阅读材料

综 合 练 习 1

一、填空题

1. 设函数 $y=f(x)$ 的定义域为 $[0,1]$,则函数 $y=f(\ln x)$ 的定义域为_____.

2. 若极限 $\lim\limits_{x\to\infty}\left(\dfrac{x^2+1}{x+1}-ax-b\right)=0$,则 $a=$_____,$b=$_____.

3. 设函数 $f(x)=\begin{cases}x^2+1, & x>0 \\ a+x, & x\leqslant 0\end{cases}$ 在 $x=0$ 处连续,则 $a=$_____.

4. 函数 $f(x)=\dfrac{x-1}{x^2-2x-3}$ 的间断点有_____.

5. 某商品的需求规律为 $p+3x=75$,供求规律为 $9x=2p-15$,则该商品市场平衡的均衡价格为_____.

二、单项选择题

1. 下列函数中,( )是基本初等函数.

A. $y=1+x^2$ \qquad\qquad B. $y=x^{\sqrt{2}}$

C. $y=\sin 2x$ \qquad\qquad D. $y=\begin{cases}x+1, & x>0 \\ x-1, & x\leqslant 0\end{cases}$

2. 对于函数 $f(x)=\dfrac{x^2-1}{x-1}$,下列结论正确的是( ).

A. 在 $x=1$ 处无定义,无极限 \qquad B. 在 $x=1$ 处有定义,$f(1)=2$

C. 在 $x=1$ 处无定义,有极限 \qquad D. 在 $x=1$ 处连续

3. 极限 $\lim\limits_{x\to 1}\dfrac{\sin(x-1)}{x^2-1}=$( ).

A. 0 \qquad B. 1 \qquad C. 2 \qquad D. 1/2

4. 下列极限正确的是( ).

A. $\lim\limits_{x\to\infty}\left(1+\dfrac{1}{x}\right)^{2x}=1$ \qquad\qquad B. $\lim\limits_{x\to\infty}\left(1-\dfrac{1}{x}\right)^{x}=e$

C. $\lim\limits_{x \to \infty}\left(1+\dfrac{1}{x^2}\right)^{x^2}=\mathrm{e}$ \qquad D. $\lim\limits_{x \to 0}(1+x)^{\frac{1}{x}}=1$

5. 设函数 $f(x)=\begin{cases}\dfrac{1-\sqrt{1+3x}}{x}, & x \neq 0 \\ a, & x=0\end{cases}$ 在 $x=0$ 处连续,则 $a=(\quad)$.

A. $-\dfrac{2}{3}$ \qquad B. $-\dfrac{3}{2}$ \qquad C. $\dfrac{3}{2}$ \qquad D. $\dfrac{2}{3}$

三、解答题

1. 求下列函数的定义域.

(1) $y=\sqrt{\ln(2-x)}$;

(2) $y=\dfrac{\ln(x-2)}{x^2-4x+3}$;

(3) $y=\arcsin x+\dfrac{1}{x^2-1}$;

(4) $y=\sqrt{x-1}+\dfrac{x}{x^2-4}$.

2. 指出下列函数的复合过程.

(1) $y=\sqrt{\ln(2-x)}$;

(2) $y=\sin(\mathrm{e}^{2x+1})$;

(3) $y=\sqrt{1+x^2}$;

(4) $y=\arctan\sqrt{x+1}$.

3. 求下列函数的极限.

(1) $\lim\limits_{x \to 1}\dfrac{\sqrt{x+2}-\sqrt{3}}{x-1}$;

(2) $\lim\limits_{x \to \infty}\left(\dfrac{x^3}{2x^2-1}-\dfrac{x^2}{2x+1}\right)$;

(3) $\lim\limits_{x \to 0}\dfrac{1-\cos 4x}{x\sin x}$;

(4) $\lim\limits_{x \to \infty}\left(\dfrac{x}{x+1}\right)^{x+2}$.

4. 某工厂每批生产某产品 q 吨的平均成本(单位:万元/吨)为 $\bar{C}(q)=q+4+\dfrac{10}{q}$,该商品的价格(单位:万元)函数为 $p=28-5q$,试求每批产品都能全部售出时工厂获得的总利润.

5. 某医院进口 10 台达·芬奇外科手术机器人,贷款 2000 万美元,以复利计息,年利率是 3%,若一年计息 3 期,求 2 年末贷款到期时的还款总额.

6. 某人用 100 万元购买年报酬率为 20% 的股票,分别以按年结算和连续复利结算两种方式计算 5 年和 10 年后的收益.

7. 某商人筹划一个项目,按照市场规律,本项目将以年利率 6.5% 的连续复利回报投资人,两年后商人承诺每份投资本利和为 10 000 元,问此项目每份投资应为多少元?

习题参考答案

第 2 章　导数与微分

在研究变量问题时，我们不仅需要研究函数关系，而且需要分析函数的变化率问题，例如，已知物体的运动规律求速度是运动学中的基本问题，已知曲线求它的切线是几何学的基本问题，经济变量中研究增长率的问题等，这些不同领域的问题都是导数的问题．

2.1　导数的概念

2.1.1　导数的定义

案例 2.1（曲线的切线问题）　试确定光滑连续曲线在某点处的切线斜率．

初等数学中，我们学习了直线斜率的计算公式：$\tan\varphi = \dfrac{\Delta y}{\Delta x}$．

为了给出曲线 C 在点 $M(x_0, y_0)$ 的切线定义，设曲线 C：$y = f(x)$，点 $M(x_0, y_0)$ 为该曲线上的一点．在曲线 C 上另取动点 $M_1(x, y)(M \neq M_1)$，作割线 MM_1．当点 M_1 沿曲线 C 趋向于点 M 时，如果割线 MM_1 趋向于一极限位置 MT，那么直线 MT 就称为曲线 C 在点 M 处的切线．

如图 2-1，割线 MM_1 的斜率为

$$\tan\varphi = \frac{\Delta y}{\Delta x} = \frac{f(x) - f(x_0)}{x - x_0}$$

令 $\Delta x = x - x_0$，则

$$\tan\varphi = \frac{f(x_0 + \Delta x) - f(x_0)}{\Delta x}$$

当点 M_1 沿曲线 C 无限趋于点 M 时（$\Delta x \to 0$），$\varphi \to \alpha$，如果上式的极限存在，记作 k，即得到切线的斜率为

图 2-1

$$k = \lim_{\varphi \to \alpha} \tan\varphi = \lim_{\Delta x \to 0} \frac{\Delta y}{\Delta x} = \lim_{\Delta x \to 0} \frac{f(x_0 + \Delta x) - f(x_0)}{\Delta x}$$

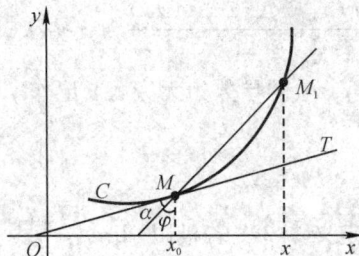

案例 2.2（产品总成本的变化率）　设某产品的总成本 C 随产量 Q 而定，即 C 是 Q 的函数 $C = C(Q)(Q > 0)$．当产量 Q 由 Q_0 变到 $Q_0 + \Delta Q$ 时，产品总成本的相应增量为

$$\Delta C = C(Q_0 + \Delta Q) - C(Q_0)$$

因此，当产量 Q 由 Q_0 变到 $Q_0 + \Delta Q$ 时，产品总成本的平均变化率为

$$\frac{\Delta C}{\Delta Q} = \frac{C(Q_0 + \Delta Q) - C(Q_0)}{\Delta Q}$$

当 $\Delta Q \to 0$ 时，如果

$$\lim_{\Delta Q \to 0} \frac{\Delta C}{\Delta Q} = \lim_{\Delta Q \to 0} \frac{C(Q_0 + \Delta Q) - C(Q_0)}{\Delta Q}$$

存在，则称此极限为产品总成本 $C = C(Q)$ 当产量为 Q_0 时的变化率.

上述两个案例虽然来自两个不同的领域，但如果撇开它们的实际背景，单从数量关系上总结共性，它们都表示了函数的瞬时变化率.

函数的增量 $\Delta y = f(x_0 + \Delta x) - f(x_0)$ 与自变量增量 $\Delta x = x - x_0$ 之比表示函数的平均变化率，对平均变化率取 $x \to x_0 (\Delta x \to 0)$ 时的极限 $\lim\limits_{\Delta x \to 0} \dfrac{\Delta y}{\Delta x}$，即得到函数在点 x_0 处的变化率. 这个极限运算称为函数的导数运算，运算的结果就称为函数的导数.

定义 2.1 设函数 $y = f(x)$ 在点 x_0 的某个邻域内有定义，当自变量在 x_0 处取得增量 $\Delta x (x_0 + \Delta x$ 仍在该邻域内) 时，相应地，函数 y 取得增量 $\Delta y = f(x_0 + \Delta x) - f(x_0)$，若极限

$$\lim_{\Delta x \to 0} \frac{\Delta y}{\Delta x} = \lim_{\Delta x \to 0} \frac{f(x_0 + \Delta x) - f(x_0)}{\Delta x}$$

存在，则称函数 $y = f(x)$ 在点 x_0 处可导，并称这个极限为函数 $y = f(x)$ 在点 x_0 处的导数，记作 $f'(x_0)$，即

$$f'(x_0) = \lim_{\Delta x \to 0} \frac{\Delta y}{\Delta x} = \lim_{\Delta x \to 0} \frac{f(x_0 + \Delta x) - f(x_0)}{\Delta x}$$

若极限 $\lim\limits_{\Delta x \to 0} \dfrac{f(x_0 + \Delta x) - f(x_0)}{\Delta x}$ 不存在，则称函数 $y = f(x)$ 在点 x_0 处不可导. 若极限 $\lim\limits_{\Delta x \to 0} \dfrac{f(x_0 + \Delta x) - f(x_0)}{\Delta x}$ 为无穷大，则函数 $y = f(x)$ 的导数不存在，但为了叙述方便，称函数 $f(x)$ 的导数为无穷大，记作 $f'(x_0) = \infty$. 函数 $y = f(x)$ 在点 x_0 处的导数也可以记作

$$y'\big|_{x=x_0}, \quad \frac{\mathrm{d}y}{\mathrm{d}x}\bigg|_{x=x_0}, \quad \frac{\mathrm{d}f(x)}{\mathrm{d}x}\bigg|_{x=x_0}$$

定义 2.2 若极限 $\lim\limits_{\Delta x \to 0^-} \dfrac{f(x_0 + \Delta x) - f(x_0)}{\Delta x}$ 存在，则称此极限值为函数 $y = f(x)$ 在点 x_0 处的左导数，记作 $f'(x_0 - 0)$ 或 $f'_-(x_0)$；若极限 $\lim\limits_{\Delta x \to 0^+} \dfrac{f(x_0 + \Delta x) - f(x_0)}{\Delta x}$ 存在，则称此极限值为函数 $y = f(x)$ 在点 x_0 处的右导数，记作 $f'(x_0 + 0)$ 或 $f'_+(x_0)$. 二者统称单侧导数.

结合导数的定义和左、右极限的定义得到以下结论：

结论 2.1 函数 $y = f(x)$ 在点 x_0 处可导的充要条件是左、右导数存在且相等.

定义 2.3 如果函数 $y = f(x)$ 在开区间 I 内的每一点处都可导，那么就称函数 $y = f(x)$ 在开区间 I 内可导，或称函数 $y = f(x)$ 为开区间 I 内的可导函数. 如果函数 $y = f(x)$ 在开区间 I 内的每一点处都可导，那么对任意的 $x \in I$，都有一个确定的导数值 $f'(x)$ 与之对应，这样就定义了一个以区间 I 为定义域的新函数 $f'(x)$，称这个新函数

$f'(x)$为原来函数 $y=f(x)$在区间 I 内的导函数,简称导数,记作

$$f'(x)\left(y',\ \frac{\mathrm{d}y}{\mathrm{d}x},\ \frac{\mathrm{d}f(x)}{\mathrm{d}x}\right)=\lim_{\Delta x\to 0}\frac{f(x+\Delta x)-f(x)}{\Delta x}$$

显然,对于可导函数 $y=f(x)$而言,函数 $f(x)$在点 x_0 处的导数 $f'(x_0)$就是它的导函数 $f'(x)$在点 $x=x_0$ 处的函数值,即

$$f'(x_0)=f'(x)\big|_{x=x_0}$$

例 1　求解下列问题.

(1) 已知 $f'(x)=2$,求 $\lim\limits_{h\to 0}\dfrac{f(x+2h)-f(x)}{h}$;

(2) 设 $f'(x_0)$存在,求 $\lim\limits_{h\to 0}\dfrac{f(x_0+h)-f(x_0-h)}{2h}$.

解　(1) 由导数的定义 $f'(x)=\lim\limits_{h\to 0}\dfrac{f(x+h)-f(x)}{h}$可知,

$$\lim_{h\to 0}\frac{f(x+2h)-f(x)}{h}=\lim_{h\to 0}\frac{f(x+2h)-f(x)}{2\cdot h}\cdot 2=2f'(x)=4$$

(2) $\lim\limits_{h\to 0}\dfrac{f(x_0+h)-f(x_0-h)}{2h}=\lim\limits_{h\to 0}\left[\dfrac{f(x_0+h)-f(x_0)}{2h}+\dfrac{f(x_0-h)-f(x_0)}{2(-h)}\right]$

$$=\frac{1}{2}f'(x_0)+\frac{1}{2}f'(x_0)$$

$$=f'(x_0)$$

2.1.2　导数的几何意义

结合前面案例及导数的定义可知:若函数 $f(x)$在点 x_0 处可导,则曲线 $y=f(x)$在点 $(x_0,\ f(x_0))$处有不垂直于 x 轴的切线,而且 $f'(x_0)$表示该切线的斜率. 这时切线的方程为

$$y-f(x_0)=f'(x_0)(x-x_0)$$

当 $f'(x_0)\neq 0$ 时,曲线 $y=f(x)$在点$(x_0,\ f(x_0))$处的法线方程为

$$y-f(x_0)=-\frac{1}{f'(x_0)}(x-x_0)(f'(x_0)\neq 0)$$

而当 $f'(x_0)=0$ 时,该法线方程为 $x=x_0$.

特别地,如果函数 $y=f(x)$在点 x_0 处不可导的原因是 $f'(x_0)=\infty$,而在该点处函数 $y=f(x)$连续,那么曲线 $y=f(x)$在点 $(x_0,\ f(x_0))$处有垂直于 x 轴的切线 $x=x_0$,有平行于 x 轴的法线 $y=f(x_0)$.

例 2　求抛物线 $y=x^2$ 在点$(1,1)$处的切线方程与法线方程.

解　由导数的定义式可知,函数 $y=x^2$ 在点 $x=1$ 处的导数为

$$f'(1)=\lim_{\Delta x\to 0}\frac{f(1+\Delta x)-f(1)}{\Delta x}=\lim_{\Delta x\to 0}\frac{(1+\Delta x)^2-1}{\Delta x}$$

$$=\lim_{\Delta x\to 0}\frac{(\Delta x)^2+2\Delta x}{\Delta x}=\lim_{\Delta x\to 0}(\Delta x+2)=2$$

所以抛物线 $y=x^2$ 在点 $(1,1)$ 处的切线方程为 $y-1=2(x-1)$，即

$$2x-y-1=0$$

法线方程为 $y-1=-\dfrac{1}{2}(x-1)$，即

$$x+2y-3=0$$

例 3 判断曲线 $y=\sqrt[3]{x}$ 在点 $(0,0)$ 处是否有垂直于 x 轴的切线.

解 曲线 $y=\sqrt[3]{x}$ 的图形如图 2-2 所示，显然，函数 $y=\sqrt[3]{x}$ 在 $x=0$ 处连续. 由导数的定义，得

$$
\begin{aligned}
f'(0) &= \lim_{\Delta x \to 0} \frac{f(0+\Delta x)-f(0)}{\Delta x} \\
&= \lim_{\Delta x \to 0} \frac{\sqrt[3]{0+\Delta x}-0}{\Delta x} \\
&= \lim_{\Delta x \to 0} \frac{1}{\sqrt[3]{(\Delta x)^2}} = \infty
\end{aligned}
$$

图 2-2

所以曲线 $y=\sqrt[3]{x}$ 在点 $(0,0)$ 处有垂直于 x 轴的切线.

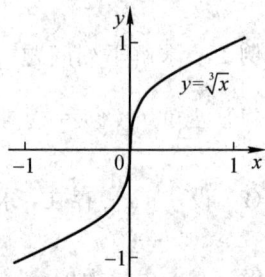

2.1.3 可导与连续的关系

我们知道，初等函数在其定义区间内是连续的，那么函数的连续性与可导性有什么关系呢？下面的定理从一个方面回答了这个问题.

定理 2.1 如果函数 $y=f(x)$ 在点 x_0 处可导，那么函数 $y=f(x)$ 在点 x_0 处必连续.

证明 设函数 $y=f(x)$ 在点 x_0 处可导，即

$$\lim_{\Delta x \to 0} \frac{\Delta y}{\Delta x} = f'(x_0)$$

则由极限的四则运算法则知

$$\lim_{\Delta x \to 0} \Delta y = \lim_{\Delta x \to 0} \frac{\Delta y}{\Delta x} \cdot \Delta x = \lim_{\Delta x \to 0} \frac{\Delta y}{\Delta x} \cdot \lim_{\Delta x \to 0} \Delta x = f'(x) \cdot 0 = 0$$

这说明函数 $y=f(x)$ 在点 x_0 处连续.

定理 2.1 的逆命题是否成立呢？

例 4 判断函数 $y=|x|$ 在点 $x=0$ 处的可导性.

解 由连续的定义知，函数 $y=|x|$ 在点 $x=0$ 处连续（见图 2-3）.

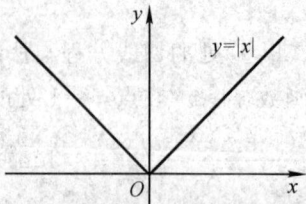

图 2-3

因为

$$\lim_{\Delta x \to 0^+} \frac{f(0+\Delta x)-f(0)}{\Delta x} = \lim_{\Delta x \to 0^+} \frac{|\Delta x|}{\Delta x} = \lim_{\Delta x \to 0^+} \frac{\Delta x}{\Delta x} = 1$$

$$\lim_{\Delta x \to 0^-} \frac{f(0+\Delta x)-f(0)}{\Delta x} = \lim_{\Delta x \to 0^-} \frac{|\Delta x|}{\Delta x} = \lim_{\Delta x \to 0^-} \left(-\frac{\Delta x}{\Delta x}\right) = -1$$

说明极限 $\lim\limits_{\Delta x \to 0} \dfrac{f(0+\Delta x)-f(0)}{\Delta x}$ 不存在，所以函数 $y=|x|$ 在点 $x=0$ 处不可导.

从例 3 和例 4 可以看出，尽管函数 $y=\sqrt[3]{x}$ 和 $y=|x|$ 在点 $x=0$ 处连续，却在该点处不可导. 因此，函数在某点处连续是函数在该点处可导的必要条件，但不是充分条件.

■ 练习 2.1

1. 假设函数 $y=f(x)$ 在 $x=x_0$ 处的导数 $f'(x_0)$ 存在，则下列极限 A 表示什么？

(1) $A = \lim\limits_{\Delta x \to 0} \dfrac{f(x_0+2\Delta x)-f(x_0)}{\Delta x}$；

(2) $A = \lim\limits_{h \to 0} \dfrac{f(x_0-h)-f(x_0)}{h}$；

(3) $A = \lim\limits_{h \to 0} \dfrac{f(x_0+h)-f(x_0-h)}{h}$.

2. 求常数 a,b，使得 $f(x)=\begin{cases} e^x, & x \geq 0 \\ ax+b, & x<0 \end{cases}$ 在 $x=0$ 处可导.

3. 抛物线 $y=x^2$ 上的哪一点处的切线与直线 $y=6x+7$ 平行？

4. 用定义讨论函数 $y=-|x|+1$ 在点 $x=0$ 处的可导性与连续性.

2.2　导数的计算

直接由导数的定义确定函数的导数是较为困难的，本节将给出一些简单函数的求导公式和各类函数的求导法则，结合这些公式和求导法则，能较方便地求出初等函数的导数.

2.2.1　常用函数的导数公式

例 1　求函数 $f(x)=C$（C 为常数）的导数.

解　$$f'(x) = \lim_{\Delta x \to 0} \frac{f(x+\Delta x)-f(x)}{\Delta x} = \lim_{\Delta x \to 0} \frac{C-C}{\Delta x} = 0$$

即

$$(C)' = 0$$

常数的变化率为零，因而"常数的导数是零"这一结果的实际意义是显然的；其几何意义也是显然的，因为 $f(x)=C$ 为一水平直线，它上面每一点处的切线都是这条直线本身，斜率为零.

例 2   求函数 $f(x)=x^n$（n 为正整数）在 $x=a$ 处的导数.

解 $f'(a)=\lim\limits_{x\to a}\dfrac{f(x)-f(a)}{x-a}=\lim\limits_{x\to a}\dfrac{x^n-a^n}{x-a}=\lim\limits_{x\to a}(x^{n-1}+ax^{n-2}+\cdots+a^{n-1})=na^{n-1}$

把以上结果中的 a 换成 x 得 $f'(x)=nx^{n-1}$，即 $(x^n)'=nx^{n-1}$.

一般地，对于幂函数 $y=x^\mu$（μ 为常数），有

$$(x^\mu)'=\mu x^{\mu-1}$$

例如，$(x^2)'=2x$、$(\sqrt{x})'=\dfrac{1}{2}x^{-\frac{1}{2}}$、$\left(\dfrac{1}{x}\right)'=-\dfrac{1}{x^2}$ 等. 特别地，若 $\mu=1$，则 $(x)'=1$，即自变量的导数为 1.

例 3   求函数 $f(x)=\sin x$ 的导数.

解 $\begin{aligned}f'(x)&=\lim\limits_{\Delta x\to 0}\dfrac{f(x+\Delta x)-f(x)}{\Delta x}=\lim\limits_{\Delta x\to 0}\dfrac{\sin(x+\Delta x)-\sin x}{\Delta x}\\&=\lim\limits_{\Delta x\to 0}\dfrac{2\cos\left(x+\dfrac{\Delta x}{2}\right)\sin\dfrac{\Delta x}{2}}{\Delta x}=\lim\limits_{\Delta x\to 0}\cos\left(x+\dfrac{\Delta x}{2}\right)\dfrac{\sin\dfrac{\Delta x}{2}}{\dfrac{\Delta x}{2}}\\&=\cos x\end{aligned}$

即

$$(\sin x)'=\cos x$$

用类似的方法可得

$$(\cos x)'=-\sin x$$

例 4   求函数 $f(x)=a^x$（$a>0$ 且 $a\neq 1$）的导数.

解 $f'(x)=\lim\limits_{\Delta x\to 0}\dfrac{f(x+\Delta x)-f(x)}{\Delta x}=\lim\limits_{\Delta x\to 0}\dfrac{a^{x+\Delta x}-a^x}{\Delta x}=\lim\limits_{\Delta x\to 0}a^x\dfrac{a^{\Delta x}-1}{\Delta x}$

令 $a^{\Delta x}-1=t$，则 $\Delta x=\log_a(1+t)$. 当 $\Delta x\to 0$ 时，$t\to 0$. 所以

$$f'(x)=\lim\limits_{t\to 0}a^x\dfrac{t}{\log_a(1+t)}=\lim\limits_{t\to 0}a^x\dfrac{1}{\log_a(1+t)^{\frac{1}{t}}}=a^x\dfrac{1}{\log_a\mathrm{e}}=a^x\ln a$$

即

$$(a^x)'=a^x\ln a$$

特别地，若 $a=\mathrm{e}$，有

$$(\mathrm{e}^x)'=\mathrm{e}^x$$

例 5   求函数 $f(x)=\log_a x$（$a>0$ 且 $a\neq 1$）的导数.

解 $\begin{aligned}f'(x)&=\lim\limits_{\Delta x\to 0}\dfrac{f(x+\Delta x)-f(x)}{\Delta x}=\lim\limits_{\Delta x\to 0}\dfrac{\log_a(x+\Delta x)-\log_a x}{\Delta x}\\&=\lim\limits_{\Delta x\to 0}\dfrac{\log_a\left(1+\dfrac{\Delta x}{x}\right)}{\Delta x}=\lim\limits_{\Delta x\to 0}\dfrac{1}{x}\log_a\left(1+\dfrac{\Delta x}{x}\right)^{\frac{x}{\Delta x}}=\dfrac{1}{x}\log_a\mathrm{e}\\&=\dfrac{1}{x\ln a}\end{aligned}$

即

$$(\log_a x)' = \frac{1}{x \ln a}$$

特别地，若 $a = e$，有

$$(\ln x)' = \frac{1}{x}$$

2.2.2 导数的四则运算法则

设函数 $u = u(x)$、$v = v(x)$ 都在点 x 处可导，则它们的和、差、积、商（分母不为零）也在点 x 处可导，并且

(1) 和差的求导法则：$(u \pm v)' = u' \pm v'$.

(2) 积的求导法则：$(uv)' = u'v + uv'$.

(3) 商的求导法则：$\left(\dfrac{u}{v}\right)' = \dfrac{u'v - uv'}{v^2}$ $(v(x) \neq 0)$.

证明 以(2)为例进行证明，(1)(3)可按照(1)进行类似证明.

$$
\begin{aligned}
(uv)' &= \lim_{\Delta x \to 0} \frac{u(x + \Delta x)v(x + \Delta x) - u(x)v(x)}{\Delta x} \\
&= \lim_{\Delta x \to 0} \frac{[u(x + \Delta x) - u(x)]v(x + \Delta x) + u(x)[v(x + \Delta x) - v(x)]}{\Delta x} \\
&= \lim_{\Delta x \to 0} \frac{u(x + \Delta x) - u(x)}{\Delta x} \lim_{\Delta x \to 0} v(x + \Delta x) + \lim_{\Delta x \to 0} u(x) \lim_{\Delta x \to 0} \frac{v(x + \Delta x) - v(x)}{\Delta x} \\
&= u'(x)v(x) + u(x)v'(x) \\
&= u'v + uv'
\end{aligned}
$$

其中，$\lim\limits_{\Delta x \to 0} v(x + \Delta x) = v(x)$ 是由 $v(x)$ 关于 x 可导且连续而得到的. 特别地，当 $v(x) = C$ (C 为常数)时，由常数的导数为零，得

$$(Cu)' = Cu'$$

上述法则中的(1)(2)可以推广到任意有限项的情形，即

$$(u \pm v \pm w)' = u' \pm v' \pm w'$$

$$(uvw)' = u'vw + uv'w + uvw'$$

上述法则中的(3)，若 $u(x) = C$(C 为常数)，则有

$$\left(\frac{C}{v}\right)' = -\frac{Cv'}{v^2}$$

特别地，当 $C = 1$ 时，有

$$\left(\frac{1}{v}\right)' = -\frac{v'}{v^2}$$

例 6 已知 $y = x^3 - \sin x + \ln 2$，求 y'.

解 $y' = (x^3 - \sin x + \ln 2)' = (x^3)' - (\sin x)' + (\ln 2)' = 3x^2 - \cos x$

例 7 已知 $y=x^2\ln x+2\mathrm{e}^x\cos x+\pi$，求 y'.

解
$$y'=(x^2\ln x+2\mathrm{e}^x\cos x+\pi)'=(x^2\ln x)'+(2\mathrm{e}^x\cos x)'+(\pi)'$$
$$=(x^2)'\ln x+x^2(\ln x)'+(2\mathrm{e}^x)'\cos x+2\mathrm{e}^x(\cos x)'$$
$$=2x\ln x+x+2\mathrm{e}^x\cos x-2\mathrm{e}^x\sin x$$

例 8 已知 $y=\tan x$，求 y'.

解
$$y'=(\tan x)'=\left(\frac{\sin x}{\cos x}\right)'=\frac{(\sin x)'\cos x-\sin x(\cos x)'}{\cos^2 x}$$
$$=\frac{\cos^2 x+\sin^2 x}{\cos^2 x}=\frac{1}{\cos^2 x}=\sec^2 x$$

即
$$(\tan x)'=\frac{1}{\cos^2 x}=\sec^2 x$$

同理可得
$$(\cot x)'=-\frac{1}{\sin^2 x}=-\csc^2 x$$

例 9 已知 $y=\sec x$，求 y'.

解 $y'=(\sec x)'=\left(\dfrac{1}{\cos x}\right)'=\dfrac{(1)'\times\cos x-1\times(\cos x)'}{\cos^2 x}=\dfrac{\sin x}{\cos^2 x}=\sec x\tan x$

即
$$(\sec x)'=\sec x\tan x$$

同理可得
$$(\csc x)'=-\csc x\cot x$$

2.2.3 复合函数求导法则

如果函数 $u=\varphi(x)$ 在点 x_0 处可导，而 $y=f(u)$ 在点 u_0 处可导，且 $u_0=\varphi(x_0)$，那么复合函数 $y=f[\varphi(x)]$ 在点 x_0 处可导，并且有

$$\left.\frac{\mathrm{d}y}{\mathrm{d}x}\right|_{x=x_0}=f'(u_0)\cdot\varphi'(x_0)$$

证明略.

通常将上述复合函数的求导公式写成

$$\frac{\mathrm{d}y}{\mathrm{d}x}=f'(u)\cdot\varphi'(x),\ y_x{}'=y_u{}'\cdot u_x{}'\ \text{或}\frac{\mathrm{d}y}{\mathrm{d}x}=\frac{\mathrm{d}y}{\mathrm{d}u}\cdot\frac{\mathrm{d}u}{\mathrm{d}x}$$

并称复合函数求导法则为链式法则. 链式法则可以简单叙述为：复合函数的导数等于函数对中间变量的导数乘以中间变量对自变量的导数.

链式法则可以推广到多个中间变量的情形. 如果 $y=f(u)$，$u=\varphi(v)$，$v=\psi(x)$ 在对应点处都可导，那么复合函数 $y=f\{\varphi[\psi(x)]\}$ 在 x 处的导数为

$$\frac{\mathrm{d}y}{\mathrm{d}x}=\frac{\mathrm{d}y}{\mathrm{d}u}\cdot\frac{\mathrm{d}u}{\mathrm{d}v}\cdot\frac{\mathrm{d}v}{\mathrm{d}x}$$

例 10 已知 $y=\mathrm{e}^{x^2}$，求 y'.

解 $y=\mathrm{e}^{x^2}$ 可以看作由 $y=\mathrm{e}^u$，$u=x^2$ 复合而成. 因此

$$\frac{\mathrm{d}y}{\mathrm{d}x}=\frac{\mathrm{d}y}{\mathrm{d}u}\cdot\frac{\mathrm{d}u}{\mathrm{d}x}=\mathrm{e}^u\cdot 2x=2x\mathrm{e}^{x^2}$$

例 11　已知 $y = \sin\sqrt{x}$ ，求 y' .

解　$y = \sin\sqrt{x}$ 可以看作由 $y = \sin u$ ，$u = \sqrt{x}$ 复合而成. 因此

$$y'_x = y'_u \cdot u'_x = (\sin u)'_u \cdot (\sqrt{x})'_x = \cos u \cdot \frac{1}{2\sqrt{x}} = \frac{\cos\sqrt{x}}{2\sqrt{x}}$$

注意：当式子中仅含自变量 x 而不含中间变量 u 时，导数符号 y'_x 写成 y' .

例 12　已知 $y = \ln\cos\sqrt{x}$ ，求 y' .

解　$y = \ln\cos\sqrt{x}$ 可以看作由 $y = \ln u$ ，$u = \cos v$ ，$v = \sqrt{x}$ 复合而成. 因此

$$y'_x = y'_u \cdot u'_v \cdot v'_x = \left(\frac{1}{u}\right) \cdot (-\sin v) \cdot \left(\frac{1}{2\sqrt{x}}\right) = -\frac{1}{u} \cdot \sin v \cdot \frac{1}{2\sqrt{x}}$$

消去中间变量 u 和 v ，得

$$y' = -\frac{1}{\cos\sqrt{x}} \cdot \sin\sqrt{x} \cdot \frac{1}{2\sqrt{x}} = -\frac{\tan\sqrt{x}}{2\sqrt{x}}$$

对于复合函数求导，熟练后也可以省略中间变量，从外向里逐层求导. 如例 11 可以这样写：

$$y' = (\sin\sqrt{x})' = \cos\sqrt{x} \cdot (\sqrt{x})' = \frac{\cos\sqrt{x}}{2\sqrt{x}}$$

例 12 可以这样写：

$$y' = (\ln\cos\sqrt{x})' = \frac{1}{\cos\sqrt{x}} \cdot (\cos\sqrt{x})' = -\frac{1}{\cos\sqrt{x}} \cdot \sin\sqrt{x} \cdot (\sqrt{x})' = -\frac{\tan\sqrt{x}}{2\sqrt{x}}$$

例 13　方程 $e^y + y\ln x = \cos x$ 确定了 y 关于 x 的隐函数，求 y' .

解　如果方程 $F(x, y) = 0$ 确定了 y 是 x 的函数，那么这样的函数称为隐函数. 相应地，将函数 y 直接表示成自变量 x 的函数 $y = f(x)$ 称为显函数. 设隐函数 y 关于 x 可导，我们可以利用复合函数求导法则求出 y 对 x 的导数. 下面写出本例的求解过程.

因为 y 是 x 的函数，所以 e^y 是 x 的复合函数. 方程两端对 x 求导数，有

$$(e^y + y\ln x)' = (\cos x)'$$

对上式使用导数的四则运算法则和复合函数求导法则，得

$$e^y \cdot y' + y'\ln x + y \cdot \frac{1}{x} = -\sin x$$

解出 y' ，得

$$y' = -\frac{\sin x + \dfrac{y}{x}}{e^y + \ln x}$$

2.2.4　对数求导法

有些函数直接求导十分困难，需要先将函数两边取对数化成隐函数，再按隐函数的求导法则对函数求导，这种方法称为对数求导法. 对数求导法特别适合对幂指函数

$y=u(x)^{v(x)}$ 及由多函数的积、商、方幂构成的函数求导. 下面举例说明.

例 14 求函数 $y=x^{\sin x} (x>0)$ 的导数.

解 两边同时取自然对数,得

$$\ln y = \sin x \cdot \ln x$$

两边同时对 x 求导,得

$$\frac{1}{y}y' = \cos x \cdot \ln x + \sin x \cdot \frac{1}{x}$$

所以

$$y' = y\left(\cos x \cdot \ln x + \frac{\sin x}{x}\right)$$

$$y' = x^{\sin x}\left(\cos x \cdot \ln x + \frac{\sin x}{x}\right)$$

例 15 求函数 $y=\sqrt{\dfrac{(x+1)(x+2)}{(x-3)(x-4)}}$ $(x>4)$ 的导数.

解 此题可用复合函数求导法则进行求导,但是比较麻烦,下面我们利用对数求导法进行求导.

两边同时取自然对数,得

$$\ln y = \frac{1}{2}\left[\ln(x+1)+\ln(x+2)-\ln(x-3)-\ln(x-4)\right]$$

两边同时对 x 求导,得

$$\frac{1}{y}y' = \frac{1}{2}\left(\frac{1}{x+1}+\frac{1}{x+2}-\frac{1}{x-3}-\frac{1}{x-4}\right)$$

$$y' = \frac{1}{2}y\left(\frac{1}{x+1}+\frac{1}{x+2}-\frac{1}{x-3}-\frac{1}{x-4}\right)$$

所以

$$y' = \frac{1}{2}\sqrt{\frac{(x+1)(x+2)}{(x-3)(x-4)}}\left(\frac{1}{x+1}+\frac{1}{x+2}-\frac{1}{x-3}-\frac{1}{x-4}\right)$$

需要注意的是,利用对数求导法进行求导时,y' 的最终结果的表达式中不允许保留 y,而要用相应的 x 的表达式代替.

■ 练习 2.2

1. 试证明下列求导公式.

(1) $(\cos x)' = -\sin x$; （2) $(\cot x)' = -\csc^2 x$; （3) $(\csc x)' = -\csc x \cot x$.

2. 求下列函数的导数.

(1) $y=2x^3+3x^2+7$;

(2) $y=\dfrac{x^5+\sqrt{x}+1}{x^2}$;

(3) $y=e^x\sin x+x^2\cos x$;

(4) $y=\dfrac{\ln x}{\tan x}$.

3. 求下列函数的导数.

(1) $y=(2x+1)^3$; （2) $y=\ln(3+2x)$; （3) $y=\sin^2 x+\cos 2x$;

(4) $y = \ln(x + \sqrt{x^2 - a^2})$;　　　　　　　　　　(5) $y = \dfrac{\sin x}{\sqrt{1 - x^2}}$.

4. 求由下列方程确定的函数 y 的导数.

(1) $xy = e^{x+y}$;　　　　　(2) $e^y = \sin(x + y)$;　　　　　(3) $\dfrac{y}{x} = \ln\sqrt{x^2 + y^2}$.

5. 如果 $y = (a + bx)\sin x + (c + dx)\cos x$, 试确定常数 a, b, c, d, 使 $y' = x\cos x$.

6. 设将气体以 $100 \text{ cm}^3/\text{s}$ 的恒定速度注入球状的气球, 假定气体的压力不变, 那么当半径为 10 cm 时, 气球半径增加的速率是多少?

2.3　高　阶　导　数

案例 2.3(方案选择问题)　绿洲房地产公司在项目决策中有两个方案可供选择, 其利润函数分别为 $L_1(t) = 2t^2 + 2t - 1$、$L_2(t) = t^2 + 4t - 2$(L_1、L_2 的单位为百万元, t 的单位为年). 若投资期限为 1 年, 这两个方案哪个更好呢?

当时间 $t = 1$ 时, $L_1(1) = L_2(1) = 3$, 即两个方案的利润额相同. 下面利用一阶导数来比较两个方案的利润增长率(边际利润): $L_1'(1) = L_2'(1) = 6$, 这说明两个方案的利润增长率仍是相同的. 为此, 我们需要利用二阶导数来进一步考查这两个方案利润增长率的变化率.

定义 2.4　如果函数 $y = f(x)$ 在区间 I 上可导, 则 $f'(x)$ 仍然是定义在 I 上的函数. 如果 $f'(x)$ 也在 I 上可导, 则称其导数 $(f'(x))'$ 为 $f(x)$ 的二阶导数, 记作

$$f''(x), \quad y'', \quad \frac{d^2 y}{dx^2} \text{ 或 } \frac{d^2 f(x)}{dx^2}$$

类似地, 可以定义函数 $y = f(x)$ 的三阶导数, 记作

$$f'''(x), \quad y''', \quad \frac{d^3 y}{dx^3} \text{ 或 } \frac{d^3 f(x)}{dx^3}$$

推广至用 $n - 1$ 阶导数来定义 n 阶导数:

$$f^{(n)}(x) = \lim_{\Delta x \to 0} \frac{f^{(n-1)}(x + \Delta x) - f^{(n-1)}(x)}{\Delta x}$$

即函数 $y = f(x)$ 的 $n - 1$ 阶导数的导数称为函数 $y = f(x)$ 的 n 阶导数, 记作

$$f^{(n)}(x), \quad y^{(n)}, \quad \frac{d^n y}{dx^n} \text{ 或 } \frac{d^n f(x)}{dx^n}$$

我们把二阶及二阶以上的导数统称为高阶导数. 由高阶导数的定义可知, 求高阶导数就是对函数逐次求导, 因此可以运用前面所学的求导方法来计算高阶导数.

案例 2.3 中, $L_1''(t) = (4t + 2)' = 4$, $L_2''(t) = (2t + 4)' = 2$, 这说明第一个方案的利润增长率的变化率大于第二个方案的利润增长率的变化率, 即 1 年后, 第一个方案的利润增长率要比第二个方案的利润增长率增加得快, 因此, 第一个方案优于第二个方案. 在实际决策中, 财务分析一般要比上面的复杂, 通常还要考虑一个方案的年利润、利润增长率及增

长率的变化率等情况.

例 1 求下列函数的二阶导数.

(1) $y = x^3 - 2x^2 + 3x - 11$;

(2) $y = e^x \cos x$.

解 (1) $y' = 3x^2 - 4x + 3$

$\qquad\qquad y'' = 6x - 4$

(2) $y' = e^x \cos x - e^x \sin x$

$\qquad y'' = e^x \cos x - e^x \sin x - (e^x \sin x + e^x \cos x) = -2e^x \sin x$

例 2 求指数函数 $y = e^x$ 的 n 阶导数.

解 $\qquad\qquad y' = e^x,\ y'' = e^x,\ y''' = e^x,\ \cdots$

即

$$(e^x)^{(n)} = e^x$$

例 3 求幂函数 $y = x^\mu$(μ 为常数)的 n 阶导数.

解 $y' = (x^\mu)' = \mu x^{\mu-1}$

$\qquad y'' = (x^\mu)'' = (\mu x^{\mu-1})' = \mu(\mu-1)x^{\mu-2}$

$\qquad y''' = (x^\mu)''' = (\mu(\mu-1)x^{\mu-2})' = \mu(\mu-1)(\mu-2)x^{\mu-3}$

$\qquad \cdots$

$\qquad y^{(n)} = (x^\mu)^{(n)} = \mu(\mu-1)(\mu-2)\cdots(\mu-n+1)x^{\mu-n}$

特别地,当 $\mu = n \in \mathbf{Z}_+$ 时,$(x^n)^{(n)} = n!$.

例 4 求函数 $y = \ln(1+x)$ 的 n 阶导数.

解 $y' = \dfrac{1}{1+x},\ y'' = -\dfrac{1}{(1+x)^2},\ y''' = \dfrac{2!}{(1+x)^3},\ y^{(4)} = -\dfrac{3!}{(1+x)^4},\ \cdots$

以此类推,可以得到

$$y^{(n)} = (-1)^{n-1}\frac{(n-1)!}{(1+x)^n}$$

■ **练习 2.3**

1. 求函数 $f(x) = \ln(1+x)$ 的三阶导数,并求 $f'''(0)$.

2. 验证函数 $y = 2e^{2x}$ 满足 $y'' - y' - 2y = 0$.

3. 求下列函数的 n 阶导数.

(1) $y = x \ln x$; (2) $y = \dfrac{1}{1-x}$.

2.4 微 分

函数在 x 点处的导数,表示函数在该点处的变化率. 有时我们还需要分析函数在点 x 处,当自变量取得微小的增量 Δx 时,函数取得相应的增量 Δy 的大小. 实际问题中,要计

算函数增量 $\Delta y = f(x + \Delta x) - f(x)$ 的精确值比较困难. 为了研究较为简单的计算方法, 并且要求得到的结果与函数的增量 Δy 足够近似, 由此产生了微分的概念.

2.4.1 微分的定义

案例 2.4(正方形面积的改变量) 设有一块边长为 x 的正方形铁皮, 其面积为 $S = x^2$. 当铁皮均匀受热后边长伸长了 Δx 时, 面积的改变量为

$$\Delta S = (x + \Delta x)^2 - x^2 = 2x \cdot \Delta x + (\Delta x)^2$$

如图 2-4 所示, ΔS 由两部分构成: 一部分是两个长方形的面积之和, 一部分是小正方形的面积.

当 $\Delta x \to 0$ 时, $(\Delta x)^2$ 趋向于零的速度更快, 可忽略不计, 于是 ΔS 主要取决于第一部分 $2x \cdot \Delta x$, 它是关于 Δx 的线性表达式. 此时有

图 2-4

$$\Delta S = 2x \cdot \Delta x + (\Delta x)^2 \approx 2x \cdot \Delta x$$

即当 $|\Delta x|$ 很小时, 面积的改变量可以用面积函数的微分近似计算. 这种近似具有一般性.

定义 2.5 设函数 $y = f(x)$ 在点 x 处的导数 $f'(x)$ 存在, 则称 $f'(x)\Delta x$ 为函数 $y = f(x)$ 在点 x 处的微分, 记作 $\mathrm{d}y$, 即

$$\mathrm{d}y = f'(x)\Delta x \quad (\Delta x \text{ 是无穷小量})$$

由案例 2.4 易知, 当 $|\Delta x|$ 很小时, $\Delta y \approx \mathrm{d}y$, 说明函数的微分近似等于函数的改变量. 另外, 我们考查自变量 x, 由于它的导数等于 1, 于是微分 $\mathrm{d}x = x'\Delta x = \Delta x$, 说明自变量的微分等于自变量的改变量. 因此函数 $y = f(x)$ 的微分就可以写成

$$\mathrm{d}y = f'(x)\mathrm{d}x$$

因为 $f'(x)$ 在形式上是函数 $y = f(x)$ 的微分 $\mathrm{d}y$ 与自变量 x 的微分 $\mathrm{d}x$ 之商, 即

$$\frac{\mathrm{d}y}{\mathrm{d}x} = f'(x)$$

所以导数也称为微商.

从等式 $\mathrm{d}y = f'(x)\mathrm{d}x$ 还可以看出, $f'(x)$ 是函数 $y = f(x)$ 的微分 $\mathrm{d}y$ 的表达式中自变量 x 的微分 $\mathrm{d}x$ 的系数, 所以导数 $f'(x)$ 又有微分系数之称.

当 $\Delta x \to 0$ 时, $\Delta x = \mathrm{d}x$, 这里的 $\mathrm{d}x$ 为无穷小量, 可以近似当作零, 即 $\mathrm{d}x$ 是对 x 进行了无限的细分. 同理, $\mathrm{d}y$ 是对 y 进行了无限的细分, $\mathrm{d}y$ 相对于 y 来说也是非常小的, 也是可以看作零的. 因此一个量的微分, 就是对该量进行无限的细分, 以至对该量来说可以视为零. 理解这一点对后面学习积分学是非常有帮助的.

例 1 求函数 $y = x^2 + 1$ 在 $x = 1$ 处 $\Delta x = 0.01$ 时的增量及微分.

解 $\Delta y = f(1 + 0.01) - f(1) = 1.01^2 - 1 = 0.0201$

$$y'|_{x=1} = 2x|_{x=1} = 2, \ \mathrm{d}y = y'|_{x=1}\Delta x = 0.02$$

可见, Δy 与 $\mathrm{d}y$ 的误差为 0.0001.

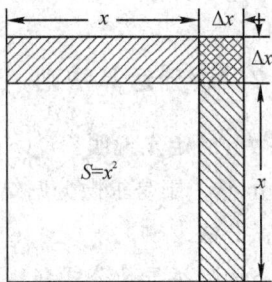

例 2　求函数 $y = \sin(2x+1)$ 的微分 $\mathrm{d}y$.

解　先求函数 $y = f(x) = \sin(2x+1)$ 的导数，即

$$y' = f'(x) = \cos(2x+1) \times 2 = 2\cos(2x+1)$$

由微分的定义得函数 $y = \sin(2x+1)$ 的微分为

$$\mathrm{d}y = f'(x)\mathrm{d}x = 2\cos(2x+1)\mathrm{d}x$$

2.4.2　微分运算法则

微分的定义说明，$f'(x)$ 确定以后，再乘上自变量的微分 $\mathrm{d}x$，就得到了函数 $y = f(x)$ 的微分 $\mathrm{d}y$. 于是求微分归结于求导数，并不需要新方法. 我们将求导数和求微分的方法统称为微分法.

下面列举导数公式和法则与对应的微分公式，如表 2-1，以便对照和查阅.

表 2-1　导数与微分基本公式对照表

导数公式	微分公式
$(x^\mu)' = \mu x^{\mu-1}$	$\mathrm{d}(x^\mu) = \mu x^{\mu-1}\mathrm{d}x$
$(a^x)' = a^x \ln a \; ((\mathrm{e}^x)' = \mathrm{e}^x)$	$\mathrm{d}(a^x) = a^x \ln a\, \mathrm{d}x \quad (\mathrm{d}(\mathrm{e}^x) = \mathrm{e}^x \mathrm{d}x)$
$(\log_a x)' = \dfrac{1}{x\ln a} \; \left((\ln x)' = \dfrac{1}{x}\right)$	$\mathrm{d}(\log_a x) = \dfrac{1}{x\ln a}\mathrm{d}x \quad \left(\mathrm{d}(\ln x) = \dfrac{1}{x}\mathrm{d}x\right)$
$(\sin x)' = \cos x$	$\mathrm{d}(\sin x) = \cos x\, \mathrm{d}x$
$(\cos x)' = -\sin x$	$\mathrm{d}(\cos x) = -\sin x\, \mathrm{d}x$
$(\tan x)' = \sec^2 x$	$\mathrm{d}(\tan x) = \sec^2 x\, \mathrm{d}x$
$(\cot x)' = -\csc^2 x$	$\mathrm{d}(\cot x) = -\csc^2 x\, \mathrm{d}x$
$(\sec x)' = \sec x \cdot \tan x$	$\mathrm{d}(\sec x) = \sec x \cdot \tan x\, \mathrm{d}x$
$(\csc x)' = -\csc x \cdot \cot x$	$\mathrm{d}(\csc x) = -\csc x \cdot \cot x\, \mathrm{d}x$
$(\arcsin x)' = \dfrac{1}{\sqrt{1-x^2}}$	$\mathrm{d}(\arcsin x) = \dfrac{1}{\sqrt{1-x^2}}\mathrm{d}x$
$(\arccos x)' = -\dfrac{1}{\sqrt{1-x^2}}$	$\mathrm{d}(\arccos x) = -\dfrac{1}{\sqrt{1-x^2}}\mathrm{d}x$
$(\arctan x)' = \dfrac{1}{1+x^2}$	$\mathrm{d}(\arctan x) = \dfrac{1}{1+x^2}\mathrm{d}x$
$(\operatorname{arccot} x)' = -\dfrac{1}{1+x^2}$	$\mathrm{d}(\operatorname{arccot} x) = -\dfrac{1}{1+x^2}\mathrm{d}x$

由函数导数的四则运算法则很容易得到函数微分的四则运算法则，下面列举导数和微分的四则运算法则，如表 2-2(表中 $u = u(x)$，$v = v(x)$)，以便对照和查阅.

表 2−2 导数与微分运算法则对照表

函数导数的四则运算法则	函数微分的四则运算法则
$(u \pm v)' = u' \pm v'$	$\mathrm{d}(u \pm v) = \mathrm{d}u \pm \mathrm{d}v$
$(uv)' = u'v + uv'$	$\mathrm{d}(uv) = v\mathrm{d}u + u\mathrm{d}v$
$(Cu)' = Cu'$	$\mathrm{d}(Cu) = C\mathrm{d}u$ （C 为常数）
$\left(\dfrac{u}{v}\right)' = \dfrac{u'v - uv'}{v^2}$ （$v \neq 0$）	$\mathrm{d}\left(\dfrac{u}{v}\right) = \dfrac{v\mathrm{d}u - u\mathrm{d}v}{v^2}$ （$v \neq 0$）

例 3 求函数 $y = \mathrm{e}^{2x-1}\cos x$ 的微分.

解
$$\mathrm{d}y = \mathrm{d}(\mathrm{e}^{2x-1}\cos x) = \cos x \, \mathrm{d}(\mathrm{e}^{2x-1}) + \mathrm{e}^{2x-1}\mathrm{d}\cos x$$
$$= \cos x \, \mathrm{e}^{2x-1}\mathrm{d}(2x-1) + \mathrm{e}^{2x-1}(-\sin x)\mathrm{d}x$$
$$= 2\cos x \, \mathrm{e}^{2x-1}\mathrm{d}x - \mathrm{e}^{2x-1}\sin x \, \mathrm{d}x$$
$$= \mathrm{e}^{2x-1}(2\cos x - \sin x)\mathrm{d}x$$

2.4.3 微分在近似计算中的应用

在 2.4.1 节中讲到，当 $|\Delta x|$ 很小时，有
$$\Delta y \approx \mathrm{d}y$$
即得到近似计算公式
$$\Delta y = f(x + \Delta x) - f(x) \approx f'(x)\mathrm{d}x$$
移项，得
$$f(x + \Delta x) \approx f(x) + f'(x)\mathrm{d}x$$

上式为我们计算函数值的近似值提供了方便，误差为 Δx 的高阶无穷小，近似程度的好坏取决于 Δx 的大小. 将上式中的 x 换为 x_0，$\mathrm{d}x$ 换为 Δx，得到
$$f(x_0 + \Delta x) \approx f(x_0) + f'(x_0)\Delta x$$

此式表明：由函数 $y = f(x)$ 在 x_0 处的函数值及一阶导数值可以近似求出在 x_0 附近一点 $x_0 + \Delta x$ 处的函数值.

例 4 计算 $\sin 30°5'$ 的近似值.

解 设 $f(x) = \sin x$，$x_0 = 30° = \dfrac{\pi}{6}$，$\Delta x = 5' = \dfrac{5\pi}{180} = \dfrac{\pi}{36}$，则由
$$f(x_0 + \Delta x) \approx f(x_0) + f'(x_0)\Delta x$$
得到
$$\sin 30°5' \approx \sin 30° + \cos 30° \times \frac{\pi}{36} = \frac{1}{2} + \frac{\sqrt{3}}{2} \times \frac{\pi}{36} \approx 0.5756$$

例 5 设某地区的居民经济消费模型为
$$y = 10 + 0.4x + 0.01x^{\frac{1}{2}}$$
其中：y 为总消费（单位：亿元），x 为可支配收入（单位：亿元）. 当 $x = 100.05$ 时，问该地区的居民总消费是多少.

解 取 $x_0 = 100$，$\Delta x = 0.05$，由于 Δx 相对于 x_0 比较小，则由

$$f(x_0 + \Delta x) \approx f(x_0) + f'(x_0)\Delta x$$

得到

$$f(100.05) \approx f(100) + f'(100) \times 0.05$$

$$= (10 + 0.4 \times 100 + 0.01 \times 100^{\frac{1}{2}}) + (10 + 0.4x + 0.01x^{\frac{1}{2}})'|_{x=100} \times 0.05$$

$$= 50.1 + \left(0.4 + \frac{0.01}{2\sqrt{x}}\right)\Big|_{x=100} \times 0.05$$

$$\approx 50.12$$

所以，当可支配收入为 100.05 亿元时，该地区的居民总消费大约是 50.12 亿元.

从以上例子可以看出，在利用近似公式时，应注意所选定的 Δx 相对比较小，函数值 $f(x_0)$ 比较容易计算.

■ 练习 2.4

1. 判断正误.

(1) 函数 $y = f(x)$ 的导数 $f'(x)$ 与微分 $f'(x)\Delta x$ 都与 x 和 Δx 有关.

(2) 函数 $y = f(x)$ 的微分 $\mathrm{d}y$ 一定为正.

2. 求下列函数的微分.

(1) $y = x^2 + \sqrt{x} + 1$；　　　　　　　(2) $y = \sin x - x\cos x$；

(3) $y = \dfrac{x}{\ln x}$；　　　　　　　　　　(4) $y = \cos(\cos x)$；

(5) $y = \tan^2(1 + x^2)$.

3. 将适当的函数填入下列括号内，使等式成立.

(1) $\mathrm{d}(\quad) = 3x^2\mathrm{d}x$；　　　　　　(2) $\mathrm{d}(\quad) = -\dfrac{1}{x^2}\mathrm{d}x$；

(3) $\mathrm{d}(\quad) = \dfrac{1}{x}\mathrm{d}x$；　　　　　　(4) $\mathrm{d}(\quad) = \dfrac{1}{2\sqrt{x}}\mathrm{d}x$；

(5) $\mathrm{d}(\quad) = (\cos x - \sin x)\mathrm{d}x$；　　(6) $\mathrm{d}(\quad) = \mathrm{e}^{2x}\mathrm{d}x$；

(7) $\mathrm{d}(\quad) = \sec^2 3x\mathrm{d}x$；　　　　(8) $\mathrm{d}(\quad) = \dfrac{1}{\sqrt{1-x^2}}\mathrm{d}x$.

4. 计算下列各式的近似值.

(1) $\sqrt[6]{65}$；　　(2) $\mathrm{e}^{0.02}$；　　(3) $\ln 0.99$.

本 章 小 结

本章主要介绍了导数与微分的概念、计算方法及其应用. 本章首先从几何学中曲线的切线问题和经济学中的总成本的变化率抽象出了导数的定义，然后又把导数作为变化率去探讨科学技术和工程中经常遇到的一些实际问题. 本章不仅根据导数的定义求出了一些简单函数的导数，建立了求导的四则运算法则、复合函数的求导法则、隐函数求导的方

法，最终将可求导的范围推广到初等函数，还介绍了高阶导数的概念并得出了几个常见函数的 n 阶导数，利用函数近似值的实际问题引出函数微分的定义，并给出函数近似值的公式.

阅读材料

综合练习 2

一、填空题

1. $(3^x)' = $ _____ .

2. $(e^x \sin x)' = $ _____ .

3. $(3\tan x + \arcsin x)' = $ _____ .

4. $(\sin^4 x)' = $ _____ .

5. d _____ $= \sin \omega x \, \mathrm{d}x$.

二、单项选择题

1. 设可导函数 $y = f(x)$ 在点 $x = 0$ 处有 $f(0) = 0$，则极限 $A = \lim\limits_{x \to 0} \dfrac{f(x)}{x}$ 表示（　　）.

A. $f'(x)$ 　　　　B. $-f'(x)$ 　　　　C. $f'(0)$ 　　　　D. $-f'(0)$

2. 设函数 $f(x) = \begin{cases} ax + b, & x \leqslant 1 \\ x^2, & x > 1 \end{cases}$ 在 $x = 1$ 处连续且可导，则 a, b 分别等于（　　）.

A. $1, 2$ 　　　　B. $2, 1$ 　　　　C. $-1, -2$ 　　　　D. $2, -1$

3. 设二阶导数 $f''(x)$ 存在，则函数 $y = \ln[f(x)]$ 的二阶导数为（　　）.

A. $\dfrac{f''(x)f(x) - [f'(x)]^2}{f^2(x)}$ 　　　　　　B. $\dfrac{[f'(x)]^2 - f''(x)f(x)}{f^2(x)}$

C. $\dfrac{[f''(x)]^2 - [f'(x)]^2}{f^2(x)}$ 　　　　　　D. $\dfrac{f''(x)f(x) - [f'(x)]^2}{[f'(x)]^2}$

4. 设在 x_0 处 $f(x)$ 可导，$g(x)$ 不可导，则在 x_0 处（　　）.

A. $f(x) + g(x)$ 必不可导，而 $f(x) \cdot g(x)$ 未必不可导

B. $f(x) + g(x)$ 与 $f(x) \cdot g(x)$ 都可导

C. $f(x) + g(x)$ 未必不可导，而 $f(x) \cdot g(x)$ 必不可导

D. $f(x) + g(x)$ 与 $f(x) \cdot g(x)$ 都不可导

5. 过曲线 $y = e^x - x$ 上点（　　）处有一条水平切线.

A. $(0, -1)$ 　　　　B. $(0, 1)$ 　　　　C. $(1, 0)$ 　　　　D. $(-1, 0)$

三、解答题

1. 讨论分段函数 $f(x)=\begin{cases} \sin x, & x\leqslant 0 \\ x, & x>0 \end{cases}$ 在分段点 $x=0$ 处的连续性与可导性.

2. 设 $f'(x_0)=1$，求极限 $\lim\limits_{h\to 0}\dfrac{f(x_0-2h)-f(x_0+3h)}{h}$ 的值.

3. 求下列函数的导数.

(1) $y=x^2+3\lg x+6$；

(2) $y=\dfrac{x^2+5x+2\sqrt{x}}{x}$；

(3) $y=\sin^2 x\sin x^2$；

(4) $y=\ln(\ln\sqrt{x})$.

4. 求下列函数的微分.

(1) $y=\dfrac{1}{x}+\sqrt{x}$；

(2) $y=\dfrac{x+1}{x-1}$；

(3) $y=\dfrac{\ln x}{x^2}$；

(4) $y=\arctan e^x$.

5. 设 $f(x)$ 可导，求函数 $y=f(e^x)e^{f(x)}$ 的导数 y'.

6. 求由方程 $ye^x+xy=e^y$ 确定的隐函数 $y=f(x)$ 的导数.

7. 设 $y=f(x+y)$，其中 f 具有二阶导数，且其一阶导数不为 1，求 $\dfrac{\mathrm{d}^2 y}{\mathrm{d}x^2}$.

8. 求函数 $y=x^n+a_1x^{n-1}+a_2x^{n-2}+\cdots+a_{n-1}x+a_n(a_1,a_2,\cdots,a_n$ 都是常数)的 n 阶导数.

习题参考答案

第3章 导数的应用

本章将利用导数来求解函数的极限、研究函数及曲线的某些性态，并利用这些知识解决一些实际问题，如判断函数的单调性，求函数的极值与最值，以进一步拓宽导数在经济分析中的应用.

3.1 洛必达法则

在第1章关于极限问题的讨论中，遇到过两个无穷小（大）比值的极限问题，它们的极限不能确定，这样的极限问题称为 $\dfrac{0}{0}$ 型或 $\dfrac{\infty}{\infty}$ 型未定式. 本节介绍的洛必达法则是一种借助导数来解决这类极限问题的方法.

3.1.1 $\dfrac{0}{0}$ 与 $\dfrac{\infty}{\infty}$ 型未定式

案例 3.1（第一个重要极限） 还有其他方法验证第一个重要极限 $\lim\limits_{x\to 0}\dfrac{\sin x}{x}=1$ 吗？

经过分析，第一个重要极限为 $\dfrac{0}{0}$ 型未定式，对分子、分母分别求导可得

$$\lim_{x\to 0}\frac{\sin x}{x}=\lim_{x\to 0}\frac{\cos x}{1}=1$$

此案例使用的方法就是洛必达法则.

定理 3.1（洛必达法则 I） 若函数 $f(x)$ 与 $g(x)$ 满足下列条件：

(1) $\lim\limits_{x\to a}f(x)=\lim\limits_{x\to a}g(x)=0$；

(2) $f'(x)$ 和 $g'(x)$ 存在，且 $g'(x)\neq 0$；

(3) $\lim\limits_{x\to a}\dfrac{f'(x)}{g'(x)}$ 存在（或为 ∞）.

则

$$\lim_{x\to a}\frac{f(x)}{g(x)}=\lim_{x\to a}\frac{f'(x)}{g'(x)}$$

成立.

应用洛必达法则之前，必须判定所求极限为 $\dfrac{0}{0}$ 型未定式. 极限过程 $x\to a$ 可改写为 $x\to a^{+}$ 或 $x\to a^{-}$ 或 $x\to\infty$ 或 $x\to+\infty$ 或 $x\to-\infty$.

例 1 求极限 $\lim\limits_{x\to 1}\dfrac{2x^{3}-6x+4}{x^{3}-x^{2}-x+1}$.

解 首先判定原式是 $\frac{0}{0}$ 型未定式. 由洛必达法则，得

$$\lim_{x \to 1} \frac{2x^3 - 6x + 4}{x^3 - x^2 - x + 1} = \lim_{x \to 1} \frac{6x^2 - 6}{3x^2 - 2x - 1}$$

$$= \lim_{x \to 1} \frac{12x}{6x - 2}$$

$$= 3$$

例 2 求极限 $\lim\limits_{x \to 2} \dfrac{x - 2}{\sqrt{x + 2} - 2}$.

解 首先判定原式是 $\frac{0}{0}$ 型未定式. 由洛必达法则，得

$$\lim_{x \to 2} \frac{x - 2}{\sqrt{x + 2} - 2} = \lim_{x \to 2} \frac{1}{\dfrac{1}{2\sqrt{x + 2}}}$$

$$= 2\lim_{x \to 2} \sqrt{x + 2}$$

$$= 4$$

例 3 求极限 $\lim\limits_{x \to 0} \dfrac{\mathrm{e}^x - \mathrm{e}^{-x} - 2x}{x - \sin x}$.

解 首先判定原式是 $\frac{0}{0}$ 型未定式. 由洛必达法则，得

$$\lim_{x \to 0} \frac{\mathrm{e}^x - \mathrm{e}^{-x} - 2x}{x - \sin x} = \lim_{x \to 0} \frac{\mathrm{e}^x + \mathrm{e}^{-x} - 2}{1 - \cos x}$$

$$= \lim_{x \to 0} \frac{\mathrm{e}^x - \mathrm{e}^{-x}}{\sin x}$$

$$= \lim_{x \to 0} \frac{\mathrm{e}^x + \mathrm{e}^{-x}}{\cos x}$$

$$= 2$$

例 3 用了 3 次洛必达法则，切记每次使用洛必达法则之前都要判定未定式的类型.

对 $\frac{\infty}{\infty}$ 型未定式的极限问题，有如下定理：

定理 3.2(洛必达法则 II)　若函数 $f(x)$ 与 $g(x)$ 满足下列条件：

(1) $\lim\limits_{x \to a} f(x) = \lim\limits_{x \to a} g(x) = \infty$；

(2) $f'(x)$ 和 $g'(x)$ 存在，且 $g'(x) \neq 0$；

(3) $\lim\limits_{x \to a} \dfrac{f'(x)}{g'(x)}$ 存在(或为 ∞). 则

$$\lim_{x \to a} \frac{f(x)}{g(x)} = \lim_{x \to a} \frac{f'(x)}{g'(x)}$$

成立.

与定理 3.1 一样，应用洛必达法则之前必须判定所求极限为 $\frac{\infty}{\infty}$ 型未定式. 极限过程

$x \to a$ 可改写为 $x \to a^+$ 或 $x \to a^-$ 或 $x \to \infty$ 或 $x \to +\infty$ 或 $x \to -\infty$.

例 4 求极限 $\lim\limits_{x \to +\infty} \dfrac{\ln x}{x}$.

解 首先判定原式是 $\dfrac{\infty}{\infty}$ 型未定式. 由洛必达法则,得

$$\lim_{x \to +\infty} \frac{\ln x}{x} = \lim_{x \to +\infty} \frac{\dfrac{1}{x}}{1} = 0$$

例 5 求极限 $\lim\limits_{x \to \frac{\pi}{2}^+} \dfrac{\ln\left(x - \dfrac{\pi}{2}\right)}{\tan x}$.

解 首先判定原式是 $\dfrac{\infty}{\infty}$ 型未定式. 由洛必达法则,得

$$\lim_{x \to \frac{\pi}{2}^+} \frac{\ln\left(x - \dfrac{\pi}{2}\right)}{\tan x} = \lim_{x \to \frac{\pi}{2}^+} \frac{\dfrac{1}{x - \dfrac{\pi}{2}}}{\sec^2 x} = \lim_{x \to \frac{\pi}{2}^+} \frac{\cos^2 x}{x - \dfrac{\pi}{2}}$$

$$= \lim_{x \to \frac{\pi}{2}^+} \frac{\cos^2 x}{x - \dfrac{\pi}{2}} = \lim_{x \to \frac{\pi}{2}^+} \frac{-2\cos x \sin x}{1}$$

$$= 0$$

例 6 求极限 $\lim\limits_{x \to \infty} \dfrac{x + \sin x}{x - \sin x}$.

解 首先判定原式是 $\dfrac{\infty}{\infty}$ 型未定式. 由洛必达法则,得

$$\lim_{x \to \infty} \frac{x + \sin x}{x - \sin x} = \lim_{x \to \infty} \frac{1 + \cos x}{1 - \cos x}$$

此时极限不存在. 然而

$$\lim_{x \to \infty} \frac{x + \sin x}{x - \sin x} = 1$$

若极限 $\lim\limits_{x \to a} \dfrac{f'(x)}{g'(x)}$ 不存在,也不为 ∞,则洛必达法则失效. 极限 $\lim\limits_{x \to a} \dfrac{f(x)}{g(x)}$ 是否存在,需用其他方法判断或求解.

3.1.2 其他未定式

对于其他未定式,例如,$0 \cdot \infty$ 型、$\infty - \infty$ 型、0^0 型、1^∞ 型、∞^0 型等极限类型,求解的关键是先将它们转化为 $\dfrac{0}{0}$ 型或 $\dfrac{\infty}{\infty}$ 型未定式,然后利用洛必达法则或其他方法求解.

例 7 求极限 $\lim\limits_{x \to 0^+} x \ln x$.

解 这是 $0 \cdot \infty$ 型未定式. 利用恒等变形 $f(x) \cdot g(x) = \dfrac{f(x)}{\dfrac{1}{g(x)}}$, 得

$$\lim_{x \to 0^+} x \ln x = \lim_{x \to 0^+} \frac{\ln x}{\dfrac{1}{x}} = \lim_{x \to 0^+} \frac{\dfrac{1}{x}}{-\dfrac{1}{x^2}} = \lim_{x \to 0^+} (-x) = 0$$

利用洛必达法则计算未定式的极限是非常有效的, 如果与其他求极限的方法(如等价无穷小的替换、两个重要极限等)结合在一起, 则会简化计算过程.

例 8 求极限 $\lim\limits_{x \to 0} \left(\dfrac{1}{x} - \dfrac{1}{e^x - 1} \right)$.

解 这是 $\infty - \infty$ 型未定式. 通分后可以转化为 $\dfrac{0}{0}$ 型未定式或 $\dfrac{\infty}{\infty}$ 型未定式, 即

$$\lim_{x \to 0} \left(\frac{1}{x} - \frac{1}{e^x - 1} \right) = \lim_{x \to 0} \frac{e^x - 1 - x}{x(e^x - 1)} = \lim_{x \to 0} \frac{e^x - 1 - x}{x^2}$$

$$= \lim_{x \to 0} \frac{e^x - 1}{2x} = \lim_{x \to 0} \frac{x}{2x}$$

$$= \frac{1}{2}$$

例 9 求极限 $\lim\limits_{x \to 1} x^{\frac{1}{x-1}}$.

解 这是 1^∞ 型未定式. 利用恒等变形 $x^{\frac{1}{x-1}} = e^{\ln x^{\frac{1}{x-1}}} = e^{\frac{1}{x-1} \ln x} = e^{\frac{\ln x}{x-1}}$ 求解. 因

$$\lim_{x \to 1} \frac{\ln x}{x - 1} = \lim_{x \to 1} \frac{\dfrac{1}{x}}{1} = 1$$

所以

$$\lim_{x \to 1} x^{\frac{1}{x-1}} = e^1 = e$$

例 10 求极限 $\lim\limits_{x \to 0^+} x^x$.

解 这是 0^0 型未定式. 利用恒等变形 $x^x = e^{\ln x^x} = e^{x \ln x} = e^{\frac{\ln x}{\frac{1}{x}}}$ 求解. 因

$$\lim_{x \to 0^+} \frac{\ln x}{\dfrac{1}{x}} = \lim_{x \to 0^+} \frac{\dfrac{1}{x}}{-\dfrac{1}{x^2}} = \lim_{x \to 0^+} (-x) = 0$$

所以

$$\lim_{x \to 0^+} x^x = e^0 = 1$$

■ **练习 3.1**

1. 利用洛必达法则求下列函数的极限.

(1) $\lim\limits_{x \to \frac{\pi}{6}} \dfrac{1-2\sin x}{\cos 3x}$;

(2) $\lim\limits_{x \to 1} \dfrac{\cos x - \cos 1}{x-1}$;

(3) $\lim\limits_{x \to 0} \dfrac{2^x + 2^{-x} - 2}{x^2}$;

(4) $\lim\limits_{x \to +\infty} \dfrac{e^x}{\ln x}$;

(5) $\lim\limits_{x \to +\infty} \dfrac{\ln(x\ln x)}{x^2}$;

(6) $\lim\limits_{x \to \frac{\pi}{2}^+} \dfrac{\ln\left(x - \dfrac{\pi}{2}\right)}{\tan x}$.

2. 求下列函数的极限.

(1) $\lim\limits_{x \to 1}\left(\dfrac{1}{x-1} - \dfrac{1}{\ln x}\right)$;

(2) $\lim\limits_{x \to 0^+} x^{\tan x}$.

3.2 函数的单调性与极值

3.2.1 函数的单调性

案例 3.2（单调递减的需求函数） 已知市场上某商品的需求函数为 $Q = \dfrac{200}{3} - \dfrac{1}{3}p$. 由市场规律可知，随着价格 p 的增大，需求量 Q 会随之减小，因此需求函数是单调递减的，其导数 $\dfrac{\mathrm{d}Q}{\mathrm{d}p} = -\dfrac{1}{3} < 0$. 由此可见，函数 $f(x)$ 的单调性与其导数 $f'(x)$ 的符号之间存在着必然的联系.

定理 3.3 设函数 $y = f(x)$ 在闭区间 $[a,b]$ 上连续，在开区间 (a,b) 内可导.

(1) 若 $f'(x) > 0$，则函数 $y = f(x)$ 在闭区间 $[a,b]$ 上单调递增.

(2) 若 $f'(x) < 0$，则函数 $y = f(x)$ 在闭区间 $[a,b]$ 上单调递减.

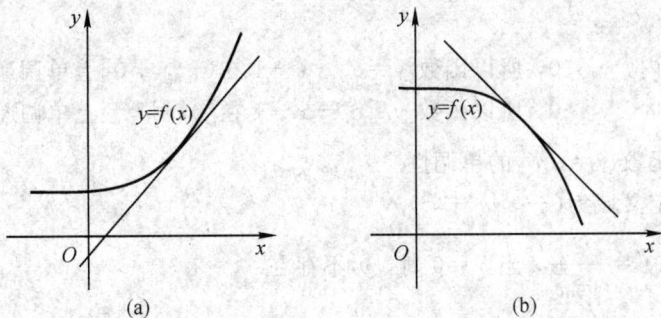

图 3-1

从图 3-1 可以看出，单调递增（递减）函数的图形是一条沿 x 轴正向上升（下降）的曲线，此时如果函数在每一点的导数都存在，则曲线在该点处的切线与 x 轴正向的夹角为锐（钝）角，其斜率为正（负），而斜率就是该点的一阶导数值.

例 1 国民生产总值（GNP）是一个国家（或地区）所有常设单位在一定时期（通常为一年）内的初始收入分配的最终结果. 它是生产要素所有者在一定时期内拥有的最终产品和

49

服务的总价值,计算方法为国内生产总值加上来自国外的净要素收入. 请根据国民生产总值的增长率 $\dfrac{dP}{dt}$ 的正、负解释国民生产总值随时间的变化规律.

解 若国民生产总值的增长率 $\dfrac{dP}{dt} > 0$,由函数单调性的定理知,国民生产总值会越来越多;反之,若国民生产总值的增长率 $\dfrac{dP}{dt} < 0$,则国民生产总值会越来越少.

例2 血液从心脏流出,经主动脉流到毛细血管,再通过静脉流回心脏. 医生建立了某病人在心脏收缩的一个周期内血压 P(单位:mmHg)的数学模型 $P = \dfrac{25t^2 + 123}{t^2 + 1}$,$t = 0$ 表示血液从心脏流出的时间(t 的单位:秒). 问:在心脏收缩的一个周期里,血压是单调递增的还是单调递减的?

解
$$P' = \left(\frac{25t^2 + 123}{t^2 + 1} \right)'$$
$$= \frac{(25t^2 + 123)'(t^2 + 1) - (25t^2 + 123)(t^2 + 1)'}{(t^2 + 1)^2}$$
$$= \frac{50t(t^2 + 1) - 2t(25t^2 + 123)}{(t^2 + 1)^2}$$
$$= -\frac{196t}{(t^2 + 1)^2}$$

因为 $t > 0$,所以 $P' = -\dfrac{196t}{(t^2 + 1)^2} < 0$,因此在心脏收缩的一个周期里,血压是单调递减的.

例3 讨论函数 $y = e^x - x - 1$ 的单调性.

解 因函数 $y = e^x - x - 1$ 的定义域为 $(-\infty, +\infty)$,且 $y' = e^x - 1$.

当 $x = 0$ 时,$y' = e^x - 1 = 0$.

在 $(-\infty, 0)$ 内,$y' < 0$,所以函数 $y = e^x - x - 1$ 在 $(-\infty, 0]$ 上单调递减,

在 $(0, +\infty)$ 内,$y' > 0$,所以函数 $y = e^x - x - 1$ 在 $[0, +\infty)$ 上单调递增.

例4 讨论函数 $y = \sqrt[3]{x^2}$ 的单调性.

解 函数的定义域为 $(-\infty, +\infty)$.

当 $x \neq 0$ 时,$y' = \dfrac{2}{3\sqrt[3]{x}}$,当 $x = 0$ 时,y' 不存在.

导数不存在的点 $x = 0$ 把 $(-\infty, +\infty)$ 分成两个区间 $(-\infty, 0)$、$(0, +\infty)$.

当 $x \in (-\infty, 0)$ 时,$y' < 0$,函数单调递减;当 $x \in (0, +\infty)$ 时,$y' > 0$,函数单调递增.

实际上,函数的单调性与孤立的一个点无关,于是函数的单调递减区间可以写成 $(-\infty, 0]$,单调递增区间可以写成 $[0, +\infty)$.

例5 利用函数的单调性,证明不等式
$$x > \ln(1 + x) \quad (x > 0)$$

证明 设 $f(x)=x-\ln(1+x)$，则有

$$f'(x)=1-\frac{1}{1+x}=\frac{1+x-1}{1+x}=\frac{x}{1+x}$$

因为函数 $f(x)$ 在 $[0,+\infty)$ 内连续，且在开区间 $(0,+\infty)$ 内 $f'(x)>0$，所以在 $[0,+\infty)$ 上，函数 $f(x)$ 单调递增.

当 $x>0$ 时，$f(x)>f(0)$. 而 $f(0)=0-\ln(1+0)=0$，所以 $f(x)>0$. 即

$$x>\ln(1+x) \quad (x>0)$$

3.2.2 函数的极值

在 3.2.1 节中，我们研究了函数的单调性，这为我们利用导数来研究函数局部特征提供了理论依据. 函数的极值点是揭示函数性态的关键点之一，它描述了函数局部范围内的变化情况，在应用上具有重要意义.

案例 3.3（气温的极值） 2022 年 6 月 13 日，我国出现了该年首次区域性高温天气，全国 71 个国家气象站最高温破历史极值，多地日最高温 44℃ 以上. 高温事件不仅发生在我国，联合国政府间气候变化专门委员会（Intergovernmental Panel on Climate Change，IPCC）第六次评估报告指出，最近 50 年全球变暖正以过去 2000 年以来前所未有的速度发生，气候系统不稳定加剧，联合国秘书长古特雷斯称之为"全人类的红色警报". 全球变暖是北半球高温热浪事件频发的气候大背景，大气环流异常则是 6 月以来全球多地高温热浪频发的直接原因.

案例 3.4 观察图 3-2 中曲线 $y=f(x)$ 在点 x_1，x_2 处的函数值及其左右邻近区域处的函数值的变化规律.

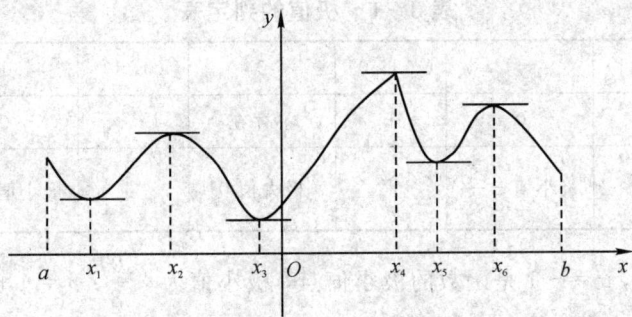

图 3-2

定义 3.1 设函数 $f(x)$ 在点 x_0 的某邻域内有定义，如果对于点 x_0 附近的任意 $x(x\neq x_0)$ 都有 $f(x_0)>f(x)$（或 $f(x_0)<f(x)$）成立，则称函数 $y=f(x)$ 在点 x_0 有极大值（或极小值）$f(x_0)$. 函数的极大值与极小值统称为极值，使函数取得极值的点 x_0 称为函数的极值点.

由此可见，极大值与极小值是一个函数取值的局部性概念.

由图 3-2 可以看到：在极值点处，函数的导数为零，使导数为零的点叫作函数 $y=f(x)$ 的驻点，如 x_1，x_2，x_3，x_5，x_6. 使函数的导数不存在的点叫作不可导点，如 x_4.

结合函数单调性的判定方法,下面给出极值的判别方法.

定理 3.4(极值的第一充分条件) 设函数 $f(x)$ 在 x_0 处连续,且在 x_0 某一空心邻域内可导,则有

(1) 当 $x < x_0$ 时,$f'(x) > 0$(或当 $x > x_0$ 时,$f'(x) < 0$),那么函数 $f(x)$ 在 x_0 处取得极大值.

(2) 当 $x < x_0$ 时,$f'(x) < 0$(或当 $x > x_0$ 时,$f'(x) > 0$),那么函数 $f(x)$ 在 x_0 处取得极小值.

定理 3.5(极值的第二充分条件) 设函数 $f(x)$ 在 x_0 处具有二阶导数,且 $f'(x_0) = 0$,则有

(1) 当 $f''(x_0) < 0$ 时,函数 $f(x)$ 在 x_0 处取得极大值.

(2) 当 $f''(x_0) > 0$ 时,函数 $f(x)$ 在 x_0 处取得极小值.

(3) 当 $f''(x_0) = 0$ 时,函数 $f(x)$ 在 x_0 处可能取得极值,也可能没有极值.

在实际问题中,有时利用第二充分条件判断极值更方便.

例 6 求 $y = \dfrac{3}{8}x^{\frac{8}{3}} - \dfrac{3}{2}x^{\frac{2}{3}}$ 的极值与极值点.

解 所给函数定义域是 $(-\infty, +\infty)$,且

$$y' = x^{\frac{5}{3}} - x^{-\frac{1}{3}} = x^{-\frac{1}{3}}(x^2 - 1) = \frac{(x+1)(x-1)}{\sqrt[3]{x}}$$

令 $y' = 0$,得驻点 $x_1 = -1$,$x_2 = 1$,而当 $x = 0$ 时,y' 不存在. 这 3 个点将定义域分成 4 个区间,如表 3-1 所示.

表 3-1 极值的判定表

x	$(-\infty, -1)$	-1	$(-1, 0)$	0	$(0, 1)$	1	$(1, +\infty)$
y'	$-$	0	$+$	不存在	$-$	0	$+$
y	↘	极小值 $-\dfrac{9}{8}$	↗	极大值 0	↘	极小值 $-\dfrac{9}{8}$	↗

由上述讨论知,$x = -1$ 是函数的极小值点,极小值为 $-\dfrac{9}{8}$;$x = 1$ 也是函数的极小值点,极小值为 $-\dfrac{9}{8}$;$x = 0$ 是函数的极大值点,极大值为 0.

例 7 利用极值的第二充分条件,求函数 $y = x^4 - \dfrac{8}{3}x^3 - 6x^2$ 的极值.

解 函数定义域为 $(-\infty, +\infty)$,且

$$y' = 4x^3 - 8x^2 - 12x = 4x(x+1)(x-3)$$

令 $y' = 0$,得驻点 $x_1 = -1$,$x_2 = 0$,$x_3 = 3$.

而

$$y'' = 12x^2 - 16x - 12$$

因为 $y''|_{x=-1}=16>0$，所以 $y|_{x=-1}=-\dfrac{7}{3}$ 为一个极小值；

因为 $y''|_{x=0}=-12<0$，所以 $y|_{x=0}=0$ 为一个极大值；

因为 $y''|_{x=3}=48>0$，所以 $y|_{x=3}=-45$ 也是一个极小值．

■ 练习 3.2

1．求下列函数的单调区间．

(1) $y=x(x+2)^3$； (2) $y=x^3-3x$； (3) $y=\dfrac{\mathrm{e}^x}{1+x}$．

2．利用函数的单调性证明下列不等式．

(1) $2\sqrt{x}>3-\dfrac{1}{x}\quad(x>1)$； (2) $\mathrm{e}^x>\mathrm{e}x\quad(x>1)$．

3．中国的人口总数 P（以亿为单位）在 1993—1995 年间可近似地用方程 $P=1.15\times 1.014^t$ 来计算，其中 t 是以 1993 年为起点的年数，根据这一方程，说明中国人口总数在这段时间是增长了还是减少了．

4．求下列函数的极值．

(1) $y=(x^2-1)^3+1$； (2) $y=2x^3-3x^2+5$．

3.3　函数的最值

在日常生活和科学实验中，我们常常需要解决在一定条件下怎样才能使用料最省、成本最低、产品最多、效率最高等问题，这些问题在数学上可归结为求某一函数（常称为目标函数）的最大值或最小值的问题．下面我们就来研究一下函数的最值在实际问题中的求法．

案例 3.5　在 29 届北京奥运会场馆建设中，正在施工的奥运会主会场——"鸟巢"工程于 7 月 30 日突然暂停，原因是"鸟巢"每平方米的用钢量达到了 500 千克，总的用钢量接近 5 万吨．很多专家指出，这是一个超标严重的用钢量．于是怎样调整优化钢结构，以使造价最少成为一个亟待解决的问题．

极值与最值是不同的．极值是"局部性"的概念，它只是函数在极值点的某个邻域内的最大（小）值，在一个区间内可能有多个不同的极大值或多个不同的极小值，并且极小值并不一定比极大值小，有可能还会大于某些极大值．

最值是"整体性"的概念，最大值（或最小值）是函数在所考查的区间上全部函数值中的最大者（或最小者），函数在区间 I 上取得极大值的点可能不止一个，但最大值只有一个；取得极小值的点也可能不止一个，但最小值也只有一个．

定理 3.6　假设函数 $f(x)$ 在闭区间 $[a,b]$ 上连续，则函数 $f(x)$ 一定在 $[a,b]$ 上取得最大值与最小值．

对闭区间 $[a,b]$ 上的连续函数 $f(x)$ 而言，它的最大值与最小值只能在极值点或端点处取得，如图 3-3 所示．

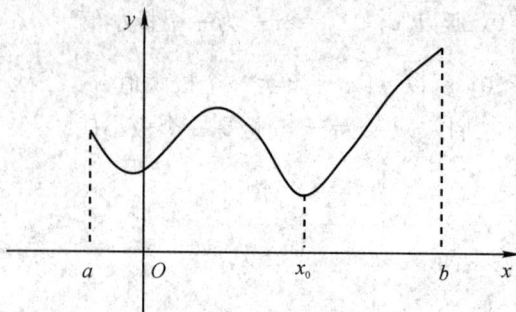

图 3-3

特别地，函数 $f(x)$ 在一个区间（有限或无限，开或闭）内可导且只有一个极值点 x_0，那么当 $f(x_0)$ 是极大值时，$f(x_0)$ 就是 $f(x)$ 在该区间上的最大值；当 $f(x_0)$ 是极小值时，$f(x_0)$ 就是 $f(x)$ 在该区间上的最小值．在实际问题中，这一点运用得比较广泛．

例 1 求函数 $f(x)=2x^2-x^4$ 在 $[-2,\sqrt{2}]$ 内的最值．

解 因 $$f'(x)=4x-4x^3=4x(1-x^2)$$

令 $f'(x)=0$，得驻点 $x_1=-1$，$x_2=0$，$x_3=1$．

由于 $f(-1)=1$，$f(0)=0$，$f(1)=1$，$f(-2)=-8$，$f(\sqrt{2})=0$，比较得函数 $f(x)$ 在 $x=-2$ 处取得最小值 -8，在 $x=\pm 1$ 处取得最大值 1．

例 2 铁路线 AB 段的距离为 $100\ \text{km}$，工厂 C 距 A 处为 $20\ \text{km}$，AC 垂直于 AB（见图 3-4），为了运输需要，要在 AB 段选定一点 D 向工厂 C 修筑一条公路．已知铁路每公里货运的运费与公路每公里货运的运费之比为 $3:5$，为了使货物从供应站 B 运到工厂 C 的运费最省，问 D 点应选在何处？

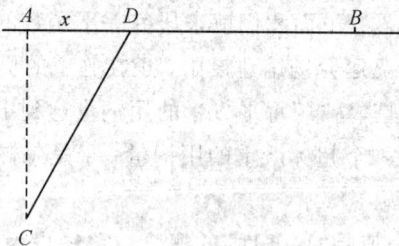

图 3-4

解 设 $AD=x(\text{km})$，那么 $DB=100-x$，$CD=\sqrt{400+x^2}$．设铁路与公路每公里货运的运费分别为 $3k$ 和 $5k$（k 为某个正数），从点 B 到点 C 需要的总运费为 y，那么

$$y=5k\sqrt{400+x^2}+3k(100-x)\quad(0\leqslant x\leqslant 100)$$

则 $y'=k\left(\dfrac{5x}{\sqrt{400+x^2}}-3\right)$．令 $y'=0$，得 $x=15\in[0,100]$，且为唯一的驻点．

依题意，必存在极小值，所以当 D 点距 A 点 $15\ \text{km}$ 时，运费最低．

例 3 已知某地的水稻产量 y（单位：千克/公顷）与施氨肥量 x（单位：千克/公顷）有如

下函数关系 $y=124.85+32.74x-5.28x^2(0 \leqslant x \leqslant 6)$，稻谷每千克售价为 1.33 元，氨肥每千克售价为 6.02 元. 求：

(1) 当每公顷施用多少氨肥时，可使水稻产量最高？

(2) 当每公顷施用多少氨肥时，可获利润最大？

解 (1) 水稻产量为 $y=124.85+32.74x-5.28x^2$，则 $y'=32.74-10.56x$. 令 $y'=0$，$x \approx 3.1$ 为唯一的驻点.

当 $x=3.1$ 时，$y \approx 175.6$.

依题意，必存在极大值，故当每公顷施氨肥 3.1 千克时，水稻产量最高，最高为 175.6 千克/公顷.

(2) 设 L 为每公顷所获利润，依题意有

$$L=1.33y-6.02x=1.33(124.85+32.74x-5.28x^2)-6.02x$$
$$L'=1.33 \times 32.74-1.33 \times 5.28 \times 2x-6.02$$

令 $L'=0$，则 $x=2.67$ 为唯一的驻点.

当 $x=2.67$ 时，$L \approx 216.18$.

依题意，必存在极大值，故当每公顷施氨肥 2.67 千克时，获最大利润为 216.18 元.

■ 练习 3.3

1. 函数 $f(x)=2x^3-6x^2-18x-7(1 \leqslant x \leqslant 4)$ 在何处取得最大值？

2. 求函数 $f(x)=x(x-1)^{\frac{1}{3}}$ 在区间 $[-2,2]$ 上的最值.

3. 欲用长为 6 m 的铝合金料加工一"日"字形窗框，问它的长和宽分别为多少时，才能使窗户的面积最大，最大面积是多少？

4. 采石时常用炸药包进行爆破，已知爆破半径为 R，问炸药包埋多深时爆破体积最大？（已知爆破部分呈圆锥状）

3.4 导数在经济问题中的应用

高等数学知识是解决经济问题的有力工具. 经济活动中常遇到成本函数、收益函数、利润函数、需求函数、边际函数、弹性函数等，研究它们需要运用导数的理论.

3.4.1 边际分析

边际概念是经济学中的一个重要概念，一般指经济函数的变化率. 利用导数研究经济变量的边际变化的方法，称作边际分析.

案例 3.6（商品销售策划问题） 某商店以每台 350 元的价格每周可售出唱机 200 台，当价格每降低 10 元时，一周的销售量可增加 20 台. 商店若要达到最大收益，应该如何制定价格才能获得最大收益？

在经济学中，设某经济指标 y 与影响指标的因素 x 之间的函数关系为 $y=f(x)$，把导函数 $f'(x)$ 称为函数 $f(x)$ 的边际函数. 根据不同的经济函数，边际函数有不同的称呼，如边际成本、边际收益、边际利润、边际产值、边际消费、边际储蓄等. 本节主要讲述前 3 个

边际函数的概念与应用.

定义 3.2(边际成本) 设 $C(Q)$ 为总成本函数，Q 为产品的产量，则称 $C'(Q)$ 为产品的边际成本函数，简称边际成本，记作 MC，即 $MC = \dfrac{dC}{dQ} = C'(Q)$，边际成本的经济学意义：在一定产量 Q 的基础上，再多生产一个单位产品所增加的总成本. 为了帮助大家理解，我们做如下分析：

设某产品产量为 Q 时所需的总成本为 $C = C(Q)$. 当 $\Delta Q = 1$ 时，由于

$$C(Q+1) - C(Q) = \Delta C(Q) \approx dC(Q) = C'(Q)\Delta Q = C'(Q)$$

即边际成本就是总成本函数关于产量 Q 的导数.

例如，线性总成本函数 $C(Q) = 2Q + 5$，$MC = C'(Q) = 2$，其经济学意义：无论产量为何值，每增加 1 个单位产品，总成本都增加 2 个单位.

定义 3.3(边际收益) 设 $R(Q)$ 为总收入函数，其中 Q 表示销售量，则称 $R'(Q)$ 为商品的边际收益，记作 MR，即 $MR = \dfrac{dR}{dQ} = R'(Q)$.

定义 3.4(边际利润) 设某产品的销售量为 Q 时的利润函数为 $L = L(Q)$，当 L 可导时，称 $L'(Q)$ 为销售量为 Q 时的边际利润，记作 ML，即 $ML = L'(Q) = \dfrac{dL}{dQ}$.

例 1 已知某种产品总成本 C(万元)与产量 Q(万件)之间的函数关系为

$$C(Q) = 1000 + 2Q - 2Q^2 + Q^3$$

当生产产量为 $Q = 8$(万件)时，通过比较平均成本和边际成本，说明是否继续提高产量.

解 当生产产量 $Q = 8$(万件)时，总成本为

$$C(8) = 1000 + 2 \times 8 - 2 \times 8^2 + 8^3 = 1400 \ (万元)$$

所以单位产品的平均成本为 $\overline{C} = \dfrac{1400}{8} = 175$ (元/件).

边际成本为 $MC = C'(Q) = 2 - 4Q + 3Q^2$

$$MC = C'(8) = 2 - 4 \times 8 + 3 \times 8^2 = 162 \ (元/件)$$

当生产产量为 8 万件时，每增加一件产品，总成本增加 162 元，略低于平均成本. 因此从降低成本的角度看，可以适当继续提高产量.

例 2 某加工厂生产某种产品的总成本(单位：元)函数和总收入(单位：元)函数分别为

$$C(Q) = 100 + 2Q + 0.02Q^2$$
$$R(Q) = 7Q + 0.01Q^2$$

求边际利润函数，以及当日产量分别是 200 千克、250 千克和 300 千克时的边际利润，并说明其经济意义.

解 因为总利润函数为

$$L(Q) = R(Q) - C(Q) = -0.01Q^2 + 5Q - 100$$

所以边际利润函数为

$$L'(Q) = -0.02Q + 5$$

当日产量分别为 200 千克、250 千克和 300 千克时的边际利润分别是

$$L'(200)=1(元), \quad L'(250)=0(元), \quad L'(300)=-1(元)$$

其经济意义为：在日产量为 200 千克的基础上，再增加 1 千克产量，利润可增加 1 元；在日产量为 250 千克的基础上，再增加 1 千克产量，利润没有增加；在日产量为 300 千克的基础上，再增加 1 千克产量，将亏损 1 元.

3.4.2　经济函数的最优化应用

在日常经济活动中，有大量问题涉及最大值和最小值. 例如，在一定的成本下产量要达到最大，或在一定的产量下成本要最小. 当我们把一个变量表示成另一个变量的函数时，同样想知道这个函数在哪一点达到最大值或最小值.

案例 3.7（经济活动的优化问题）　当商品产量比较大时，价格较低，得不到最大利润；而价格比较高时，销售量较少，也得不到最大利润，那么如何运作才能获得商品的最大利润呢？

利润是衡量企业经济效益的一个主要指标. 在一定的设备条件下，如何安排生产来获得最大利润，这是企业管理中的一个现实问题.

由于利润函数为收入函数与总成本函数之差，即 $L(Q)=R(Q)-C(Q)$，于是

$$L'(Q)=R'(Q)-C'(Q)$$

利润 $L(Q)$ 最大化的必要条件为 $L'(Q)=0$，即 $R'(Q)=C'(Q)$，边际收益等于边际成本.

利润 $L(Q)$ 最大化的充分条件为 $L''(Q)<0$，即 $R''(Q)<C''(Q)$，边际收益的变化率小于边际成本的变化率.

另外，由图 3-5 可知，只有在边际收益等于边际成本时，即两条切线平行，收入和成本两个函数的导数相等时，这两条曲线间的距离最大，此时利润达到最大，才能找到合理的生产模型.

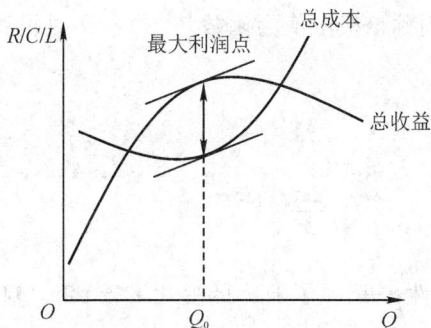

图 3-5

例 3　某企业生产某种产品，其固定成本为 3 万元，每生产 1 百件产品，成本增加 2 万元. 其总收入 R（单位：万元）与产量 Q（单位：百件）之间的函数关系为 $R=5Q-\dfrac{1}{2}Q^2$，求达到最大利润时的产量.

解　由题意知，成本函数为 $C=3+2Q$，于是利润函数为

$$L=R-C=-3+3Q-\frac{1}{2}Q^2, \quad L'=3-Q$$

令 $L'=0$，得 $Q=3$，$L''(3)=-1<0$.

所以当 $Q=3$ 时，函数取得极大值，因为 $Q=3$ 是唯一的极值点，依题意知，当产量为 300 件时取得最大利润.

3.4.3 弹性分析

弹性分析也是经济分析中常用的一种方法，主要用于对生产、供给、需求等问题的研究. 前文边际分析中所研究的是函数的绝对改变量与绝对变化率，而弹性分析研究的是一个变量对另一个变量的相对变化情况.

案例 3.8 美国劳埃德·雷诺兹在《微观经济学分析与政策》一书中举过这样一个例子："假定你是小五金零件的生产者，你的产品的需求曲线是非弹性的，这意味着什么呢？如果你将价格提高，比如说 5%，你能够出售的零件数量的下降少于 5%. 因此，你得到的钱数是价格乘以数量，将大于过去. 相反如果降价 5%，零件售量的增加低于 5%，你的销售收入就会下降."

从案例 3.8 中可以看出，价格提高并不一定能使总收益增加，总收益受产品需求的弹性影响，那么弹性指的是什么呢？

定义 3.5 设函数 $y=f(x)$ 在 x 处可导，函数的相对改变量 $\dfrac{\Delta y}{y}=\dfrac{f(x+\Delta x)-f(x)}{f(x)}$

与自变量的相对改变量 $\dfrac{\Delta x}{x}$ 之比 $\dfrac{\frac{\Delta y}{y}}{\frac{\Delta x}{x}}$ 称为函数 $y=f(x)$ 从 x 到 $x+\Delta x$ 两点间的弹性. 令

$\Delta x \to 0$，若 $\lim\limits_{\Delta x \to 0}\dfrac{\frac{\Delta y}{y}}{\frac{\Delta x}{x}}$ 存在，则称该极限值为函数 $f(x)$ 在 x 处的弹性，记作

$$\frac{E_y}{E_x}=\lim_{\Delta x \to 0}\frac{\frac{\Delta y}{y}}{\frac{\Delta x}{x}}=\lim_{\Delta x \to 0}\frac{\Delta y}{\Delta x}\cdot\frac{x}{y}=y'\cdot\frac{x}{y}$$

函数 $f(x)$ 在点 x 的弹性 $\dfrac{E_y}{E_x}$ 反映了随 x 的变化 $f(x)$ 变化幅度的大小，即 $f(x)$ 对 x 变化反应的强烈程度和灵敏度. 数值上，$\dfrac{E_y}{E_x}$ 表示 $f(x)$ 在点 x 处，当 x 产生 1% 的改变时，函数 $f(x)$ 近似地改变 $\dfrac{E_y}{E_x}$%. 在应用问题中解释弹性的具体意义时，通常略去"近似"二字.

弹性作为一个数学概念，若要对企业经营管理提供信息，对企业经济决策起一定的作用，还需要和特殊的经济函数结合在一起. 需求弹性就是经济数学弹性中应用最广泛的概念之一.

定义 3.6 设需求函数 $Q=f(P)$ 在 P 处可导（这里 P 表示产品的价格），则该产品在价格为 P 时的需求弹性为

$$\frac{E_Q}{E_P} = \lim_{\Delta P \to 0} \frac{\dfrac{\Delta Q}{Q}}{\dfrac{\Delta P}{P}} = \lim_{\Delta P \to 0} \frac{\Delta Q}{\Delta P} \cdot \frac{P}{Q} = f'(P) \cdot \frac{P}{Q}$$

一般地,需求函数是单调递减函数,需求量随价格的提高而减少(当 $\Delta P > 0$ 时, $\Delta Q < 0$),故需求弹性一般是负值,它反映了产品需求量对价格变动反应的强烈程度(灵敏度). 根据弹性的意义,同理可得需求弹性的经济含义:在价格为 P 时,价格变动 1%,需求量将变化 $\left| \dfrac{E_Q}{E_P} \right|$ %.

需求弹性可分为以下 3 类:

(1) 若商品的需求弹性 $\left| \dfrac{E_Q}{E_P} \right| > 1$,则称该商品的需求对价格富有弹性. 此种商品价格变动 1%,需求量变化大于 1%,也就是价格的变化将会引起需求较大的变化,这时需求量对价格的依赖是很大的. 换句话说,适当涨价会使需求较大幅度上升从而增加收入. 例如,奢侈品、高价商品等往往属于富有弹性的商品.

(2) 若商品的需求弹性 $\left| \dfrac{E_Q}{E_P} \right| = 1$,则称需求对价格具有单位弹性. 这时需求量的相对变化与价格的相对变化基本相等,即商品的涨价或降价对商品的销售基本无大的影响.

(3) 若商品的需求弹性 $\left| \dfrac{E_Q}{E_P} \right| < 1$,则称需求对价格缺乏弹性. 此种商品价格变动 1%,需求量变化小于 1%,表示价格的变化对需求量的影响较小,在适当涨价后,不会使需求量有太大的下降,从而可以增加收入. 基本生活必需品(如粮食、食盐、针线等)是缺乏弹性的.

在商品经济中,经营者关心的是提价或降价对总收入的影响,需求弹性的概念是使经营者认识到"涨价未必增收,降价未必减收"的理论依据.

例 4　设某商品的需求函数为 $Q = 3000\mathrm{e}^{-0.02P}$,求价格为 100 元时的需求弹性,并解释其经济含义.

解　　　$\dfrac{E_Q}{E_P} = f'(P) \cdot \dfrac{P}{Q} = -0.02P$,$\dfrac{E_Q}{E_P}\bigg|_{P=100} = -2$.

它的经济意义是:当价格为 100 元时,若价格增加 1%,则需求减少 2%.

例 5　某商品的需求函数为 $Q = 12 - \dfrac{P}{2}$,求:

(1) 需求弹性函数;

(2) $P = 6$ 时的需求弹性;

(3) 当 $P = 6$ 时,若价格 P 上涨 1%,总收益的变化情况;

(4) P 为何值时,总收益最大,最大总收益是多少?

解　(1) $\dfrac{E_Q}{E_P} = f'(P) \cdot \dfrac{P}{Q} = -\dfrac{P}{24 - P}$

(2) $\dfrac{E_Q}{E_P}\bigg|_{P=6} = -\dfrac{1}{3}$

（3）因为当 $P=6$ 时，$\left|\dfrac{E_Q}{E_P}\right|=\dfrac{1}{3}<1$，属于缺乏弹性的商品，故若价格 P 上涨 1%，总收益会增加，增加多少？下面来求总收益 R 增长的百分数，即求当 $P=6$ 时，总收益 R 对价格 P 的弹性.

因为总收益

$$R=PQ=12P-\frac{P^2}{2}$$

所以收益弹性函数为

$$\frac{E_R}{E_P}=R'\cdot\frac{P}{R}=\frac{24-2P}{24-P}$$

所以

$$\left.\frac{E_R}{E_P}\right|_{P=6}=\frac{2}{3}\approx 0.67$$

所以当 $P=6$ 时，若价格上涨 1%，则总收益约增加 0.67%.

（4）因

$$R'=12-P$$

令 $R'=0$，则 $P=12$.

$$R''=-1<0$$

即当 $P=12$ 时，总收益最大，最大值为 $R(12)=72$.

边际分析和弹性分析是经济数量分析的重要组成部分，是微分法的重要应用. 并使数学与经济问题的联系密切. 在分析经济量的关系时，不仅要知道因变量依赖自变量变化的函数关系，还要进一步了解这个函数变化的速度，即函数的变化率，也即它的边际函数；不仅要了解某个函数的绝对变化率，还要进一步了解它的相对变化率，即它的弹性函数. 经过深层次的分析，就可以探求取得最佳经济效益的途径.

■ 练习 3.4

1. 一企业某产品的日生产能力为 500 台，每日产品的总成本 C（单位：元）与日产量 q（单位：台）之间的函数关系为 $C(q)=400+2q+5\sqrt{q}$（$q\in[0,500]$）. 求当产量为 400 台时的总成本、边际成本.

2. 设产品的需求函数为 $x=100-5P$，其中 P 为价格，x 为需求量. 求边际收入函数，以及当 x 分别为 20、50、70 时的边际收入，并解释所得结果的经济意义.

3. 某厂每批商品 x 单位的费用（单位：元）为 $C(x)=200+5x$，得到的收益（单位：元）$R(x)=10x-0.01x^2$，问每批应生产多少单位时才能使利润最大？

4. 某商品需求量 Q 对价格 P 的函数为 $Q=1800\times\left(\dfrac{1}{3}\right)^P$，求 Q 对 P 的弹性函数.

5. 某商店以每条 100 元的价格购进一批牛仔裤，已知市场的需求函数为 $Q=400-2P$，问应选择怎样的售价，使所获利润最大？

6. 已知某商品的供给函数 $Q=3P^{\frac{3}{2}}$，试利用需求弹性的定义写出供给弹性函数.

本 章 小 结

洛必达法则可以解决未定式的极限问题. 在使用洛必达法则时, 分子、分母一定要分别对极限过程中的自变量求导, 并在每一步之后都要检查极限是否仍为 $\dfrac{0}{0}$ 型未定式或 $\dfrac{\infty}{\infty}$ 型未定式.

以导数为工具对函数的单调性、极值、最值进行研究, 弄清楚极值的概念、极值与最值的区别. 用一阶导数的符号研究函数的单调性, 划分函数的单调区间, 确定其分界点时应注意所有的驻点和使 $f'(x)$ 不存在的点, 这样能保证 $f'(x)$ 在各区间内部变号, 从而得到单调区间. 在求函数的极值时, 尽可能把有用的信息都放到表格中, 从而方便地得到所需的结论. 在求函数在闭区间上的最值时, 把函数在区间端点的值与其在区间内部临界点的值进行比较, 选出最值. 求实际问题的最值, 关键是建立正确的模型, 然后求出函数在其有意义的区间内的极值. 一般情况下, 驻点是唯一的, 但它们仅反映函数变化规律的某些方面.

阅读材料

综 合 练 习 3

一、填空题

1. 求极限 $\lim\limits_{x\to 0}\dfrac{\sin^2 2x}{x\ln(1+x)}=$ _____.

2. 函数 $y=x-\ln(1+x)$ 在区间 $[0,1]$ 上的最大值为 _____.

3. 函数 $y=(x-2)^{\frac{1}{3}}$ 的单调递增区间为 _____.

4. 已知曲线 $y=f(x)$ 在点 $[x_0, f(x_0)]$ 处取得极值, 则一定有 _____ 或 _____.

5. 设某产品的价格和销售量的关系为 $P=10-\dfrac{Q}{5}$, 则 $P=5$ 时边际收益 $R'(Q)=$ _____.

二、单项选择题

1. 下列极限不适用洛必达法则的是(　　).

A. $\lim\limits_{x\to 0}\dfrac{\sin x}{x}$　　　　B. $\lim\limits_{x\to 0^+} x^x$　　　　C. $\lim\limits_{x\to \infty}\dfrac{\sin x}{x}$　　　　D. $\lim\limits_{x\to +\infty} x^3 e^{-x}$

2. 函数 $y=x+\dfrac{4}{x}$ 的单调减少区间是( ).

A. $(-\infty, -2)$，$(2, +\infty)$　　　　B. $(-2, 2)$

C. $(-\infty, 0)$，$(0, +\infty)$　　　　D. $(-2, 0)$，$(0, 2)$

3. 设 $f'(x_0)=0$，$f''(x_0)>0$，则下列选项正确的是( ).

A. $f(x_0)$ 是 $f(x)$ 的极大值　　　　B. $f(x_0)$ 是 $f(x)$ 的最大值

C. $f(x_0)$ 是 $f(x)$ 的极小值　　　　D. $f(x_0)$ 是 $f(x)$ 的最小值

4. 设某商品的需求弹性为 $\left.\dfrac{E_Q}{E_P}\right|_{P=3}=-0.15$，下列说法正确的是( ).

A. 在 $P=3$ 处价格上涨 1%，需求量增加 0.15%

B. 在 $P=3$ 处价格上涨 1%，需求量减少 0.15%

C. 在 $P=3$ 处价格上涨 1%，需求量减少 0.15

D. 在 $P=3$ 处价格上涨 1%，需求量增加 0.15

5. 下列说法中正确的是( ).

A. 极大值一定比极小值大　　　　B. 极小值不一定比极大值小

C. 最值一定是极值　　　　D. 驻点一定是极值点

三、解答题

1. 计算下列极限.

(1) $\lim\limits_{x\to\pi}\dfrac{(x-\pi)^2}{\ln\cos 2x}$；

(2) $\lim\limits_{x\to\infty}\dfrac{\mathrm{e}^x-x}{\mathrm{e}^x+x}$；

(3) $\lim\limits_{x\to1}\left(\dfrac{x}{x-1}-\dfrac{1}{\ln x}\right)$；

(4) $\lim\limits_{x\to0^+}\left(\dfrac{1}{x}\right)^x$；

(5) $\lim\limits_{x\to\frac{\pi}{2}}(\sec x-\tan x)$；

(6) $\lim\limits_{x\to1}(x-1)\tan\dfrac{\pi x}{2}$.

2. 求下列函数的单调区间.

(1) $y=x-\dfrac{3}{2}x^{\frac{2}{3}}$；

(2) $y=x+\arctan x$.

3. 求下列函数的极值.

(1) $y=\dfrac{3x^2+4x+4}{x^2+x+1}$；

(2) $y=(x-3)^2(x-2)$.

4. 设函数 $f(x)$ 具有连续的二阶导数，且 $f(0)=0$，$f'(0)=1$，$f''(0)=-1$，求 $\lim\limits_{x\to0}\dfrac{f(x)-x}{x^2}$.

5. 某商家销售某种商品的价格满足关系式 $P=7-0.2Q$，Q（单位：吨）为销售量. 商品的成本（单位：万元）函数是 $C(Q)=3Q+1$，若每销售 1 吨商品，政府要征税 t（t 为常数）万元，求该商家获得最大利润时的销售量.

6. 建造一个容积为 $300\ \mathrm{m}^3$ 的圆柱形无盖水池，已知池底的单位造价是侧围单位造价的两倍，问如何设计使造价最低？

7. 设某产品产量为 q（单位：吨）时的总成本（单位：元）函数为 $C(q) = 1000 + 7q + 50\sqrt{q}$．求：

（1）产量为 100 吨时的总成本；

（2）产量为 100 吨时的平均成本；

（3）产量为 100 吨时，总成本的变化率（边际成本）．

8. 某商品的需求函数为 $Q = 25 - P^2$．求：

（1）当 $P = 2$ 时的需求弹性；

（2）当 $P = 2$ 时，若价格 P 上涨 1%，总收益的变化情况；

（3）P 为何值时，总收益最大．

习题参考答案

第4章 不定积分

在2.4.1节中，我们讨论了如何求一个已知函数的导函数问题. 在实际研究中，通常还会遇到它的相反问题，例如，已知速度求路程，已知加速度求速度，已知曲线上每一点处的切线斜率求曲线方程等，这些问题可以看作变化率的反问题，即已知函数的导函数求其原函数的问题，这就是不定积分问题. 不定积分与导数是互逆的运算.

4.1 不定积分的概念与性质

4.1.1 不定积分的概念

案例 4.1（储蓄函数的求解问题） 设 H 为居民储蓄额，r 为居民收入，已知边际储蓄倾向 $\dfrac{\mathrm{d}H}{\mathrm{d}r}=0.2-0.3r^{-0.1}$，求储蓄函数 $H(r)$.

已知边际储蓄倾向就是储蓄函数 $H=H(r)$ 关于 r 的导数 $\dfrac{\mathrm{d}H}{\mathrm{d}r}=H'(r)$. 这是已知导函数 $H'(r)$ 求原函数 $H=H(r)$ 的问题.

案例 4.2（正弦函数与余弦函数的关系） 已知 $(\sin x)'=\cos x$，我们称 $\sin x$ 是 $\cos x$ 的一个原函数.

定义 4.1 如果在区间 I 上，可导函数 $F(x)$ 的导函数为 $f(x)$，即对任意 $x\in I$，都有
$$F'(x)=f(x) \text{ 或 } \mathrm{d}F(x)=f(x)\mathrm{d}x$$
则称函数 $F(x)$ 为 $f(x)$ 在区间 I 上的一个原函数.

如果函数 $f(x)$ 在区间 I 上有原函数 $F(x)$，那么它在区间 I 上就有无穷多个原函数. 原因是，对于任意常数 C，显然有 $(F(x)+C)'=f(x)$，所以函数 $F(x)+C$ 都是 $f(x)$ 在区间 I 上的原函数. 例如，在区间 $(-\infty,+\infty)$ 内，由于 $(\sin x+C)'=\cos x$，故 $\sin x+C$ 是 $\cos x$ 在区间 $(-\infty,+\infty)$ 上的全体原函数.

定义 4.2 函数 $f(x)$ 在区间 I 上的全体原函数称为函数 $f(x)$ 在区间 I 上的不定积分，记作
$$\int f(x)\mathrm{d}x=F(x)+C$$
其中记号 $\int$ 称为积分符号，$f(x)$ 称为被积函数，$f(x)\mathrm{d}x$ 称为被积表达式，x 称为积分变量，C 称为积分常数.

由不定积分的定义知，求函数 $f(x)$ 的不定积分，就是求已知函数 $f(x)$ 的全体原函数，只要求出 $f(x)$ 的一个原函数，再加上任意常数即可.

例 1　求 $\int x^2 \mathrm{d}x$.

解　因为 $\left(\dfrac{1}{3}x^3\right)' = x^2$，所以 $\dfrac{1}{3}x^3$ 是 x^2 的一个原函数，从而

$$\int x^2 \mathrm{d}x = \frac{1}{3}x^3 + C$$

由此题易得到

$$\int x^\alpha \mathrm{d}x = \frac{x^{\alpha+1}}{\alpha+1} + C \quad (\alpha \neq -1)$$

例 2　求 $\int \sin x \mathrm{d}x$.

解　因为 $(-\cos x)' = \sin x$，所以 $-\cos x$ 是 $\sin x$ 的一个原函数，从而

$$\int \sin x \mathrm{d}x = -\cos x + C$$

例 3　求 $\int \mathrm{e}^x \mathrm{d}x$.

解　因为 $(\mathrm{e}^x)' = \mathrm{e}^x$，所以 e^x 的原函数是它本身，从而

$$\int \mathrm{e}^x \mathrm{d}x = \mathrm{e}^x + C$$

4.1.2　不定积分的运算性质

性质 1　被积函数中的常数因子可以提到积分号外边去，即

$$\int kf(x)\mathrm{d}x = k\int f(x)\mathrm{d}x \quad (k \neq 0)$$

性质 2　函数和(差)的不定积分等于不定积分的和(差)，即

$$\int [f(x) \pm g(x)]\mathrm{d}x = \int f(x)\mathrm{d}x \pm \int g(x)\mathrm{d}x$$

性质 3　不定积分与导数(微分)的关系如下：

$$\frac{\mathrm{d}}{\mathrm{d}x}\left[\int f(x)\mathrm{d}x\right] = f(x) \quad \text{或} \quad \mathrm{d}\left[\int f(x)\mathrm{d}x\right] = f(x)\mathrm{d}x$$

$$\int F'(x)\mathrm{d}x = F(x) + C \quad \text{或} \quad \int \mathrm{d}F(x) = F(x) + C$$

性质 3 表明：求不定积分与求导数或求微分互为逆运算.

例 4　求 $\int (3x^2 + 2)\mathrm{d}x$.

解
$$\int (3x^2 + 2)\mathrm{d}x = \int 3x^2 \mathrm{d}x + \int 2\mathrm{d}x$$
$$= 3\int x^2 \mathrm{d}x + 2\int \mathrm{d}x$$
$$= 3 \times \frac{1}{3}x^3 + 2x + C$$
$$= x^3 + 2x + C$$

例 5 某镇计划生育工作办公室预计该镇人口在 x 月后，每月的增长率为 $5+2\sqrt{x}$. 现在该镇人口为 6000 人，问 9 个月后镇上有多少人？

解 设第 x 月的人口数为 $p(x)$，因为 $p(x)$ 的增长率 $p'(x)=5+2\sqrt{x}$，所以

$$p(x)=\int p'(x)\mathrm{d}x=\int(5+2\sqrt{x})\mathrm{d}x$$

$$=5\int\mathrm{d}x+2\int\sqrt{x}\,\mathrm{d}x=5x+\frac{4}{3}x^{\frac{3}{2}}+C$$

而 $p(0)=6000$ 即为目前该镇人口数，把 $x=0$ 代入 $p(x)$ 的表达式，得

$$6000=5\times0+\frac{4}{3}\times0^{\frac{3}{2}}+C$$

得 $C=6000$，因此

$$p(x)=5x+\frac{4}{3}x^{\frac{3}{2}}+6000$$

因而 9 个月后的人口为 $p(9)=5\times9+\frac{4}{3}\times9^{\frac{3}{2}}+6000=6081$（人）.

例 6 已知某物体由静止开始作直线运动，经过 t 秒时的速度为 $v(t)=3t^2(\mathrm{m/s})$. 求：

(1) 3 s 末物体离开出发点的距离；

(2) 物体走完 125 m 所需的时间.

解 (1) 设物体作直线运动的方程为 $s=s(t)$，依题意有

$$s'(t)=v(t)$$

当 $t=0$ 时，$s(0)=0$.

所以

$$s(t)=\int s'(t)\mathrm{d}t=\int 3t^2\mathrm{d}t$$

$$=t^3+C$$

由 $s(0)=0$，得 $C=0$. 因此 $s(t)=t^3$.

所以 3 s 末物体离开出发点的距离为 $s(3)=3^3$ m$=27$ m.

(2) 设物体走完 125 m 所需的时间为 t，则 125 m$=t^3$，$t=\sqrt[3]{125}$ s$=5$ s.

4.1.3 基本积分表

由于求不定积分是求导数或微分运算的逆运算，因此由基本初等函数的求导公式便可得到相应的基本积分公式，称为基本积分表.

(1) $\int k\mathrm{d}x=x+C$（k 为常数）　　　(2) $\int x^\alpha\mathrm{d}x=\dfrac{x^{\alpha+1}}{\alpha+1}+C$（$\alpha\neq-1$）

(3) $\int\dfrac{1}{x}\mathrm{d}x=\ln|x|+C$　　　(4) $\int\dfrac{\mathrm{d}x}{1+x^2}=\arctan x+C$

(5) $\int\dfrac{\mathrm{d}x}{\sqrt{1-x^2}}=\arcsin x+C$　　　(6) $\int a^x\mathrm{d}x=\dfrac{a^x}{\ln a}+C$（$a>0$ 且 $a\neq1$）

(7) $\int\mathrm{e}^x\mathrm{d}x=\mathrm{e}^x+C$　　　(8) $\int\cos x\mathrm{d}x=\sin x+C$

(9) $\displaystyle\int \sin x\, \mathrm{d}x = -\cos x + C$ 　　　　(10) $\displaystyle\int \sec^2 x\, \mathrm{d}x = \tan x + C$

(11) $\displaystyle\int \csc^2 x\, \mathrm{d}x = -\cot x + C$ 　　　(12) $\displaystyle\int \sec x \tan x\, \mathrm{d}x = \sec x + C$

(13) $\displaystyle\int \csc x \cot x\, \mathrm{d}x = -\csc x + C$

例 7　求 $\displaystyle\int x^2 \sqrt{x}\, \mathrm{d}x$.

解
$$\int x^2 \sqrt{x}\, \mathrm{d}x = \int x^{\frac{5}{2}}\, \mathrm{d}x = \frac{1}{\frac{5}{2}+1} x^{\frac{5}{2}+1} + C = \frac{2}{7} x^{\frac{7}{2}} + C$$

例 8　求 $\displaystyle\int \frac{x^2}{1+x^2}\, \mathrm{d}x$.

解
$$\int \frac{x^2}{1+x^2}\, \mathrm{d}x = \int \frac{1+x^2-1}{1+x^2}\, \mathrm{d}x = \int \left(1 - \frac{1}{1+x^2}\right) \mathrm{d}x$$
$$= \int \mathrm{d}x - \int \frac{1}{1+x^2}\, \mathrm{d}x = x - \arctan x + C$$

例 9　求 $\displaystyle\int \cos^2 \frac{x}{2}\, \mathrm{d}x$.

解
$$\int \cos^2 \frac{x}{2}\, \mathrm{d}x = \int \frac{1+\cos x}{2}\, \mathrm{d}x$$
$$= \frac{1}{2}\int \mathrm{d}x + \frac{1}{2}\int \cos x\, \mathrm{d}x$$
$$= \frac{1}{2}x + \frac{1}{2}\sin x + C$$

例 10　设某商品的边际收益函数为 $R'(x) = 10 - 5x$，试求其收益函数.

解　因为
$$\left(10x - \frac{5}{2}x^2 + C\right)' = R'(x) = 10 - 5x$$

所以收益函数为
$$R(x) = 10x - \frac{5}{2}x^2 + C \quad (C \text{ 为任意常数})$$

将 $R(0) = 0$ 代入上式，可得 $C = 0$，故
$$R(x) = 10x - \frac{5}{2}x^2$$

■ 练习 4.1

1. 求下列不定积分.

(1) $\displaystyle\int (1-2x)\, \mathrm{d}x$；　　　　　　(2) $\displaystyle\int \left(2\mathrm{e}^x + \frac{3}{x}\right) \mathrm{d}x$；

(3) $\displaystyle\int \left(\frac{3}{x^2+1} - \frac{2}{\sqrt{1-x^2}}\right) \mathrm{d}x$；　　(4) $\displaystyle\int \sin^2 \frac{x}{2}\, \mathrm{d}x$.

2. 已知一动点做直线运动，在时刻 t 的速度为 $v = 3t - 2$，且 $t = 0$ 时 $s = 5$，试求此动点的运动方程 $s = s(t)$.

3. 已知平面曲线 $y = f(x)$ 上任意一点 $M(x, y)$ 处的切线斜率为 $k = x^3 - 1$，且曲线经过点 $P(1, 3)$，求该曲线方程.

4.2 换 元 积 分 法

利用基本积分表和不定积分的性质直接求出的不定积分是有限的，为了求解被积函数比较复杂的不定积分，还需要学习一些基本积分法 —— 换元积分法和分部积分法.

4.2.1 第一类换元积分法

案例 4.3 求 $\int 2x \cos x^2 \, dx$.

因为 $(\sin x^2)' = \cos x^2 (x^2)' = 2x \cos x^2$，所以 $\sin x^2$ 是 $2x \cos x^2$ 的一个原函数，因此

$$\int 2x \cos x^2 \, dx = \int \cos(x^2)(x^2)' \, dx = \int \cos(x^2) \, d(x^2) = \sin x^2 + C$$

案例 4.4 求 $\int 2e^{2x} \, dx$.

因为 $(e^{2x})' = e^{2x}(2x)' = 2e^{2x}$，所以 e^{2x} 是 $2e^{2x}$ 的一个原函数，因此

$$\int 2e^{2x} \, dx = \int e^{2x}(2x)' \, dx = \int e^{2x} \, d(2x) = e^{2x} + C$$

由以上两个案例可以看出，两个不定积分的求解过程正是复合函数求导的逆运算，且被积函数可以写成 $f[\varphi(x)]\varphi'(x)$ 的形式.

定理 4.1（第一类换元积分法） 设 $\int f(u) \, du = F(u) + C$，$u = \varphi(x)$ 具有连续导数，则

$$\int f[\varphi(x)]\varphi'(x) \, dx = \int f[\varphi(x)] \, d\varphi(x) = \int f(u) \, du = F(u) + C = F[\varphi(x)] + C$$

证明 由于 $F'(u) = f(u)$，由复合函数求导法则，得

$$\frac{d}{du}\{F[\varphi(x)]\} = \frac{dF(u)}{du} \cdot \frac{du}{dx} = F'(u)\varphi'(x) = f(u)\varphi'(x) = f[\varphi(x)]\varphi'(x)$$

这表示 $F[\varphi(x)]$ 是 $f[\varphi(x)]\varphi'(x)$ 的一个原函数，从而

$$\int f[\varphi(x)]\varphi'(x) \, dx = \int f[\varphi(x)] \, d\varphi(x) = F[\varphi(x)] + C$$

用定理 4.1 求不定积分的方法称为第一类换元积分法. 第一类换元积分法实际上是复合函数求导法则的逆运算，$\varphi'(x) \, dx = d\varphi(x)$ 也是微分运算的逆运算，目的是将 $\varphi'(x) \, dx$ 凑成中间变量 u 的微分，转化成对中间变量的积分.

第一类换元积分法也称为"凑微分法". 应用此方法求不定积分的步骤可归纳如下：

(1) 将给定的积分 $\int g(x) \, dx$ 写成 $\int f[\varphi(x)]\varphi'(x) \, dx$；

(2) 将 $\int f[\varphi(x)]\varphi'(x) \, dx$ 凑微分为 $\int f[\varphi(x)] \, d\varphi(x)$；

(3) 变量替换，令 $\varphi(x) = u$，代入 $\int f[\varphi(x)]\mathrm{d}\varphi(x)$，有 $\int f(u)\mathrm{d}u$，计算积分得 $F(u) + C$；

(4) 变量还原，将 $u = \varphi(x)$ 回代，得 $F[\varphi(x)] + C$.

例如，求积分 $\int \sin x \cos x \, \mathrm{d}x$ 的过程如下：

$$\int \sin x \cos x \, \mathrm{d}x = \int \sin x \, \mathrm{d}(\sin x) \quad （凑微分）$$

$$= \int u \, \mathrm{d}u \quad （令 \varphi(x) = u，代入上一步得 \int f(u)\mathrm{d}u）$$

$$= \frac{1}{2}u^2 + C \quad （计算积分，得 F(u) + C）$$

$$= \frac{1}{2}\sin^2 x + C \quad （将 u = \varphi(x) 回代，得 F[\varphi(x)] + C）$$

在运算熟练后，积分过程中的中间变量 u 可不必写出.

例 1　求 $\int (2x + 1)^9 \mathrm{d}x$.

解　由 $\mathrm{d}x = \dfrac{1}{2}\mathrm{d}(2x + 1)$，得

$$\int (2x + 1)^9 \mathrm{d}x = \frac{1}{2}\int (2x + 1)^9 \mathrm{d}(2x + 1) = \frac{1}{20}(2x + 1)^{10} + C.$$

例 2　求 $\int \mathrm{e}^x \cos \mathrm{e}^x \mathrm{d}x$.

解　由 $\mathrm{e}^x \mathrm{d}x = \mathrm{d}\mathrm{e}^x$，得

$$\int \mathrm{e}^x \cos \mathrm{e}^x \mathrm{d}x = \int \cos \mathrm{e}^x \mathrm{d}\mathrm{e}^x = \sin \mathrm{e}^x + C$$

例 3　求 $\int \sin^2 x \cos x \, \mathrm{d}x$.

解　由 $\cos x \, \mathrm{d}x = \mathrm{d}\sin x$，得

$$\int \sin^2 x \cos x \, \mathrm{d}x = \int \sin^2 x \, \mathrm{d}\sin x = \frac{1}{3}\sin^3 x + C.$$

例 4　求 $\int \dfrac{\mathrm{d}x}{a^2 + x^2}$　$(a > 0)$.

解
$$\int \frac{\mathrm{d}x}{a^2 + x^2} = \int \frac{1}{a^2\left[1 + \left(\dfrac{x}{a}\right)^2\right]}\mathrm{d}x$$

$$= \frac{1}{a}\int \frac{1}{1 + \left(\dfrac{x}{a}\right)^2}\mathrm{d}\left(\frac{x}{a}\right)$$

$$= \frac{1}{a}\arctan \frac{x}{a} + C$$

例 5　求 $\int \sec x \, \mathrm{d}x$.

解
$$\int \sec x \, \mathrm{d}x = \int \frac{1}{\cos x} \mathrm{d}x = \int \frac{\cos x}{\cos^2 x} \mathrm{d}x$$

$$= \int \frac{1}{1 - \sin^2 x} \mathrm{d}(\sin x)$$

$$= \int \frac{1}{(1 + \sin x)(1 - \sin x)} \mathrm{d}(\sin x)$$

$$= \frac{1}{2} \int \left(\frac{1}{1 + \sin x} + \frac{1}{1 - \sin x} \right) \mathrm{d}(\sin x)$$

$$= \frac{1}{2} \left[\int \frac{1}{1 + \sin x} \mathrm{d}(1 + \sin x) - \int \frac{1}{1 - \sin x} \mathrm{d}(1 - \sin x) \right]$$

$$= \frac{1}{2} (\ln|1 + \sin x| - \ln|1 - \sin x|) + C$$

$$= \frac{1}{2} \ln \left| \frac{1 + \sin x}{1 - \sin x} \right| + C$$

$$= \ln \left| \frac{1 + \sin x}{\cos x} \right| + C$$

$$= \ln|\sec x + \tan x| + C$$

类似地，有

$$\int \csc x \, \mathrm{d}x = \ln|\csc x - \cot x| + C$$

从以上例子可知，凑微分法是一种非常灵活的计算方法，在运用时，往往需要对被积函数作适当的代数运算或三角运算，再凑微分，技巧性比较强，并且很难有规律可循. 因此，只有在练习的过程中不断地归纳总结，积累经验，才能灵活运用. 下面介绍几个常用的凑微分的等式：

(1) $\mathrm{d}x = \dfrac{1}{a} \mathrm{d}(ax)$;　　　　　(2) $\mathrm{d}x = \dfrac{1}{a} \mathrm{d}(ax + b)$ （a, b 为常数且 $a \neq 0$）;

(3) $x \mathrm{d}x = \dfrac{1}{2} \mathrm{d}x^2$;　　　　　(4) $x^2 \mathrm{d}x = \dfrac{1}{3} \mathrm{d}x^3$;

(5) $\dfrac{\mathrm{d}x}{\sqrt{x}} = 2\mathrm{d}\sqrt{x}$;　　　　　(6) $\dfrac{1}{x} \mathrm{d}x = \mathrm{d}\ln|x|$;

(7) $\mathrm{e}^x \mathrm{d}x = \mathrm{d}\mathrm{e}^x$;　　　　　(8) $\cos x \, \mathrm{d}x = \mathrm{d}\sin x$;

(9) $\sin x \, \mathrm{d}x = -\mathrm{d}\cos x$;　　　　　(10) $\dfrac{1}{1 + x^2} \mathrm{d}x = \mathrm{d}\arctan x$.

4.2.2　第二类换元积分法

第一类换元积分法虽然应用比较广泛，如果对于积分 $\int f(x)\mathrm{d}x$，凑微分目标不明确，通过简单变形也不能利用积分基本公式进行计算，则可考虑用变量代换化简被积表达式，即可以试着设 $x = \varphi(t)$，则 $\mathrm{d}x = \varphi'(t)\mathrm{d}t$，使得新变量 t 下的被积函数不再含根式，将积分

变形为 $\int f(x)\mathrm{d}x = \int f[\varphi(t)]\varphi'(t)\mathrm{d}t$ 再进行计算.

案例 4.5 求 $\int \dfrac{1}{1+\sqrt{x}}\mathrm{d}x$.

因为被积函数含有根式,不容易凑出微分,为了去掉根式,令 $t=\sqrt{x}$,则

$$x = t^2, \quad \mathrm{d}x = 2t\,\mathrm{d}t$$

所以

$$\int \frac{1}{1+\sqrt{x}}\mathrm{d}x = \int \frac{2t}{1+t}\mathrm{d}t = 2\int \frac{t+1-1}{t+1}\mathrm{d}t = 2\int \left(1-\frac{1}{t+1}\right)\mathrm{d}t$$

$$= 2\int \mathrm{d}t - 2\int \frac{1}{t+1}\mathrm{d}(t+1) = 2t - 2\ln|t+1| + C$$

再回代,得

$$\int \frac{1}{1+\sqrt{x}}\mathrm{d}x = 2\sqrt{x} - 2\ln\left|\sqrt{x}+1\right| + C$$

以上积分过程称为第二类换元积分法.

定理 4.2(第二类换元积分法) 设函数 $f(x)$ 连续,$x=\varphi(t)$ 是单调可导函数,且 $\varphi'(t)\neq 0$,如果 $\int f[\varphi(t)]\varphi'(t)\mathrm{d}t = F(t)+C$,则有

$$\int f(x)\mathrm{d}x = \int f[\varphi(t)]\varphi'(t)\mathrm{d}t = F(t)+C = F[\varphi^{-1}(x)]+C$$

应用第二类换元积分法求不定积分的步骤可归纳如下:

(1) 做变换 $x=\varphi(t)$,得 $\int f(x)\mathrm{d}x = \int f[\varphi(t)]\varphi'(t)\mathrm{d}t$;

(2) 计算不定积分,得 $\int f[\varphi(t)]\varphi'(t)\mathrm{d}t = F(t)+C$;

(3) 变量还原 $t=\varphi^{-1}(x)$ 并回代,得 $F(t)+C = F[\varphi^{-1}(x)]+C$.

例 6 求 $\int \dfrac{1}{1+\sqrt{x+1}}\mathrm{d}x$.

解 令 $t=\sqrt{x+1}$,则 $x=t^2-1$,$\mathrm{d}x=2t\,\mathrm{d}t$,于是

$$\int \frac{1}{1+\sqrt{x+1}}\mathrm{d}x = \int \frac{1}{1+t}2t\,\mathrm{d}t$$

$$= 2\int \frac{t+1-1}{t+1}\mathrm{d}t = 2\int \mathrm{d}t - 2\int \frac{1}{t+1}\mathrm{d}t$$

$$= 2t - 2\ln|t+1| + C$$

$$= 2\sqrt{x+1} - 2\ln(\sqrt{x+1}+1) + C$$

例 7 求 $\int x\sqrt[3]{x-1}\,\mathrm{d}x$.

解 令 $t=\sqrt[3]{x-1}$,则 $x=t^3+1$,$\mathrm{d}x=3t^2\,\mathrm{d}t$,于是

$$\int x\sqrt[3]{3x-1}\,dx = \int (t^3+1)\cdot t\cdot 3t^2\,dt$$

$$= 3\int (t^6+t^3)\,dt$$

$$= \frac{3}{7}t^7 + \frac{3}{4}t^4 + C$$

$$= \frac{3}{7}(x-1)^{\frac{7}{3}} + \frac{3}{4}(x-1)^{\frac{4}{3}} + C$$

例 8　求 $\displaystyle\int \frac{1}{\sqrt{x}+\sqrt[3]{x}}\,dx$.

解　令 $t=\sqrt[6]{x}$，则 $x=t^6$，$dx=6t^5\,dt$，于是

$$\int \frac{1}{\sqrt{x}+\sqrt[3]{x}}\,dx = \int \frac{6t^5}{t^3+t^2}\,dt = 6\int \frac{t^3}{t+1}\,dt$$

$$= 6\int \left[(t^2-t+1)-\frac{1}{1+t}\right]dt$$

$$= 6\int (t^2-t+1)\,dt - 6\int \frac{1}{1+t}\,dt$$

$$= 2t^3 - 3t^2 + 6t - 6\ln|t+1| + C$$

$$= 2\sqrt{x} - 3\sqrt[3]{x} + 6\sqrt[6]{x} - 6\ln(\sqrt[6]{x}+1) + C$$

例 9　求 $\displaystyle\int \sqrt{4-x^2}\,dx$.

解　令 $x=2\sin t\left(-\dfrac{\pi}{2}\leqslant t\leqslant\dfrac{\pi}{2}\right)$，则 $dx=2\cos t\,dt$，$\sqrt{4-x^2}=\sqrt{4-4\sin^2 t}=2\cos t$.
于是

$$\int \sqrt{4-x^2}\,dx = \int 2\cos t\cdot 2\cos t\,dt = 4\int \cos^2 t\,dt$$

$$= 4\int \frac{1+\cos 2t}{2}\,dt$$

$$= 2\left(\int dt + \int \cos 2t\,dt\right)$$

$$= 2t + \sin 2t + C$$

$$= 2t + 2\sin t\cos t + C$$

为了把积分变量 t 还原为 x，可由 $x=2\sin t$，得

$$\sin t = \frac{x}{2},\ \cos t = \frac{\sqrt{4-x^2}}{2},\ t = \arcsin\frac{x}{2}$$

故

$$\int \sqrt{4-x^2}\,dx = 2\arcsin\frac{x}{2} + \frac{x\sqrt{4-x^2}}{2} + C$$

此例可推广为

$$\int \sqrt{a^2 - x^2}\, \mathrm{d}x = \frac{a^2}{2}\arcsin\frac{x}{a} + \frac{1}{2}x\sqrt{a^2 - x^2} + C \quad (a > 0)$$

例 10　求 $\displaystyle\int \frac{\mathrm{d}x}{\sqrt{x^2 + 9}}$.

解　令 $x = 3\tan t\ \left(-\dfrac{\pi}{2} < t < \dfrac{\pi}{2}\right)$，则 $\mathrm{d}x = 3\sec^2 t\,\mathrm{d}t$，$\sqrt{x^2 + 9} = 3\sqrt{\sec^2 t} = 3\sec t$.

于是

$$\int \frac{\mathrm{d}x}{\sqrt{x^2 + 9}} = \int \frac{3\sec^2 t}{3\sec t}\mathrm{d}t = \int \sec t\,\mathrm{d}t = \ln|\sec t + \tan t| + C_1$$

为了把积分变量 t 还原为 x，可由 $x = 3\tan t$，得

$$\tan t = \frac{x}{3},\ \sec t = \frac{\sqrt{x^2 + 9}}{3}$$

故

$$\int \frac{\mathrm{d}x}{\sqrt{x^2 + 9}} = \ln\left|\frac{x}{3} + \frac{\sqrt{x^2 + 9}}{3}\right| + C_1$$

$$= \ln(x + \sqrt{x^2 + 9}) + C_1 - \ln 3$$

$$= \ln(x + \sqrt{x^2 + 9}) + C \quad (C = C_1 - \ln 3)$$

此例可推广为

$$\int \frac{\mathrm{d}x}{\sqrt{x^2 + a^2}} = \ln(x + \sqrt{x^2 + a^2}) + C \quad (a > 0)$$

例 11　求 $\displaystyle\int \frac{\mathrm{d}x}{\sqrt{x^2 - a^2}} \quad (a > 0)$.

解　令 $x = a\sec t\ \left(0 < t < \dfrac{\pi}{2}\right)$，则 $\mathrm{d}x = a\sec t\tan t\,\mathrm{d}t$，$\sqrt{x^2 - a^2} = \sqrt{a^2(\sec^2 t - 1)} = a\tan t$.

于是

$$\int \frac{\mathrm{d}x}{\sqrt{x^2 - a^2}} = \int \frac{a\sec t\tan t}{a\tan t}\mathrm{d}t$$

$$= \int \sec t\,\mathrm{d}t$$

$$= \ln|\sec t + \tan t| + C_1$$

$$= \ln\left|\frac{x}{a} + \frac{\sqrt{x^2 - a^2}}{a}\right| + C_1$$

$$= \ln\left|x + \sqrt{x^2 - a^2}\right| + C \quad (C = C_1 - \ln a)$$

第二类换元法用于三角代换中，常用的变量代换有以下 3 种：

(1) 当被积函数中含 $\sqrt{a^2 - x^2}$ 时，令 $x = a\sin t$.

(2) 当被积函数中含 $\sqrt{x^2 + a^2}$ 时，令 $x = a\tan t$.

（3）当被积函数中含 $\sqrt{x^2-a^2}$ 时，令 $x=a\sec t$.

■ 练习 4.2

1. 求下列不定积分.

（1）$\displaystyle\int (1-2x)^4 \,\mathrm{d}x$；

（2）$\displaystyle\int \frac{1}{\sqrt{2+x}}\,\mathrm{d}x$；

（3）$\displaystyle\int \mathrm{e}^{\sin x}\cos x\,\mathrm{d}x$；

（4）$\displaystyle\int \frac{\ln x}{x}\,\mathrm{d}x$；

（5）$\displaystyle\int \frac{1}{x(\ln x+1)^2}\,\mathrm{d}x$；

（6）$\displaystyle\int x\sqrt{x^2-1}\,\mathrm{d}x$.

2. 求下列不定积分.

（1）$\displaystyle\int \frac{\sqrt{1+x}}{1+\sqrt{1+x}}\,\mathrm{d}x$；

（2）$\displaystyle\int \frac{x}{\sqrt{2+x}}\,\mathrm{d}x$；

（3）$\displaystyle\int \frac{\sqrt{1-x^2}}{x}\,\mathrm{d}x$；

（4）$\displaystyle\int \frac{\sqrt{x^2-4}}{x}\,\mathrm{d}x$.

3. 某一太阳能的能量 $f(x)$ 相对于太阳能接触的表面面积 x 的变化率为 $\dfrac{\mathrm{d}f(x)}{\mathrm{d}x}=\dfrac{0.005}{\sqrt{0.01x+1}}$，如果 $f(0)=0$，求 $f(x)$ 的函数关系表达式.

4.3 分部积分法

本节我们将利用两个函数乘积的求导法则推导求不定积分的另一种基本方法 —— 分部积分法. 分部积分法主要针对被积函数为两类不同函数乘积的积分问题，如 $\displaystyle\int x^2\ln x\,\mathrm{d}x$、$\displaystyle\int \mathrm{e}^x\sin x\,\mathrm{d}x$ 等.

案例 4.6 求 $\displaystyle\int x\cos x\,\mathrm{d}x$.

求此不定积分用换元积分法难以奏效. 将 $\cos x\,\mathrm{d}x$ 凑微分得 $\cos x\,\mathrm{d}x=\mathrm{d}\sin x$，注意到求不定积分是求导数或微分运算的逆运算，可先求

$$\mathrm{d}(x\sin x)=\sin x\,\mathrm{d}x+x\cos x\,\mathrm{d}x$$

移项得

$$x\cos x\,\mathrm{d}x=\mathrm{d}(x\sin x)-\sin x\,\mathrm{d}x$$

两边对 x 积分，得

$$\int x\cos x\,\mathrm{d}x=\int \mathrm{d}(x\sin x)-\int \sin x\,\mathrm{d}x$$

于是

$$\int x\cos x\,\mathrm{d}x=x\sin x-\int \sin x\,\mathrm{d}x=x\sin x+\cos x+C$$

事实上，$\displaystyle\int x\cos x\,\mathrm{d}x=\int x\,\mathrm{d}\sin x$，求 $\displaystyle\int x\cos x\,\mathrm{d}x$ 的关键为求 $\displaystyle\int x\,\mathrm{d}\sin x$，但求 $\displaystyle\int x\,\mathrm{d}\sin x$ 比较

困难，将其转化为求 $\int \sin x\, dx$ 后，$\int x \cos x\, dx$ 就容易求得.

定理 4.3 设函数 $u = u(x)$，$v = v(x)$ 都具有连续导数，根据两个函数乘积的导数法则有

$$(u \cdot v)' = u' \cdot v + u \cdot v'$$

移项，得

$$u \cdot v' = (u \cdot v)' - u' \cdot v$$

等式两端积分，得

$$\int u \cdot v'\, dx = u \cdot v - \int u' \cdot v\, dx$$

简写为

$$\int u\, dv = u \cdot v - \int v\, du$$

该公式称为分部积分公式，它将求 $\int u\, dv$ 的问题转化为求 $\int v\, du$. 当 $\int v\, du$ 较容易求时，分部积分公式就起到了化难为易的作用.

本节介绍以下 3 类常见的用分部积分法求解的题目：

(1) 如果被积函数为幂函数和指数函数的乘积、幂函数和正弦函数（或余弦函数）的乘积，即形如 $\int x^n e^x\, dx$，$\int x^n \sin x\, dx$，$\int x^n \cos x\, dx$，则令 $u = x^n$.

(2) 如果被积函数是幂函数和对数函数的乘积、幂函数和反三角函数的乘积，即形如 $\int x^n \ln x\, dx$，$\int x^n \arcsin x\, dx$，$\int x^n \arctan x\, dx$，则令 $u = \ln x$，$u = \arcsin x$，$u = \arctan x$.

(3) 如果被积函数是指数函数和三角函数的乘积，即形如 $\int e^x \sin x\, dx$，$\int e^x \cos x\, dx$，可以将指数函数和三角函数中的任意一个作为 u，连续使用两次分部积分后，会出现循环，然后通过移项求解出积分.

例 1 求 $\int x e^x\, dx$.

解
$$\int x e^x\, dx = \int x\, d(e^x) = x e^x - \int e^x\, dx = x e^x - e^x + C$$

例 2 求 $\int x^2 \cos x\, dx$.

解
$$\int x^2 \cos x\, dx = \int x^2\, d(\sin x) = x^2 \sin x - \int \sin x\, d(x^2)$$
$$= x^2 \sin x - 2\int x \sin x\, dx$$
$$= x^2 \sin x + 2\int x\, d(\cos x)$$
$$= x^2 \sin x + 2\left(x \cos x - \int \cos x\, dx\right)$$
$$= x^2 \sin x + 2(x \cos x - \sin x) + C$$

例 3　求 $\int x \ln x\, dx$.

解
$$\int x \ln x\, dx = \int \ln x\, d\left(\frac{1}{2}x^2\right)$$
$$= \frac{1}{2}x^2 \ln x - \int \frac{x^2}{2}\, d(\ln x)$$
$$= \frac{x^2}{2}\ln x - \frac{1}{2}\int x\, dx$$
$$= \frac{x^2}{2}\ln x - \frac{1}{4}x^2 + C$$

由以上例子可知,应用分部积分法求不定积分时,关键步骤仍然是凑微分法.

例 4　求 $\int e^x \cos x\, dx$.

解
$$\int e^x \cos x\, dx = \int \cos x\, d(e^x)$$
$$= e^x \cos x - \int e^x\, d\cos x$$
$$= e^x \cos x + \int e^x \sin x\, dx$$
$$= e^x \cos x + \int \sin x\, d(e^x)$$
$$= e^x \cos x + e^x \sin x - \int e^x \cos x\, dx$$

将再次出现的 $\int e^x \cos x\, dx$ 移至左边,合并后除以 2,得所求积分为

$$\int e^x \cos x\, dx = \frac{1}{2}e^x(\sin x + \cos x) + C$$

因为上式右边已不包含积分项,所以最后必须加上常数 C. 由例 4 可知,应用分部积分法求不定积分时,可多次使用分部积分公式.

例 5　求 $\int \arcsin x\, dx$.

解
$$\int \arcsin x\, dx = x \arcsin x - \int x\, d(\arcsin x)$$
$$= x \arcsin x - \int x \cdot \frac{1}{\sqrt{1-x^2}}\, dx$$
$$= x \arcsin x + \frac{1}{2}\int \frac{1}{\sqrt{1-x^2}}\, d(1-x^2)$$
$$= x \arcsin x + \sqrt{1-x^2} + C$$

例 6　求 $\int e^{\sqrt{x}}\, dx$.

解　令 $t = \sqrt{x}$,即 $x = t^2$,则 $dx = 2t\, dt$. 于是

$$\int e^{\sqrt{x}} dx = \int e^t \cdot 2t\, dt$$

$$= 2\int t\, d(e^t)$$

$$= 2\left(t e^t - \int e^t\, dt\right)$$

$$= 2t e^t - 2e^t + C$$

$$= 2\sqrt{x}\, e^{\sqrt{x}} - 2e^{\sqrt{x}} + C$$

由例 6 可知,利用分部积分法求不定积分时,可能同时要用到第一类换元积分法和第二类换元积分法.

例 7 某工厂排出大量废气,造成了严重的空气污染,于是工厂通过减产来控制废气的排放量,若第 t 年的排放量为 $C(t) = \dfrac{8\ln(t+1)}{(t+1)^2}$,求该厂排出的总废气量函数.

解 总废气量函数为

$$W = \int C(t)\, dt = \int \frac{8\ln(t+1)}{(t+1)^2} dt = 8\int \ln(t+1)\, d\left(-\frac{1}{t+1}\right)$$

$$= 8\left[\ln(t+1) \cdot \left(-\frac{1}{t+1}\right) + \int \frac{1}{t+1} d\ln(t+1)\right]$$

$$= -\frac{8}{t+1}\ln(t+1) + 8\int \frac{1}{(t+1)^2} dt$$

$$= -\frac{8}{t+1}\ln(t+1) - \frac{8}{t+1} + C$$

即该厂排出的总废气量函数为 $W = -\dfrac{8}{t+1}\ln(t+1) - \dfrac{8}{t+1} + C$.

例 8 用多种方法求 $\displaystyle\int \frac{x}{\sqrt{x-1}} dx$.

解法一(利用凑微分法)

$$\int \frac{x}{\sqrt{x-1}} dx = \int \frac{x+1-1}{\sqrt{x-1}} dx$$

$$= \int \sqrt{x-1}\, dx + \int \frac{1}{\sqrt{x-1}} dx$$

$$= \frac{2}{3}(x-1)^{\frac{3}{2}} + 2\sqrt{x-1} + C$$

解法二(利用第二类换元积分法)

令 $t = \sqrt{x-1}$,即 $x = 1 + t^2$,则 $dx = 2t\, dt$. 于是

$$\int \frac{x}{\sqrt{x-1}} dx = \int \frac{1+t^2}{t} \cdot 2t\, dt$$

$$= 2\int (1+t^2)\, dt = 2t + \frac{2}{3}t^3 + C$$

$$\xlongequal{回代} \frac{2}{3}(x-1)^{\frac{3}{2}} + 2\sqrt{x-1} + C$$

解法三（利用分部积分法）

$$\int \frac{x}{\sqrt{x-1}}\mathrm{d}x = \int \frac{x}{\sqrt{x-1}}\mathrm{d}(x-1)$$

$$= \int x\mathrm{d}(2\sqrt{x-1})$$

$$= 2x\sqrt{x-1} - 2\int \sqrt{x-1}\,\mathrm{d}x$$

$$= 2x\sqrt{x-1} - 2\int \sqrt{x-1}\,\mathrm{d}(x-1)$$

$$= 2x\sqrt{x-1} - \frac{4}{3}(x-1)^{\frac{3}{2}} + C$$

由例 8 可知，求不定积分有时可用多种积分方法，在学习中要不断积累经验，灵活选择积分方法.

■ **练习 4.3**

1. 求下列不定积分：

(1) $\int x\cos 3x\,\mathrm{d}x$；

(2) $\int x\mathrm{e}^{-x}\,\mathrm{d}x$；

(3) $\int (x-1)\mathrm{e}^x\,\mathrm{d}x$；

(4) $\int x\ln^2 x\,\mathrm{d}x$；

(5) $\int \mathrm{e}^x\sin x\,\mathrm{d}x$；

(6) $\int \cos\sqrt{x}\,\mathrm{d}x$.

2. 已知 e^{-x} 是 $f(x)$ 的一个原函数，试求 $\int xf'(x)\mathrm{d}x$.

本 章 小 结

函数的原函数与不定积分的概念不同，函数的任意两个原函数之间只差一个常数，函数的不定积分是带有任意常数的原函数，在相差常数的前提下，求不定积分运算与求导互为逆运算. 不定积分问题的求解不仅是计算定积分的基础，也是以后计算重积分与解微分方程的基础.

学习不定积分要熟练掌握以下 3 种方法：① 直接积分法；② 换元积分法；③ 分部积分法. 直接积分法是指直接利用基本公式（性质），或者将被积函数经适当的变换后再利用基本公式（性质）求积分的方法，这是计算不定积分的一种基本方法，其关键在于对基本积分公式的掌握. 换元积分法包括第一类换元积分法和第二类换元积分法. 第一类换元积分法又称凑微分法，它是复合函数求导数的逆运算，这种方法在求不定积分中经常使用；第二类换元积分法的关键在于"换". 分部积分法的关键在于如何恰当地选取 u 和 v. 常见的分部积分习题中，u 在 5 种基本初等函数中的选取顺序一般为反三角函数、对数函数、幂函数、三角函数、指数函数. 分部积分法的主要作用是逐步化简从而达到积分的目的.

阅读材料

综 合 练 习 4

一、填空题

1. $\int \dfrac{\mathrm{d}x}{x^2 \sqrt{x}} = $ _____ .

2. $\int \mathrm{d}f(x) = $ _____ ,$\mathrm{d}\int f(x)\mathrm{d}x = $ _____ .

3. $\int x \sin x\, \mathrm{d}x = $ _____ .

4. $\dfrac{x\,\mathrm{d}x}{\sqrt{1-x^2}} = $ _____ $\mathrm{d}(\sqrt{1-x^2})$.

5. 一曲线过原点且在每一点的切线的斜率等于该点横坐标的两倍,则这条曲线的方程为 _____ .

二、单项选择题

1. 积分 $\int \ln x\, \mathrm{d}x = ($).

A. $\dfrac{1}{x} + C$ B. $\dfrac{1}{2}(\ln x)^2 + C$ C. $x\ln x - x + C$ D. $x\ln x + x + C$

2. 若 $\int f(x)\mathrm{d}x = x\mathrm{e}^x + C$,则 $f(x) = ($).

A. $(x+2)\mathrm{e}^x$ B. $(x-1)\mathrm{e}^x$ C. $x\mathrm{e}^x$ D. $(x+1)\mathrm{e}^x$

3. 积分 $\int \left(1 + \dfrac{1}{\sin^2 x}\right)\mathrm{d}(\sin x) = ($).

A. $\sin x - \dfrac{1}{\sin x} + C$ B. $x + \dfrac{1}{\sin x} + C$

C. $\sin x - \cot x + C$ D. $x + \cot x + C$

4. 设 $f'(x) = 1$,且 $f(0) = 0$,则 $\int f(x)\mathrm{d}x = ($).

A. $x + C$ B. $\dfrac{1}{2}x^2 + C$ C. $\dfrac{1}{3}x^3 + C$ D. $-x + C$

5. 下列等式中,正确的是( ).

A. $\int kf(x)\mathrm{d}x = k \cdot \int f(x)\mathrm{d}x$ B. $\int \dfrac{1}{x}\mathrm{d}\left(\dfrac{1}{x}\right) = \dfrac{1}{2x^4} + C$

C. $\displaystyle\int f'(2x)\mathrm{d}x = f(2x) + C$ D. $\displaystyle\int f(x)g(x)\mathrm{d}x = \int f(x)\mathrm{d}x \cdot \int g(x)\mathrm{d}x$

三、解答题

1. 求下列不定积分.

(1) $\displaystyle\int \frac{\mathrm{d}x}{6 + 16x^2}$;   (2) $\displaystyle\int \frac{\mathrm{d}x}{\mathrm{e}^x - \mathrm{e}^{-x}}$;   (3) $\displaystyle\int \frac{\mathrm{d}x}{x\sqrt{9 - \ln^2 x}}$;   (4) $\displaystyle\int \frac{\sin 2x}{1 + \cos^2 x}\mathrm{d}x$.

2. 已知函数 $f(x)$ 的一个原函数是 $1 + \cos x$, 求 $\displaystyle\int xf'(x)\mathrm{d}x$.

3. 已知 $f'(\sin^2 x) = \cos 2x + \csc^2 x$, 求 $f(x)$.

4. 已知 $\displaystyle\int f(x)\mathrm{d}x = \mathrm{e}^{2x} + C$, 求 $f(x)$.

5. 若 $\displaystyle\int f(x)\mathrm{d}x = F(x) + C$, 求 $\displaystyle\int \mathrm{e}^x f(\mathrm{e}^x)\mathrm{d}x$.

6. 某新股上市后, 股价在 x 月后每月增长 $x\sqrt{x} + 5$ 元, 若该股票上市价为 10 元, 那么 4 个月后该股票价格是多少?

习题参考答案

第 5 章　定积分及其应用

积分学包括不定积分和定积分两个重要概念. 17 世纪中下叶, 牛顿和莱布尼兹发现了定积分与不定积分的联系, 给出了计算定积分的一般方法, 使得定积分成为解决实际问题的重要工具, 进而极大地推动了积分学的发展.

本章先从几何问题与经济问题出发引出定积分的概念, 然后介绍反映微分与积分之间联系的微积分基本定理, 再讨论定积分的计算方法, 最后讨论定积分的应用.

5.1　定积分的概念与性质

5.1.1　定积分的概念

案例 5.1(曲边梯形的面积)　设 $y=f(x)$ 在区间 $[a, b]$ 上非负且连续. 由直线 $x=a$, $x=b$, $y=0$ 及曲线 $y=f(x)$ 所围成的图形(见图 5-1)称为曲边梯形, 求该图形的面积 A.

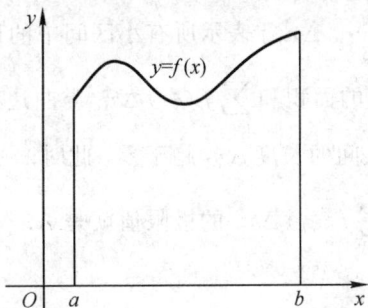

图 5-1

曲边梯形在底边上各点处的高 $f(x)$ 在区间 $[a, b]$ 上是变动的, 故不能按照初等数学的方法计算它的面积. 然而, 曲和直既是对立的又是统一的. 曲边梯形的高 $f(x)$ 在区间 $[a, b]$ 上很小一段区间上的变化很小, 近似不变. 因此, 我们可以从计算矩形的面积出发计算曲边梯形的面积, 其具体步骤如下:

(1) 分割: 分曲边梯形为 n 个小曲边梯形.

在区间 $[a, b]$ 上任意选取分点 $a=x_0<x_1<x_2<\cdots<x_{n-1}<x_n=b$, 把区间 $[a, b]$ 分成 n 个小区间, 设每个小区间的长度为

$$\Delta x_i=x_i-x_{i-1} \quad (i=1, 2, \cdots, n)$$

相应地, 把曲边梯形分成 n 个小曲边梯形, 设它们的面积为 $\Delta A_i(i=1, 2, \cdots, n)$.

(2) 取近似值: 用小矩形的面积近似代替小曲边梯形的面积.

在每个小区间 $[x_{i-1}, x_i]$ 上任取一点 ξ_i, 作以 $[x_{i-1}, x_i]$ 为底、$f(\xi_i)$ 为高的小矩形

（见图 5-2），用小矩形的面积 $f(\xi_i)\Delta x_i$ 近似代替小曲边梯形的面积 ΔA_i，即

$$\Delta A_i \approx f(\xi_i)\Delta x_i \quad (i=1,2,\cdots,n)$$

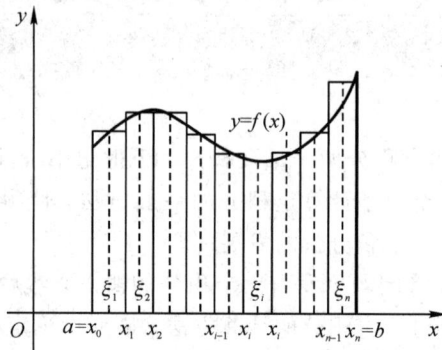

图 5-2

（3）求和：求 n 个小矩形面积之和.

n 个小矩形面积之和为 $\sum_{i=1}^{n} f(\xi_i)\Delta x_i$，这是原曲边梯形面积 A 的一个近似值，即

$$A \approx f(\xi_1)\Delta x_1 + f(\xi_2)\Delta x_2 + \cdots + f(\xi_n)\Delta x_n = \sum_{i=1}^{n} f(\xi_i)\Delta x_i$$

（4）取极限：由近似值得到精确值.

记 $\lambda = \max\{\Delta x_1, \Delta x_2, \cdots, \Delta x_n\}$ 表示所有小区间中的最大区间长度. 小区间分割得越细，长度 Δx_i 越短，小矩形的面积和 $\sum_{i=1}^{n} f(\xi_i)\Delta x_i$ 与曲边梯形面积 A 的误差越小. 无限细分区间 $[a,b]$，使所有小区间的长度 Δx_i 趋于零，此时 $\lambda \to 0$，小矩形的面积和会随之越来越接近曲边梯形的面积，$\sum_{i=1}^{n} f(\xi_i)\Delta x_i$ 的极限值就是 A.

即

$$A = \lim_{\lambda \to 0} \sum_{i=1}^{n} f(\xi_i)\Delta x_i$$

案例 5.2（某一时间段内的产量） 某公司冰箱产量 Q 的变化率 q 是关于时间 t 的函数 $q=f(t)$，求在生产时间 $[t_a, t_b]$ 内的产量.

利用案例 5.1 的思路，将生产时间 $[t_a, t_b]$ 任意分成 n 个小区间，其长度分别为 $\Delta t_i = t_i - t_{i-1}(i=1,2,\cdots,n)$，在每个小区间上任取一点 $\xi_i(i=1,2,\cdots,n)$，则从时间 t_a 到时间 t_b 这一时间间隔内冰箱的产量为

$$Q \approx \sum_{i=1}^{n} f(\xi_i)\Delta t_i$$

记 $\lambda = \max\{\Delta t_1, \Delta t_2, \cdots, \Delta t_n\}$ 表示所有小区间中的最大区间长度. 对于闭区间 $[t_a, t_b]$ 的任意分法及点 ξ_i 的任意取法，当 $\lambda \to 0$ 时，如果 $\sum_{i=1}^{n} f(\xi_i)\Delta t_i$ 的极限存在，则此极限值就是从时间 t_a 到 t_b 这一时间间隔的产品产量，即

$$Q = \lim_{\lambda \to 0} \sum_{i=1}^{n} f(\xi_i) \Delta t_i$$

以上两个案例分别来自几何学和经济学领域，具有不同的实际意义，但在解决问题的过程中具有相同的数学思路，所得结果的数学表达形式完全相同，都可以归结为求一个和式的极限.

抛开实际问题的背景意义，我们把处理这类问题的数学思维方法加以概括和抽象，由表达式在数量关系上的共同特性便得到定积分的概念.

定义 5.1　设函数 $y = f(x)$ 在区间 $[a, b]$ 上连续，用分点 $a = x_0 < x_1 < x_2 < \cdots < x_{n-1} < x_n = b$ 把区间 $[a, b]$ 分成 n 个小区间 $[x_{i-1}, x_i]$，每个小区间的长度为 $\Delta x_i = x_i - x_{i-1} (i = 1, 2, \cdots, n)$.

在每个小区间 $[x_{i-1}, x_i]$ 上任取一点 ξ_i，作乘积 $f(\xi_i) \Delta x_i (i = 1, 2, \cdots, n)$ 的和

$$\sum_{i=1}^{n} f(\xi_i) \Delta x_i$$

记 $\lambda = \max_{1 \leqslant i \leqslant n} \{\Delta x_i\}$，当 $\lambda \to 0$ 时，如果 $\sum_{i=1}^{n} f(\xi_i) \Delta x_i$ 的极限存在，且极限值与 $[a, b]$ 的分法及 ξ_i 的取法无关，则此极限值称为函数 $f(x)$ 在区间 $[a, b]$ 上的定积分，记作

$$\int_a^b f(x) \mathrm{d}x = \lim_{\lambda \to 0} \sum_{i=1}^{n} f(\xi_i) \Delta x_i$$

其中，$\int$ 称为积分号，$f(x)$ 称为被积函数，$f(x)\mathrm{d}x$ 称为被积表达式，x 称为积分变量，$[a, b]$ 称为积分区间，a 称为积分下限，b 称为积分上限.

定积分是乘积和的极限，它的值与被积函数、积分区间有关，与积分变量的选择无关，即

$$\int_a^b f(x) \mathrm{d}x = \int_a^b f(t) \mathrm{d}t = \int_a^b f(u) \mathrm{d}u$$

为了讨论方便，补充规定

$$\int_a^a f(x) \mathrm{d}x = 0$$

按照定积分的定义，案例 5.1 和案例 5.2 可以表述如下：

(1) 由直线 $x = a$，$x = b$，$y = 0$ 及曲线 $y = f(x) (f(x) \geqslant 0)$ 所围成的曲边梯形的面积是函数 $y = f(x)$ 在区间 $[a, b]$ 上的定积分，即 $A = \int_a^b f(x) \mathrm{d}x$.

(2) 产量变化率为 q 时，在生产时间 $[t_a, t_b]$ 内生产的产品数量 Q 是函数 $q = f(t)$ 在 $[t_a, t_b]$ 上的定积分，即 $Q = \int_{t_a}^{t_b} f(t) \mathrm{d}t$.

5.1.2　定积分的几何意义

由 5.1.1 节知，当 $f(x) \geqslant 0$ 时，在闭区间 $[a, b]$ 上的定积分 $\int_a^b f(x) \mathrm{d}x$ 表示由直线 $x = a$，$x = b$，$y = 0$ 及曲线 $y = f(x)$ 所围成的曲边梯形的面积.

当 $f(x) \leqslant 0$ 时，由直线 $x = a$，$x = b$，$y = 0$ 及曲线 $y = f(x)$ 所围成的曲边梯形位于

x 轴的下方,此时定积分 $\int_a^b f(x)\mathrm{d}x$ 表示该面积的相反数,不妨称之为负面积.

如图 5-3 所示,若在区间 $[a,b]$ 上,$f(x)$ 既取得正值又取得负值,所围图形分别位于 x 轴的上方和下方,则定积分 $\int_a^b f(x)\mathrm{d}x$ 在几何上表示由直线 $x=a$,$x=b$,$y=0$ 及曲线 $y=f(x)$ 所围成的各个部分面积的代数和 $A_1-A_2+A_3$.

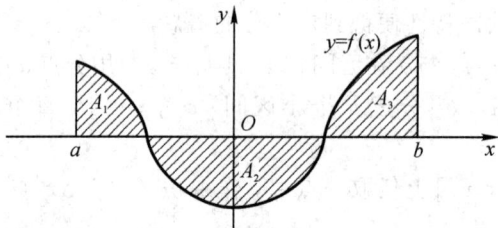

图 5-3

例 1 利用定积分的几何意义证明等式 $\int_{-\pi}^{\pi}\sin x\,\mathrm{d}x=0$.

解 如图 5-4 所示,被积函数 $\sin x$ 在 $[-\pi,\pi]$ 上连续,在 $[-\pi,0]$ 上 $\sin x<0$,在 $[0,\pi]$ 上 $\sin x>0$,并且有 $A_1=A_2$,所以

$$\int_{-\pi}^{\pi}\sin x\,\mathrm{d}x=A_1-A_2=0$$

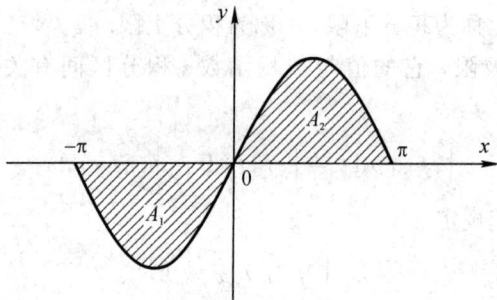

图 5-4

5.1.3 定积分的性质

由定积分的定义可知,定积分的实质是一个和式的极限,因此,由极限的性质可以推导出定积分具有以下性质:

性质 1 函数代数和的定积分等于定积分的代数和,即

$$\int_a^b [f(x)\pm g(x)]\mathrm{d}x=\int_a^b f(x)\mathrm{d}x\pm\int_a^b g(x)\mathrm{d}x$$

性质 2 被积函数中的常数因子可以提到积分符号前,即

$$\int_a^b kf(x)\mathrm{d}x=k\int_a^b f(x)\mathrm{d}x \quad (k\text{ 是常数})$$

性质 3(定积分对积分区间的可加性) 对任意 3 个常数 a,b,c,有

$$\int_a^b f(x)\mathrm{d}x = \int_a^c f(x)\mathrm{d}x + \int_c^b f(x)\mathrm{d}x$$

性质 4　如果在区间 $[a,b]$ 上 $f(x)\equiv 1$，则

$$\int_a^b f(x)\mathrm{d}x = \int_a^b \mathrm{d}x = b - a$$

性质 5　交换定积分的上下限，定积分的值仅改变符号，即

$$\int_a^b f(x)\mathrm{d}x = -\int_b^a f(x)\mathrm{d}x$$

例 2　计算下列定积分.

(1) $\displaystyle\int_0^3 3\mathrm{d}x$；

(2) $\displaystyle\int_\pi^{2\pi}(\sin 2x + \cos x)\,\mathrm{d}x + \int_{2\pi}^\pi(\sin 2x + \cos x)\,\mathrm{d}x$.

解　由定积分的性质知

(1) $\displaystyle\int_0^3 3\mathrm{d}x = 3\int_0^3 \mathrm{d}x = 3\times(3-0) = 9$.

(2) $\displaystyle\int_\pi^{2\pi}(\sin 2x + \cos x)\,\mathrm{d}x + \int_{2\pi}^\pi(\sin 2x + \cos x)\,\mathrm{d}x$

$\displaystyle = \int_\pi^{2\pi}(\sin 2x + \cos x)\,\mathrm{d}x - \int_\pi^{2\pi}(\sin 2x + \cos x)\,\mathrm{d}x$

$= 0$

■ 练习 5.1

1. 填空题

(1) 由直线 $x=1$，$x=e$，$y=0$ 及曲线 $y=\ln x$ 所围成的平面图形的面积，用定积分可以表示为 _____.

(2) $\displaystyle\int_0^{\frac{\pi}{3}} \tan x\,\mathrm{d}x - \int_0^{\frac{\pi}{3}} \tan t\,\mathrm{d}t =$ _____.

(3) $\displaystyle\int_{-1}^1 \sin\frac{\pi}{4}\mathrm{d}x =$ _____.

(4) $\displaystyle\int_2^2 \frac{\mathrm{e}^{2x}+1}{\sec x}\mathrm{d}x =$ _____.

2. 利用定积分的几何意义，求下列定积分的值.

(1) $\displaystyle\int_0^1 (2x+1)\,\mathrm{d}x$；　　　(2) $\displaystyle\int_{-\frac{\pi}{2}}^{\frac{\pi}{2}} \sin x\,\mathrm{d}x$；　　　(3) $\displaystyle\int_{-2}^2 \sqrt{4-x^2}\,\mathrm{d}x$.

5.2　微积分基本公式

不定积分和定积分虽然是性质完全不同的两个概念，但是它们有着深刻的内在联系. 本节着重讨论不定积分和定积分两者之间的关系，引出计算定积分的基本公式，把定积分的求解问题转化为不定积分中求原函数的问题.

案例 5.3（边际收益与总收益的关系） 设某商品的边际收益函数为 $\mathrm{MR} = \dfrac{\mathrm{d}R}{\mathrm{d}Q}$，从定积分的概念出发，可以得到销售量从 Q_1 到 Q_2 的收益为 $\displaystyle\int_{Q_1}^{Q_2} \mathrm{MR}\,\mathrm{d}Q$.

若已知总收益函数 $R = R(Q)$，则销售量从 Q_1 到 Q_2 时，有 $R = R(Q_2) - R(Q_1)$. 所以 $\displaystyle\int_{Q_1}^{Q_2} \mathrm{MR}\,\mathrm{d}Q = R(Q_2) - R(Q_1)$.

由不定积分的定义知，总收益函数 $R(Q)$ 是边际收益函数 MR 的原函数，故上述等式表明边际收益函数 MR 在 $[Q_1, Q_2]$ 上的定积分等于其原函数 $R(Q)$ 在区间 $[Q_1, Q_2]$ 上的改变量，这一结论具有普遍意义.

定理 5.1（微积分基本公式） 若函数 $f(x)$ 在闭区间 $[a, b]$ 上连续，$F(x)$ 是 $f(x)$ 在区间 $[a, b]$ 上的一个原函数，即 $F'(x) = f(x)$，则

$$\int_a^b f(x)\,\mathrm{d}x = F(b) - F(a)$$

这个公式称为牛顿（Newton）-莱布尼兹（Leibniz）公式. 为了方便起见，该公式可记作

$$\int_a^b f(x)\,\mathrm{d}x = F(x)\,\Big|_a^b = F(b) - F(a)$$

牛顿-莱布尼兹公式进一步揭示了定积分与原函数或不定积分之间的联系. 不定积分是求解 $\displaystyle\int f(x)\,\mathrm{d}x = F(x) + C$，定积分是求解 $\displaystyle\int_a^b f(x)\,\mathrm{d}x = F(b) - F(a)$，虽然它们的结果不同，但是计算过程是相同的.

例 1 求 $\displaystyle\int_{-1}^0 \mathrm{e}^x\,\mathrm{d}x$.

解 因为 $(\mathrm{e}^x)' = \mathrm{e}^x$，所以 e^x 是其本身的一个原函数，由牛顿-莱布尼兹公式可得

$$\int_{-1}^0 \mathrm{e}^x\,\mathrm{d}x = (\mathrm{e}^x)\,\Big|_{-1}^0 = (\mathrm{e}^0 - \mathrm{e}^{-1}) = 1 - \frac{1}{\mathrm{e}} = \frac{\mathrm{e} - 1}{\mathrm{e}}$$

例 2 求 $\displaystyle\int_0^1 x^3\,\mathrm{d}x$.

解 因为 $\left(\dfrac{1}{4}x^4\right)' = x^3$，所以 $\dfrac{1}{4}x^4$ 是 x^3 的一个原函数，由牛顿-莱布尼兹公式可得

$$\int_0^1 x^3\,\mathrm{d}x = \left(\frac{1}{4}x^4\right)\,\Big|_0^1 = \frac{1}{4}(1^4 - 0^4) = \frac{1}{4}$$

求原函数是解决定积分计算的关键问题，上述例子给出了解题的详细思路与过程，随着学习的深入，求解过程可以简化为直接写出被积函数的原函数，然后代入上下限相减计算即可.

例 3 求 $\displaystyle\int_{-3}^{-1} \frac{1}{x}\,\mathrm{d}x$.

解 $\displaystyle\int_{-3}^{-1} \frac{1}{x}\,\mathrm{d}x = [\ln|x|]\,\Big|_{-3}^{-1} = \ln|-1| - \ln|-3| = -\ln 3$

例 4 求 $\displaystyle\int_1^2 \left(x + \frac{1}{x}\right)^2\,\mathrm{d}x$.

解　$\int_1^2 \left(x + \dfrac{1}{x}\right)^2 dx = \int_1^2 \left(x^2 + 2 + \dfrac{1}{x^2}\right) dx = \left(\dfrac{1}{3}x^3 + 2x - \dfrac{1}{x}\right)\bigg|_1^2 = \dfrac{29}{6}$

例 5　求 $\int_0^1 \dfrac{x^2}{1+x^2}dx$.

解　$\int_0^1 \dfrac{x^2}{1+x^2}dx = \int_0^1 \dfrac{x^2+1-1}{1+x^2}dx = \int_0^1 \left(1 - \dfrac{1}{1+x^2}\right)dx = x\bigg|_0^1 - \arctan x\bigg|_0^1 = 1 - \dfrac{\pi}{4}$

例 6　求 $\int_{-1}^1 |x| dx$.

解　$\int_{-1}^1 |x| dx = \int_{-1}^0 (-x)dx + \int_0^1 x\,dx = \left(-\dfrac{1}{2}x^2\right)\bigg|_{-1}^0 + \dfrac{1}{2}x^2\bigg|_0^1 = 1$

必须指出，如果函数 $f(x)$ 在 $[a,b]$ 上除了第一类间断点 $c(a < c < b)$ 外，在其余点都连续，由定积分的定义知，定积分 $\int_a^b f(x)dx$ 可按以下方法计算：

$$\int_a^b f(x)dx = \int_a^c f(x)dx + \int_c^b f(x)dx$$

在计算 $\int_a^c f(x)dx$ 时，视作 $f(c) = f(c-0)$，在计算 $\int_c^b f(x)dx$ 时，视作 $f(c) = f(c+0)$，这样 $f(x)$ 是 $[a,c]$、$[c,b]$ 上的连续函数，分别按牛顿-莱布尼兹公式计算.

无论函数 $f(x)$ 在 $[a,b]$ 上有几个第一类间断点（在其余点都连续），都可用类似以上的方法计算.

例 7　函数 $f(x) = \begin{cases} x+2, & x \leqslant 0 \\ x-2, & x > 0 \end{cases}$，求 $\int_{-1}^1 f(x)dx$ 的值.

解　$f(x)$ 在 $[-1,1]$ 上除 $x=0$ 外处处连续，有

$$\int_{-1}^1 f(x)dx = \int_{-1}^0 f(x)dx + \int_0^1 f(x)dx = \int_{-1}^0 (x+2)dx + \int_0^1 (x-2)dx$$

$$= \left(\dfrac{1}{2}x^2 + 2x\right)\bigg|_{-1}^0 + \left(\dfrac{1}{2}x^2 - 2x\right)\bigg|_0^1 = 0$$

牛顿-莱布尼兹公式阐明了连续函数 $f(x)$ 在区间 $[a,b]$ 上的定积分等于它的任意一个原函数 $F(x)$ 在区间 $[a,b]$ 上的函数值的增量，为定积分提供了一个有效的计算方法，大大简化了定积分的计算过程.

■ 练习 5.2

1. 计算下列定积分.

(1) $\int_1^2 (3x^2 - x + 1)dx$；

(2) $\int_1^2 \left(x^2 + \dfrac{1}{x^4}\right)dx$；

(3) $\int_4^9 \sqrt{x}\,(1 + \sqrt{x}\,)dx$；

(4) $\int_{\frac{1}{\sqrt{3}}}^{\sqrt{3}} \dfrac{dx}{1+x^2}$；

(5) $\int_{-\frac{1}{2}}^{\frac{1}{2}} \dfrac{dx}{\sqrt{1-x^2}}$；

(6) $\int_0^{\sqrt{3}a} \dfrac{dx}{a^2 + x^2}$；

（7）$\int_0^1 \dfrac{\mathrm{d}x}{\sqrt{4-x^2}}$；

（8）$\int_{-1}^0 \dfrac{3x^4+3x^2+1}{x^2+1}\mathrm{d}x$．

2．计算 $\int_0^\pi f(x)\mathrm{d}x$，其中 $f(x)=\begin{cases} \sin x, & 0\leqslant x<\dfrac{\pi}{2} \\ x, & \dfrac{\pi}{2}\leqslant x\leqslant \pi \end{cases}$．

5.3　定积分的计算

在第 4 章我们学习了用换元积分法和分部积分法求已知函数的原函数，这些方法可以用来计算定积分，所不同的是不定积分的结果是全体原函数，而定积分的结果是常数．

5.3.1　定积分的换元积分法

定理 5.2　如果函数 $f(x)$ 在 $[a,b]$ 上连续，设 $x=\varphi(t)$，且满足条件：

（1）$a=\varphi(\alpha)$，$b=\varphi(\beta)$；

（2）当 $t\in[\alpha,\beta]$ 时，$\varphi(t)\in[a,b]$；

（3）$\varphi'(t)$ 在 $[\alpha,\beta]$ 上连续．

则有 $\int_a^b f(x)\mathrm{d}x=\int_\alpha^\beta f[\varphi(t)]\cdot\varphi'(t)\mathrm{d}t$．

在应用定积分的换元公式时，应注意：

（1）从左到右使用 $\int_a^b f(x)\mathrm{d}x=\int_\alpha^\beta f[\varphi(t)]\cdot\varphi'(t)\mathrm{d}t$，相当于不定积分的第二类换元法；从右到左使用 $\int_a^b f(x)\mathrm{d}x=\int_\alpha^\beta f[\varphi(t)]\cdot\varphi'(t)\mathrm{d}t$，相当于不定积分的第一类换元法，即凑微分法．

（2）换元的同时要换限，当 $x=\varphi(t)$ 把原来的变量 x 代换成新变量 t 时，积分区间（定积分的上、下限）也要随之变化．

（3）求出 $f[\varphi(t)]\cdot\varphi'(t)$ 的一个原函数 $F(t)$ 后，不必像计算不定积分那样再把 $F(t)$ 变换成原来变量 x 的函数，只需把新变量 t 的上、下限分别代入 $F(t)$ 中相减即可．

例 1　求 $\int_0^{\frac{\pi}{2}}\cos^5 x\sin x\,\mathrm{d}x$．

解　设 $t=\cos x$，则 $\sin x\,\mathrm{d}x=-\mathrm{d}t$．

当 $x=0$ 时，$t=1$；当 $x=\dfrac{\pi}{2}$ 时，$t=0$．于是

$$\int_0^{\frac{\pi}{2}}\cos^5 x\sin x\,\mathrm{d}x=-\int_1^0 t^5\mathrm{d}t=\int_0^1 t^5\mathrm{d}t=\left(\frac{1}{6}t^6\right)\Big|_0^1=\frac{1}{6}$$

在例 1 中，如果没有作变量替换，只是凑微分，则定积分的上、下限不用改变．现在用这种记法重新计算如下：

$$\int_0^{\frac{\pi}{2}}\cos^5 x\sin x\,\mathrm{d}x=-\int_0^{\frac{\pi}{2}}\cos^5 x\,\mathrm{d}(\cos x)=-\frac{1}{6}(\cos^6 x)\Big|_0^{\frac{\pi}{2}}=-\frac{1}{6}(0-1)=\frac{1}{6}$$

例 2　求 $\displaystyle\int_1^e \dfrac{\mathrm{d}x}{x\sqrt{1+\ln x}}$.

解
$$\int_1^e \frac{\mathrm{d}x}{x\sqrt{1+\ln x}} = \int_1^e \frac{1}{\sqrt{1+\ln x}}\mathrm{d}(\ln x)$$
$$= \int_1^e \frac{1}{\sqrt{1+\ln x}}\mathrm{d}(1+\ln x)$$
$$= 2\sqrt{1+\ln x}\,\Big|_1^e$$
$$= 2(\sqrt{2}-1)$$

例 3　求 $\displaystyle\int_{-\frac{\pi}{2}}^{\frac{\pi}{2}} \sqrt{\cos^3 x - \cos^5 x}\,\mathrm{d}x$.

解　由于
$$\sqrt{\cos^3 x - \cos^5 x} = \sqrt{\cos^3 x(1-\cos^2 x)} = \cos^{\frac{3}{2}} x \cdot |\sin x|$$

在 $\left[-\dfrac{\pi}{2}, 0\right]$ 上，$|\sin x| = -\sin x$；在 $\left[0, \dfrac{\pi}{2}\right]$ 上，$|\sin x| = \sin x$，故

$$\int_{-\frac{\pi}{2}}^{\frac{\pi}{2}} \sqrt{\cos^3 x - \cos^5 x}\,\mathrm{d}x = -\int_{-\frac{\pi}{2}}^{0} \cos^{\frac{3}{2}} x \cdot \sin x\,\mathrm{d}x + \int_0^{\frac{\pi}{2}} \cos^{\frac{3}{2}} x \cdot \sin x\,\mathrm{d}x$$
$$= \int_{-\frac{\pi}{2}}^{0} \cos^{\frac{3}{2}} x\,\mathrm{d}\cos x - \int_0^{\frac{\pi}{2}} \cos^{\frac{3}{2}} x\,\mathrm{d}\cos x$$
$$= \left(\frac{2}{5}\cos^{\frac{5}{2}} x\right)\Big|_{-\frac{\pi}{2}}^{0} - \left(\frac{2}{5}\cos^{\frac{5}{2}} x\right)\Big|_0^{\frac{\pi}{2}}$$
$$= \frac{2}{5}(1-0) - \frac{2}{5}(0-1)$$
$$= \frac{4}{5}$$

例 4　求 $\displaystyle\int_0^4 \dfrac{x+1}{\sqrt{2x+1}}\,\mathrm{d}x$.

解　设 $\sqrt{2x+1} = t$，则 $x = \dfrac{t^2-1}{2}$，$\mathrm{d}x = t\,\mathrm{d}t$.

当 $x = 0$ 时，$t = 1$；当 $x = 4$ 时，$t = 3$. 于是

$$\int_0^4 \frac{x+1}{\sqrt{2x+1}}\,\mathrm{d}x = \frac{1}{2}\int_1^3 (t^2+1)\,\mathrm{d}t$$
$$= \frac{1}{2}\left(\frac{t^3}{3}+t\right)\Big|_1^3$$
$$= \frac{1}{2}\left[(9+3) - \left(\frac{1}{3}+1\right)\right]$$
$$= \frac{16}{3}$$

例 5　求 $\displaystyle\int_0^1 \sqrt{1-x^2}\,\mathrm{d}x$.

解 设 $x = \sin t$，则 $\mathrm{d}x = \cos t\,\mathrm{d}t$.

当 $x = 0$ 时，$t = 0$；当 $x = 1$ 时，$t = \dfrac{\pi}{2}$. 于是

$$\int_0^1 \sqrt{1-x^2}\,\mathrm{d}x = \int_0^{\frac{\pi}{2}} \sqrt{1-\sin^2 t} \cdot \cos t\,\mathrm{d}t = \int_0^{\frac{\pi}{2}} \cos^2 t\,\mathrm{d}t$$

$$= \frac{1}{2}\int_0^{\frac{\pi}{2}} (1 + \cos 2t)\,\mathrm{d}t$$

$$= \frac{1}{2}\left(t + \frac{1}{2}\sin 2t\right)\Bigg|_0^{\frac{\pi}{2}} = \frac{\pi}{4}$$

利用定积分的几何意义求解例 5 更加简便，显然 $\int_0^1 \sqrt{1-x^2}\,\mathrm{d}x$ 表示由直线 $x = 0$，$x = 1$，$y = 0$ 及曲线 $y = \sqrt{1-x^2}$ 所围成的单位圆位于第一象限的部分面积，即

$$\int_0^1 \sqrt{1-x^2}\,\mathrm{d}x = \frac{1}{4} \times \pi \times 1^2 = \frac{\pi}{4}$$

例 6 设函数 $f(x)$ 在对称区间 $[-a, a]$ 上连续，证明：

(1) 当 $f(x)$ 为偶函数时，$\int_{-a}^a f(x)\,\mathrm{d}x = 2\int_0^a f(x)\,\mathrm{d}x$；

(2) 当 $f(x)$ 为奇函数时，$\int_{-a}^a f(x)\,\mathrm{d}x = 0$.

证明 由定积分的可加性可得

$$\int_{-a}^a f(x)\,\mathrm{d}x = \int_{-a}^0 f(x)\,\mathrm{d}x + \int_0^a f(x)\,\mathrm{d}x$$

对于 $\int_{-a}^0 f(x)\,\mathrm{d}x$，令 $x = -t$，则 $\mathrm{d}x = -\mathrm{d}t$. 当 $x = -a$ 时，$t = a$；当 $x = 0$ 时，$t = 0$.

(1) 当 $f(x)$ 为偶函数时

$$\int_{-a}^0 f(x)\,\mathrm{d}x = -\int_a^0 f(-t)\,\mathrm{d}t = -\int_a^0 f(t)\,\mathrm{d}t = \int_0^a f(t)\,\mathrm{d}t$$

所以

$$\int_{-a}^a f(x)\,\mathrm{d}x = \int_0^a f(t)\,\mathrm{d}t + \int_0^a f(x)\,\mathrm{d}x$$

$$= \int_0^a f(x)\,\mathrm{d}x + \int_0^a f(x)\,\mathrm{d}x$$

$$= 2\int_0^a f(x)\,\mathrm{d}x$$

(2) 当 $f(x)$ 为奇函数时

$$\int_{-a}^0 f(x)\,\mathrm{d}x = -\int_a^0 f(-t)\,\mathrm{d}t = \int_a^0 f(t)\,\mathrm{d}t = -\int_0^a f(t)\,\mathrm{d}t$$

所以

$$\int_{-a}^a f(x)\,\mathrm{d}x = -\int_0^a f(t)\,\mathrm{d}t + \int_0^a f(x)\,\mathrm{d}x$$

$$= -\int_0^a f(x)\,\mathrm{d}x + \int_0^a f(x)\,\mathrm{d}x$$

$$= 0$$

利用例 6 的结论，常可简化计算偶函数、奇函数在关于原点对称的区间上的定积分.

例 7　求 $\int_{-\frac{\pi}{4}}^{\frac{\pi}{4}} \dfrac{x^5}{\cos^2 x} \mathrm{d}x$.

解　由于 $f(x) = \dfrac{x^5}{\cos^2 x}$ 为对称区间 $\left[-\dfrac{\pi}{4}, \dfrac{\pi}{4}\right]$ 上的奇函数，则

$$\int_{-\frac{\pi}{4}}^{\frac{\pi}{4}} \frac{x^5}{\cos^2 x} \mathrm{d}x = \int_{-\frac{\pi}{4}}^{\frac{\pi}{4}} \frac{x^5}{\cos^2 x} \mathrm{d}x = 0$$

5.3.2　定积分的分部积分法

定理 5.3　如果函数 $u(x)$，$v(x)$ 在区间 $[a, b]$ 上具有连续的导数，那么

$$\int_a^b u \, \mathrm{d}v = uv \Big|_a^b - \int_a^b v \, \mathrm{d}u$$

上述公式称为定积分的分部积分公式，其使用方法与不定积分相同，但积分结果不同.

例 8　求 $\int_1^2 x \mathrm{e}^x \mathrm{d}x$.

解
$$\int_1^2 x \mathrm{e}^x \mathrm{d}x = \int_1^2 x \mathrm{d}\mathrm{e}^x = (x \mathrm{e}^x) \Big|_1^2 - \int_1^2 \mathrm{e}^x \mathrm{d}x$$
$$= (x \mathrm{e}^x) \Big|_1^2 - \mathrm{e}^x \Big|_1^2$$
$$= 2\mathrm{e}^2 - \mathrm{e} - (\mathrm{e}^2 - \mathrm{e})$$
$$= \mathrm{e}^2$$

例 9　求 $\int_0^{\frac{1}{2}} \arcsin x \, \mathrm{d}x$.

解
$$\int_0^{\frac{1}{2}} \arcsin x \, \mathrm{d}x = (x \arcsin x) \Big|_0^{\frac{1}{2}} - \int_0^{\frac{1}{2}} x \, \mathrm{d}(\arcsin x)$$
$$= (x \arcsin x) \Big|_0^{\frac{1}{2}} - \int_0^{\frac{1}{2}} \frac{x}{\sqrt{1-x^2}} \mathrm{d}x$$
$$= \frac{1}{2} \cdot \frac{\pi}{6} + \frac{1}{2} \int_0^{\frac{1}{2}} (1-x^2)^{-\frac{1}{2}} \mathrm{d}(1-x^2)$$
$$= \frac{\pi}{12} + \left(\sqrt{1-x^2}\right) \Big|_0^{\frac{1}{2}}$$
$$= \frac{\pi}{12} + \frac{\sqrt{3}}{2} - 1$$

例 10　求 $\int_0^3 \mathrm{e}^{\sqrt{x+1}} \mathrm{d}x$.

解　此题先利用换元积分法，再利用分部积分法求解.

令 $\sqrt{x+1} = t$，则 $x = t^2 - 1$，$\mathrm{d}x = 2t \mathrm{d}t$.

当 $x = 0$ 时，$t = 1$；当 $x = 3$ 时，$t = 2$. 于是

$$\int_0^3 \mathrm{e}^{\sqrt{x+1}} \mathrm{d}x = 2 \int_1^2 t \mathrm{e}^t \mathrm{d}t \xlongequal{\text{由例8}} 2\mathrm{e}^2$$

例 11 求 $\displaystyle\int_1^{e^2} \frac{\ln x}{\sqrt{x}} \mathrm{d}x$.

解 令 $\sqrt{x} = t$,则 $x = t^2$,$\mathrm{d}x = 2t\,\mathrm{d}t$.

当 $x = 1$ 时,$t = 1$;当 $x = e^2$ 时,$t = e$. 于是

$$\int_1^{e^2} \frac{\ln x}{\sqrt{x}} \mathrm{d}x = \int_1^e \frac{2\ln t}{t} \cdot 2t\,\mathrm{d}t = 4\int_1^e \ln t\,\mathrm{d}t$$

$$= 4(t\ln t)\Big|_1^e - 4\int_1^e t\,\mathrm{d}(\ln t)$$

$$= 4(t\ln t)\Big|_1^e - 4\int_1^e t \cdot \frac{1}{t}\,\mathrm{d}t$$

$$= 4(t\ln t)\Big|_1^e - 4t\Big|_1^e = 4$$

■ **练习 5.3**

1. 计算下列定积分.

(1) $\displaystyle\int_{\frac{\pi}{3}}^{\pi} \sin\left(x + \frac{\pi}{3}\right)\mathrm{d}x$;

(2) $\displaystyle\int_{-2}^1 \frac{\mathrm{d}x}{(11 + 5x)^3}$;

(3) $\displaystyle\int_0^3 \frac{x\,\mathrm{d}x}{1 + \sqrt{1+x}}$;

(4) $\displaystyle\int_0^2 \frac{\mathrm{d}x}{\sqrt{x+1} + \sqrt{x+3}}$;

(5) $\displaystyle\int_0^{\sqrt{2}} \sqrt{2 - x^2}\,\mathrm{d}x$;

(6) $\displaystyle\int_1^{e^2} \frac{\mathrm{d}x}{x\sqrt{1 + \ln x}}$;

(7) $\displaystyle\int_0^1 t\,e^{-\frac{t^2}{2}}\,\mathrm{d}t$;

(8) $\displaystyle\int_{\frac{\pi}{6}}^{\frac{\pi}{2}} \cos^2 u\,\mathrm{d}u$;

(9) $\displaystyle\int_1^4 \frac{\mathrm{d}x}{1 + \sqrt{x}}$;

(10) $\displaystyle\int_0^1 \frac{\mathrm{d}x}{1 + e^x}$;

(11) $\displaystyle\int_0^1 \sqrt{(1 - x^2)^3}\,\mathrm{d}x$;

(12) $\displaystyle\int_0^{\pi} \sqrt{1 + \cos 2x}\,\mathrm{d}x$.

2. 计算下列定积分.

(1) $\displaystyle\int_0^1 x\,e^{-x}\,\mathrm{d}x$;

(2) $\displaystyle\int_0^1 x\arctan x\,\mathrm{d}x$;

(3) $\displaystyle\int_1^{\sqrt{e}} x\ln x\,\mathrm{d}x$;

(4) $\displaystyle\int_4^9 \frac{\ln x}{\sqrt{x}}\,\mathrm{d}x$;

(5) $\displaystyle\int_{-\frac{\pi}{2}}^{\frac{\pi}{2}} x^2\sin x\,\mathrm{d}x$;

(6) $\displaystyle\int_{-1}^1 (x^5 + x^3 - x)\cos x\,\mathrm{d}x$.

3. 证明:$\displaystyle\int_0^a x^3 f(x^2)\,\mathrm{d}x = \frac{1}{2}\int_0^{a^2} x f(x)\,\mathrm{d}x \ \ (a > 0)$.

5.4 无限区间上的广义积分

前面所讨论的定积分是以有限区间 $[a, b]$ 为条件的,但在实际应用时,常会遇到积分范围是无限的情况,此时需要将定积分的概念加以推广,从而形成无限区间上广义积分的概念.

案例 5.4 计算由直线 $y = 0$,$x = 0$ 及曲线 $y = e^x$ 所围图形的面积 A.

由图 5-5 知,由直线 $y = 0$,$x = 0$ 及曲线 $y = e^x$ 所围成的图形不是绝对封闭的,但由于曲线 $y = e^x$ 无限地接近直线 $y = 0$,可以近似地认为在无限远处曲线 $y = e^x$ 与 x 轴相交,此时图形可以认为是封闭的. 为了求图形的面积 A,先做直线 $x = a\,(a < 0)$,阴影部分的

面积利用定积分的几何意义表示为 $\int_a^0 \mathrm{e}^x \mathrm{d}x$. 随着直线 $x=a$ 的左移，阴影部分的面积逐渐接近 A，利用极限的思想，当 $a \to -\infty$ 时，阴影部分面积的极限值就等于所求图形的面积 A，即

$$A = \lim_{a \to -\infty} \int_a^0 \mathrm{e}^x \mathrm{d}x = \lim_{a \to -\infty} \mathrm{e}^x \Big|_a^0 = 1 - \lim_{a \to -\infty} \mathrm{e}^a = 1$$

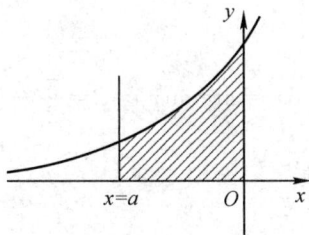

图 5-5

定义 5.2　设函数 $f(x)$ 在区间 $[a, +\infty)$ 上连续，b 是区间 $[a, +\infty)$ 上的任意数值，如果极限 $\lim\limits_{b \to +\infty} \int_a^b f(x) \mathrm{d}x$ 存在，则称此极限值为函数 $f(x)$ 在无限区间 $[a, +\infty)$ 上的广义积分，记作 $\int_a^{+\infty} f(x) \mathrm{d}x$，即

$$\int_a^{+\infty} f(x) \mathrm{d}x = \lim_{b \to +\infty} \int_a^b f(x) \mathrm{d}x$$

如果 $\lim\limits_{b \to +\infty} \int_a^b f(x) \mathrm{d}x$ 存在，则称广义积分 $\int_a^{+\infty} f(x) \mathrm{d}x$ 收敛；如果 $\lim\limits_{b \to +\infty} \int_a^b f(x) \mathrm{d}x$ 不存在，则称广义积分 $\int_a^{+\infty} f(x) \mathrm{d}x$ 发散.

类似地，可以定义下限为负无穷或上下限是无穷的广义积分：

$$\int_{-\infty}^b f(x) \mathrm{d}x = \lim_{a \to -\infty} \int_a^b f(x) \mathrm{d}x$$

$$\int_{-\infty}^{+\infty} f(x) \mathrm{d}x = \int_{-\infty}^0 f(x) \mathrm{d}x + \int_0^{+\infty} f(x) \mathrm{d}x = \lim_{a \to -\infty} \int_a^0 f(x) \mathrm{d}x + \lim_{b \to +\infty} \int_0^b f(x) \mathrm{d}x$$

上述广义积分统称为无限区间上的广义积分.

计算无限区间上的广义积分时，为了书写方便，可借助牛顿-莱布尼茨公式的记法，即 $F'(x) = f(x)$，$x \in [a, +\infty)$，则

$$\int_a^{+\infty} f(x) \mathrm{d}x = F(x) \Big|_a^{+\infty} = F(+\infty) - F(a)$$

$$\int_{-\infty}^b f(x) \mathrm{d}x = F(x) \Big|_{-\infty}^b = F(b) - F(-\infty)$$

$$\int_{-\infty}^{+\infty} f(x) \mathrm{d}x = F(x) \Big|_{-\infty}^{+\infty} = F(+\infty) - F(-\infty)$$

以上 3 个广义积分的收敛与发散就取决于极限 $F(+\infty) = \lim\limits_{x \to +\infty} F(x)$ 与 $F(-\infty) = \lim\limits_{x \to -\infty} F(x)$ 是否存在或是否同时存在.

例 1　讨论下列广义积分的敛散性.

(1) $\displaystyle\int_0^{+\infty} e^{-x}dx$;　　　　　　　　　(2) $\displaystyle\int_{-\infty}^{+\infty} \dfrac{1}{1+x^2}dx$;

(3) $\displaystyle\int_{-\infty}^0 \sin x\, dx$;　　　　　　　　(4) $\displaystyle\int_e^{+\infty} \dfrac{1}{x\ln x}dx$.

解 （1）　$\displaystyle\int_0^{+\infty} e^{-x}dx = -\int_0^{+\infty} e^{-x}d(-x) = -e^{-x}\Big|_0^{+\infty} = -(0-1) = 1$

所以广义积分 $\displaystyle\int_0^{+\infty} e^{-x}dx$ 收敛.

（2）　　　　　$\displaystyle\int_{-\infty}^{+\infty} \dfrac{1}{1+x^2}dx = \arctan x\Big|_{-\infty}^{+\infty} = \dfrac{\pi}{2} - \left(-\dfrac{\pi}{2}\right) = \pi$

所以广义积分 $\displaystyle\int_{-\infty}^{+\infty} \dfrac{1}{1+x^2}dx$ 收敛.

（3）　　　　　$\displaystyle\int_{-\infty}^0 \sin x\, dx = -\cos x\Big|_{-\infty}^0 = -1 + \lim_{x\to-\infty}\cos x$

因为 $\lim\limits_{x\to-\infty}\cos x$ 不存在，所以广义积分 $\displaystyle\int_{-\infty}^0 \sin x\, dx$ 发散.

（4）　$\displaystyle\int_e^{+\infty} \dfrac{1}{x\ln x}dx = \int_e^{+\infty} \dfrac{1}{\ln x}d\ln x = \ln|\ln x|\,\Big|_e^{+\infty} = \lim_{x\to+\infty}\ln|\ln x| - 0 = +\infty$

所以广义积分 $\displaystyle\int_e^{+\infty} \dfrac{1}{x\ln x}dx$ 发散.

例2　证明广义积分 $\displaystyle\int_p^{+\infty} \dfrac{dx}{x^\alpha}(p>0)$ 当 $\alpha>1$ 时收敛，当 $\alpha\leqslant 1$ 时发散.

证明　当 $\alpha=1$ 时

$$\int_p^{+\infty} \dfrac{dx}{x^\alpha} = \int_p^{+\infty} \dfrac{dx}{x} = (\ln x)\,\Big|_p^{+\infty} = +\infty$$

当 $\alpha\neq 1$ 时

$$\int_p^{+\infty} \dfrac{dx}{x^\alpha} = \left(\dfrac{x^{1-\alpha}}{1-\alpha}\right)\Big|_p^{+\infty} = \begin{cases} +\infty, & \alpha<1 \\ \dfrac{p^{1-\alpha}}{\alpha-1}, & \alpha>1 \end{cases}$$

因此，当 $\alpha>1$ 时，广义积分收敛；当 $\alpha\leqslant 1$ 时，广义积分发散.

■ 练习 5.4

1. 讨论下列广义积分的敛散性.

(1) $\displaystyle\int_1^{+\infty} \dfrac{1}{x^2(1+x^2)}dx$;　　　　(2) $\displaystyle\int_0^{+\infty} xe^{-x^2}dx$;　　　　(3) $\displaystyle\int_1^{+\infty} x^{-\frac{3}{2}}dx$;

(4) $\displaystyle\int_0^{+\infty} \dfrac{1}{\sqrt{e^x}}dx$;　　　　　(5) $\displaystyle\int_2^{+\infty} \dfrac{1}{x-2}dx$.

2. 广义积分 $\displaystyle\int_0^{+\infty} \cos x\, dx$ 收敛吗？

3. 若广义积分 $\displaystyle\int_0^{+\infty} \dfrac{k}{1+x^2}dx = 1$ ，其中 k 为常数，求 k .

5.5 定积分在经济问题中的应用

定积分在几何学、经济学、物理学等方面都有广泛的应用,正是这些广泛的应用,推动着积分学的不断发展和完善. 本节将利用定积分的概念与计算方法讨论定积分理论在经济问题中的应用.

案例 5.5 某公司生产一种商品的边际成本为 $MC = 3Q + 2$,固定成本 C_0 为 10 万元,求总成本函数 $C = C(Q)$.

因为 $MC = \dfrac{dC}{dQ}$,所以总成本函数 $C = C(Q)$ 是边际成本 MC 的原函数. 且总成本等于可变成本加固定成本,故由牛顿-莱布尼兹公式知

$$C(Q) = \int_0^Q MC dQ + C_0 = \int_0^Q (2Q + 2) \, dQ + 10 = Q^2 + 2Q + 10$$

本题的思路和算法可以推广至已知其他边际函数求解总经济函数的问题.

设总经济函数为 $f(x)$,其边际函数为 $f'(x)$. 如果已知边际函数 $f'(x)$,求总经济函数 $f(x)$,则有

$$f(x) = \int_0^x f'(x) \, dx$$

当求 x 在区间 $[x_1, x_2]$ 内的经济增量时,可以利用下式求解:

$$f(x_2) - f(x_1) = \int_{x_1}^{x_2} f'(x) \, dx$$

对于不同的经济函数,下面给出具体的求解公式:

(1) 已知边际成本求总成本函数:$C(Q) = \int_0^Q MC dQ + C_0 (C_0$ 为固定成本$)$.

(2) 已知边际收益求总收益函数:$R(Q) = \int_0^Q MR dQ$.

(3) 已知边际利润求总利润函数:$L(Q) = \int_0^Q (MR - MC) \, dQ - C_0$. 其中,$\int_0^Q (MR - MC) \, dQ$ 是不计固定成本下的利润函数,有时称为毛利润.

例 1 某公司销售一种商品,每天销售 Q 吨时的总收益为 $C(Q)$(单位:万元),已知边际收益为 $MR = 100 + 5Q - 0.5Q^2$,求:该商品销售量从 1 吨增加到 2 吨时的总收益与平均收益.

解 商品销售量从 1 吨增加到 2 吨时的总收益为

$$\Delta R = \int_0^2 (100 + 5Q - 0.5Q^2) \, dQ - \int_0^1 (100 + 5Q - 0.5Q^2) \, dQ$$

$$= \int_1^2 (100 + 5Q - 0.5Q^2) \, dQ$$

$$= \left(100Q + \frac{5}{2}Q^2 - \frac{1}{6}Q^3 \right) \Big|_1^2$$

$$= 106.3 \ (\text{万元})$$

此时的平均收益为 $\bar{R} = \dfrac{\Delta R}{\Delta Q} = \dfrac{106.3}{2-1} = 106.3$（万元／吨）.

例 2 已知某零件的边际成本（单位：元／件）MC 为 3，固定成本为 0，边际收益 MR＝ $30 - 0.03Q$. 求：

(1) 产量为多少时利润最大？

(2) 在最大利润产量的基础上再生产 20 件，利润会发生什么变化？

解 (1) 由条件可知

$$ML = MR - MC = 30 - 0.03Q - 3 = 27 - 0.03Q$$

令 ML＝0，即 $27 - 0.03Q = 0$. 得到唯一驻点 $Q = 900$.

又 $L''(Q) = -0.03 < 0$，所以驻点 $Q = 900$ 为 $L(Q)$ 的极大值点，即为所求的最大值点. 所以，当产量为 900 件时，可获得最大利润.

(2) 当产量由 900 件增至 920 件时，利润的改变量为

$$\Delta L = \int_{900}^{920} ML \, dQ = \int_{900}^{920} (27 - 0.03Q) \, dQ = (27Q - 0.015Q^2) \Big|_{900}^{920} = -6 \, 元$$

这时产量增加了 20 件，利润没有增加反而减少了 6 元.

■ 练习 5.5

1. 已知某产品生产 Q 个单位时，边际收益 MR＝ $300 - \dfrac{Q}{100}$（$Q \geqslant 0$）. 求：

(1) 生产了 10 个单位时的总收益；

(2) 已经生产了 50 个单位，如果再生产 50 个单位，总收益将增加多少？

2. 设某产品的总成本 C（单位：万元）的变化率是产量 Q（单位：百台）的函数 MC＝ $10 + \dfrac{Q}{3}$. 且总收入函数 R（单位：万元）的变化率也是产量 Q 的函数 MR＝ $30 - Q$. 求：

(1) 产量从 1 百台增加到 2 百台时，总成本与总收入各增加多少？

(2) 产量为多少时，总利润 $L(Q)$ 最大？

3. 已知某产品的边际成本和边际收益分别为 MC＝ $Q+4$ 和 MR＝ $10 - 2Q$. 试确定产量为多少时总利润最大，最大利润是多少？

本 章 小 结

本章介绍了定积分的定义，定积分的实质是一个和式极限，它是一个数，仅与被积函数和积分区间有关，而与积分变量的符号无关. 使用微积分基本公式（牛顿-莱布尼茨公式）时一定要注意定理的条件，即函数在区间上连续，否则将会得到错误的结果. 推导微积分基本公式，主要是利用积分上限函数及其导数公式，使用变上限积分函数求导公式还要注意其他情形.

定积分的换元积分法和分部积分法是计算定积分的两个重要方法. 应用定积分的换元法时，要考虑被积函数的特点，与不定积分换元法类似，定积分的换元法也包括凑微分、简单根式代换、三角代换等. 必须指出，换元法中定积分与不定积分的不同之处是：

（1）定积分在换元时，若用新的字母表示积分变量，一定要换积分限；

（2）应用换元法计算出不定积分后，要将变量回代，即要代回原来的积分变量. 而定积分的最后结果是数值，不需将变量回代.

在利用分部积分法计算定积分时，其被积函数的特点与不定积分类似，但不必先由不定积分的分部积分法求出原函数，再用牛顿-莱布尼兹公式求出原函数在积分上、下限值的差，直接应用定积分的分部积分法，可能会使积分简化.

阅读材料

综 合 练 习 5

一、填空题

1. 若 $f'(x) = \dfrac{1}{1+x}$，$f(1) = \ln 2$，则 $\displaystyle\int_0^1 f(x)\,\mathrm{d}x =$ _____.

2. $\displaystyle\int_{-\frac{\pi}{2}}^{\frac{\pi}{2}} (x\sin^2 x + x^2\tan x)\,\mathrm{d}x =$ _____.

3. 设 $f(x)$ 有连续的导数，$f(b) = 5$，$f(a) = 3$，则 $\displaystyle\int_a^b f'(x)\,\mathrm{d}x =$ _____.

4. $\displaystyle\int_0^3 |2 - x|\,\mathrm{d}x =$ _____.

二、单项选择题

1. 定积分 $\displaystyle\int_{-\pi}^{\pi} \dfrac{x^2\tan x}{1+x^2}\,\mathrm{d}x$ 等于（　　）.

A. 2　　　　　　　　B. -1　　　　　　　　C. 0　　　　　　　　D. 1

2. 设函数 $f(x)$ 在区间 $[a, b]$ 上连续，则 $\displaystyle\int_a^b f(x)\,\mathrm{d}x - \int_a^b f(t)\,\mathrm{d}t$（　　）.

A. 小于零　　　　　B. 等于零　　　　　C. 大于零　　　　　D. 不确定

3. $\dfrac{\mathrm{d}}{\mathrm{d}x}\displaystyle\int_0^1 \arcsin x\,\mathrm{d}x =$（　　）.

A. $\arcsin x$

B. $-\dfrac{1}{\sqrt{1-x^2}}$

C. $\arcsin b - \arcsin a$

D. 0

4. 下列积分中，（　　）的积分值为 0.

A. $\displaystyle\int_{-1}^1 \dfrac{\sin x}{\sqrt{1+x^4}}\,\mathrm{d}x$

B. $\displaystyle\int_{-1}^1 \dfrac{\mathrm{d}x}{\sqrt{1+x^2}}$

C. $\int_1^2 \dfrac{1}{x^2}\mathrm{d}x$ 　　　　　　　　D. $\int_{-2}^2 \mathrm{e}^{-x^2}\mathrm{d}x$

5. 设 $f(x)$ 在 $[0,1]$ 上连续，令 $t=2x$ ，则 $\int_0^1 f(2x)\,\mathrm{d}x =($ 　　 $).$

A. $\int_0^2 f(t)\mathrm{d}t$ 　　　B. $\dfrac{1}{2}\int_0^1 f(t)\mathrm{d}t$ 　　　C. $2\int_0^2 f(t)\mathrm{d}t$ 　　　D. $\dfrac{1}{2}\int_0^2 f(t)\mathrm{d}t$

三、解答题

1. 已知 $x\,\mathrm{e}^x$ 为 $f(x)$ 的一个原函数，求 $\int_0^1 xf'(x)\mathrm{d}x$.

2. 求定积分 $\int_0^4 \dfrac{1}{1+\sqrt{x}}\mathrm{d}x$.

3. 求定积分 $\int_0^{\frac{3}{4}} \dfrac{1}{\sqrt{x^2+1}}\mathrm{d}x$.

4. 设 $f(u)$ 连续，证明 $\int_0^\pi xf(\sin x)\,\mathrm{d}x = \dfrac{\pi}{2}\int_0^\pi f(\sin x)\,\mathrm{d}x$.

5. 已知生产某零件 Q 单位时，总收入的变化率为 $R'=100-\dfrac{Q}{10}$ ，如果已经生产了 200 单位该产品，求再生产 200 单位时的总收入 R（单位：万元）.

习题参考答案

第6章　随机事件及其概率

概率论是研究随机现象统计规律性的一门数学学科，在经济、工业、农业、交通等领域有着广泛的应用. 本章主要介绍随机事件及其概率的一些基本知识.

6.1　随机事件

6.1.1　随机试验与随机事件

案例 6.1　苹果从树上自然脱落时，一定会往下落.

案例 6.2　抛掷一枚硬币，观察是正面(有国徽的一面)还是反面.

案例 6.3　从 9 个红球、5 个白球中任取 1 个球，观察球的颜色.

自然界、社会实践和科学实验中的各种现象大致上可分为两类：一类称为确定性现象（必然现象），即在一定条件下必然会发生或必然不会发生的现象，如案例 6.1；另一类称为随机现象（偶然现象），即在一定条件下可能发生，也可能不发生的现象，如案例 6.2、案例 6.3.

随机现象在个别试验中表现出结果的不确定性，而在大量重复试验中是有其规律的，这种规律称为统计规律. 概率就是研究随机现象统计规律的科学. 例如，抛掷一枚骰子，点数可能是 $1,2,3,4,5,6$，在一次抛掷中，点数 6 可能出现，也可能不出现，无法预知，但是经过多次重复试验可知点数 6 出现的可能性为 $\frac{1}{6}$，具有明显的规律性. 为了寻求随机现象的内在规律性，就要对其进行大量重复观察.

定义 6.1　具有以下 3 个特征的试验称为随机试验：

(1) 可以在相同条件下重复进行；

(2) 试验的可能结果不止一个，试验前可以确定所有可能的结果；

(3) 每次试验前都不能预知出现哪一个结果.

随机试验通常用字母 E 表示，本书中随机试验简称为试验.

例 1　某人连续射击 2 次，试写出可能的试验结果.

解　可能的试验结果为(击中，击中)、(击中，未击中)、(未击中，击中)、(未击中，未击中).

例 2　从含有 5 件次品的 20 件产品中任意取出 3 件，试写出取得正品的件数.

解　取得正品的件数可能为 $0,1,2,3$.

例 3　抛掷一枚骰子，试写出可能的结果.

解　可能的结果是出现 1 点、2 点、$\cdots$、6 点.

定义 6.2　由随机试验 E 的所有可能结果构成的集合称为样本空间，记作 Ω. 样本空间中的每一个元素称为样本点. 随机试验 E 的样本空间 Ω 的子集称为随机事件，简称为事件，通常用大写字母 A，B，C 表示. 只有一个样本点构成的集合称为基本事件，含有两个或两个以上样本点的集合称为复合事件. 有时，一个样本点也说成一个基本事件.

在每次随机试验中一定发生的事件称为必然事件. 由于任何一次试验必然出现所有基本事件之一, 也就是一定有样本空间中的一个基本事件出现, 因此, 样本空间作为一个事件是必然事件, 必然事件也记作 Ω. 一定不发生的事件称为不可能事件, 记作 $\varnothing$. 必然事件和不可能事件都属于确定性现象, 但为了研究问题方便, 我们仍然把它们当作随机事件, 视为随机事件的两个特殊情形.

在例 3 中, 事件{出现的点数小于等于 6}是一个必然事件, 事件{出现的点数等于 7}是一个不可能事件.

例 4 从编号分别为 1, 2, 3, 4, 5, 6, 7, 8, 9, 10 的十个球中任意取出一个观察其编号数, 试写出该试验的样本空间和下列事件所包含的样本点:

$A =${取到 3 号球};

$B =${取到奇数号球};

$C =${取到编号数大于 3 的球}.

解 该试验的样本空间为 $\Omega = \{1, 2, 3, 4, 5, 6, 7, 8, 9, 10\}$.

事件 A, B, C 所包含的基本事件分别为

$$A = \{3\}$$
$$B = \{1, 3, 5, 7, 9\}$$
$$C = \{4, 5, 6, 7, 8, 9, 10\}$$

6.1.2 事件间的关系与运算

案例 6.4 某企业招聘进行两项考核, 只有两项考核都通过, 才能被录用. 记 $A =${通过第一项考核}, $B =${通过第二项考核}, $C =${被录用}, $D =${被淘汰}, $E =${未通过第一项考核}, $F =${未通过第二项考核}.

由上述案例可知, 随机试验必然涉及多个事件, 为了掌握事件发生的规律, 有必要讨论事件间的关系与运算. 由事件的集合含义我们可以对应集合的关系与运算定义事件的关系与运算, 也可以借助 Venn 图来表示或者理解事件间的关系与运算.

1. 事件间的关系与运算

定义 6.3 如果事件 A 发生必然导致事件 B 发生, 则称事件 A 包含于事件 B, 记作 $A \subset B$(见图 6-1).

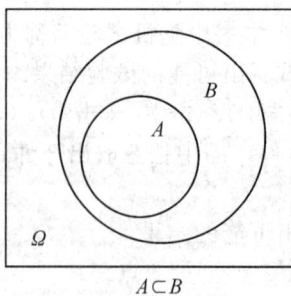

$A \subset B$

图 6-1

显然, 对于任意事件 A, 有 $\varnothing \subset A \subset \Omega$.

定义 6.4 如果事件 $A \subset B$, 并且事件 $B \subset A$, 则称事件 A 与事件 B 相等, 记作 $A = B$.

定义 6.5 由事件 A 与 B 中至少有一个发生构成的事件，称为事件 A 与 B 的和(或并)事件，记作 $A+B$ 或 $A\bigcup B$(见图 6-2).

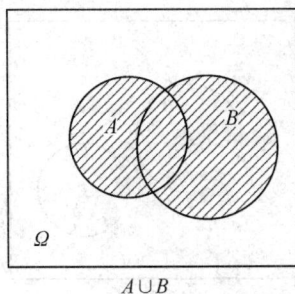

图 6-2

类似地，用 $\sum\limits_{i=1}^{n} A_i = A_1 + A_2 + \cdots + A_n$ 表示事件 A_1，A_2，$\cdots$，A_n 至少有一个发生，也可以用 $\sum\limits_{i=1}^{\infty} A_i = A_1 + A_2 + \cdots + A_n + \cdots$ 表示事件 A_1，A_2，$\cdots$，A_n，$\cdots$ 至少有一个发生.

定义 6.6 由事件 A 与 B 同时发生构成的事件，称为事件 A 与 B 的积(或交)事件，记作 AB 或 $A\bigcap B$(见图 6-3).

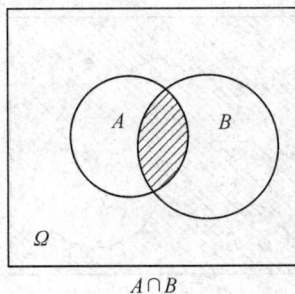

图 6-3

类似地，用 $\prod\limits_{i=1}^{n} A_i = A_1 A_2 \cdots A_n$ 表示事件 A_1，A_2，$\cdots$，A_n 同时发生，也可以用 $\prod\limits_{i=1}^{\infty} A_i = A_1 A_2 \cdots A_n \cdots$ 表示事件 A_1，A_2，$\cdots$，A_n，$\cdots$ 同时发生.

定义 6.7 由事件 A 发生而 B 不发生构成的事件，称为事件 A 与 B 的差事件，记作 $A-B$(见图 6-4).

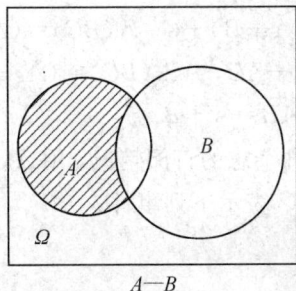

图 6-4

定义 6.8 如果事件 A 与 B 不能同时发生，则称事件 A 与 B 是互斥事件(或互不相容事件)(见图 6-5).

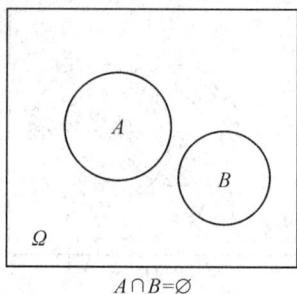

$A \cap B = \varnothing$

图 6-5

如果事件 A 与 B 是互斥事件，那么在一次试验中，若事件 A 发生，则事件 B 就不会发生，反之亦然，事件 A 与 B 的积事件必定是不可能事件，即 $AB = \varnothing$.

在例 3 中，事件{出现 3 点}与{出现 4 点}是互斥事件.

定义 6.9 如果事件 A 与 B 互斥，即有 $AB = \varnothing$，且 $A + B = \Omega$，则称事件 A 与 B 是对立事件，事件 A 的对立事件记作 $\overline{A}$(见图 6-6).

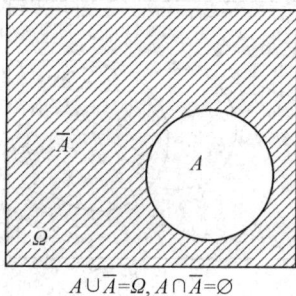

$A \cup \overline{A} = \Omega, A \cap \overline{A} = \varnothing$

图 6-6

对立与互斥是两个不同但有着密切联系的概念. 若事件 A 与 B 对立则 A 与 B 一定互斥，但若事件 A 与 B 互斥则 A 与 B 不一定对立.

2. 事件的运算律

(1) 交换律：$A + B = B + A$，$AB = BA$.

(2) 结合律：$A + (B + C) = (A + B) + C$，$A(BC) = (AB)C$.

(3) 分配律：$A(B + C) = AB + AC$，$A + (BC) = (A + B)(A + C)$.

(4) 对偶律：$\overline{A + B} = \overline{A}\,\overline{B}$，$\overline{AB} = \overline{A} + \overline{B}$.

例 5 考察某城市居民对 3 种杂志的订阅情况，用 A，B，C 分别表示订阅《青年文摘》《足球之友》《读者》. 试用 A，B，C 表示下列事件：

(1) 3 种杂志都订阅；

(2) 只订阅《读者》；

(3) 只订阅 1 种杂志；

（4）至少订阅 1 种杂志；

（5）至多订阅 1 种杂志；

（6）3 种杂志都未订阅.

解　（1）ABC；

（2）$\overline{A}\,\overline{B}C$；

（3）$A\overline{B}\,\overline{C}+\overline{A}B\overline{C}+\overline{A}\,\overline{B}C$；

（4）$A+B+C$；

（5）$A\overline{B}\,\overline{C}+\overline{A}B\overline{C}+\overline{A}\,\overline{B}C+\overline{A}\,\overline{B}\,\overline{C}$；

（6）$\overline{A}\,\overline{B}\,\overline{C}$.

■ 练习 6.1

1. 从 1，2，3 这 3 个数中每次取出 1 个数，一共抽取两次，分有放回、无放回两种情况，分别写出这两种情况的随机试验的样本空间.

2. 甲、乙两人做出拳游戏（剪、布、锤）.

（1）写出样本空间；

（2）用集合表示事件"甲赢"；

（3）用集合表示事件"平局".

3. 从某财经学院学生中任选一人，A 表示事件"选出的是男生"，B 表示事件"选出的是篮球队员"，说明下列事件的含义：

（1）AB；　（2）$A+B$；　（3）$\overline{A}B$；　（4）$\overline{A}+\overline{B}$；　（5）$A-B$.

4. 从装有红、黑两色球的袋中连续抽取两次，设 $A_i=\{$第 i 次取到红球$\}(i=1,2)$，用 A_i 及 $\overline{A}_i$ 表示下列事件：

（1）只有第一次取到红球；

（2）两次都取到红球；

（3）恰好有一次取到红球；

（4）两次都没有取到红球；

（5）至少有一次取到红球.

5. 设 A，B，C 分别表示 3 个基本事件，用 A，B，C 及 $\overline{A}$，$\overline{B}$，$\overline{C}$ 表示下列事件：

（1）只有事件 B 发生；

（2）A，B，C 中恰好有 1 个发生；

（3）A，B，C 中不多于 1 个发生；

（4）A，B，C 中至少有 1 个发生；

（5）A，B，C 中至少有 1 个不发生.

6.2　随机事件的概率

研究随机试验不仅要知道它可能发生的各种事件，而且要研究各种事件发生的可能性的大小，以便为生产和生活服务. 用来表示事件 A 发生的可能性大小的数值称为事件 A 的概率，记作 $P(A)$. 下面我们来研究怎样从数量上描述事件的概率.

6.2.1 概率的统计定义

案例 6.5 历史上一些著名数学家做过抛硬币试验，观察"正面向上"这一事件发生的规律，见表 6-1.

表 6-1 抛硬币试验数据

试验者	抛硬币总次数/次	正面向上的次数/次	正面向上的频率
德·摩根	2048	1061	0.5185
浦丰	4040	2048	0.5069
皮尔逊	12 000	6019	0.5016
	24 000	12 012	0.5005

抛一枚硬币一次，出现"正面向上"和"反面向上"都是随机事件. 由上述表格中的数据可发现，当抛硬币的总次数越来越多时，正面向上或反面向上的次数越来越稳定于抛硬币总次数的 $\frac{1}{2}$，因此我们可以说正面向上或反面向上的可能性是相同的.

定义 6.10 重复进行 n 次试验，若事件 A 发生 k 次，则称 $\frac{k}{n}$ 为事件 A 发生的频率.

定义 6.11 重复进行 n 次试验，当试验次数 n 增大时，若事件 A 发生的频率 $\frac{k}{n}$ 稳定地趋于一个固定的数值 p，则称数值 p 为事件 A 发生的概率，记作 $P(A)=p$.

概率 p 就是对事件 A 发生的可能性大小的度量. 例如，在抛硬币试验中，事件 $A=\{$正面向上$\}$的频率稳定在 0.5 附近，即 $P(A)=0.5$.

频率和概率都是用来度量随机事件发生的可能性大小的概念，频率为试验值，概率为理论值. 在实际中，事件的概率很难准确得到，通常用频率近似代替概率. 例如，升学率、合格率、出生率、死亡率、达标率等都是频率，常常将它们看作概率.

6.2.2 古典概型

由概率的统计定义直接确定某一事件的概率十分困难. 对于某些随机事件，可以不必借助大量的重复试验，而是通过对事件及其相互关系进行分析，就可直接计算出事件的概率.

案例 6.6 袋中有 8 个大小相同的球，其中 6 个红球、2 个绿球，从中任取一球，每一球被取到的可能性都是一样的，所有可能的结果是 8 个，即有限个，则取到红球的概率是 $\frac{3}{4}$.

案例 6.7 某汽车站每 15 分钟一班车，乘客到达车站的时间是任意的，那么等车时间为 0~15 分钟，可知所有可能的结果有无穷多个但都是等可能的，则等车时间不超过 5 分钟的概率是 $\frac{1}{3}$.

定义 6.12 具有以下 2 个特征的随机试验称为古典概型：

（1）样本空间中样本点数（总的基本事件数）是有限的；

（2）每一个基本事件发生的可能性相同.

在古典概型中，若基本事件总数为 n，事件 A 包含的基本事件数为 k，则事件 A 发生的概率为

$$P(A) = \frac{\text{事件 } A \text{ 包含的基本事件数}}{\text{基本事件总数}} = \frac{k}{n}$$

上述公式为古典概型概率的计算公式.

由概率的定义可知，概率具有下列性质：

性质 1　对于任意事件 A，有 $0 \leqslant P(A) \leqslant 1$.

性质 2　$P(\Omega) = 1$.

性质 3　$P(\varnothing) = 0$.

例 1　掷一枚均匀的骰子，观察出现的点数. 求：

（1）出现偶数点的概率；（2）出现点数大于 4 的概率.

解　本试验是古典概型，且基本事件的总数是 6. 设 $A = \{$出现偶数点$\}$，$B = \{$出现点数大于 4$\}$. 因为"出现偶数点"的事件含有"出现 2 点""出现 4 点""出现 6 点"3 个基本事件，"出现点数大于 4"的事件含有"出现 5 点""出现 6 点"2 个基本事件，所以由古典概率的计算公式得到：

（1）$P(A) = \dfrac{3}{6} = \dfrac{1}{2}$；

（2）$P(B) = \dfrac{2}{6} = \dfrac{1}{3}$.

例 2　从数字 1，2，3，4，5 中任取 3 个组成没有重复数字的三位数，求所得的三位数是偶数的概率.

解　本试验是古典概型. 从 5 个数字中任取 3 个不同的数字，按任意顺序排成一列，便可得到一个没有重复数字的三位数，因此从 5 个数字中任取 3 个不同数字所得到的三位数的总个数为 $n = A_5^3$ 个.

设 $A = \{$所得三位数是偶数$\}$. 要使所得的三位数是偶数，其个位数只能从 2，4 两个数字中任取一个，有 A_2^1 种取法. 个位数字确定以后，十位数和百位数要从剩下的 4 个数字中取，有 A_4^2 种取法. 于是三位数是偶数的个数为 $k = A_2^1 A_4^2$ 个.

由古典概型概率的计算公式得

$$P(A) = \frac{A_2^1 A_4^2}{A_5^3} = \frac{\dfrac{2!}{(2-1)!} \times \dfrac{4!}{(4-2)!}}{\dfrac{5!}{(5-3)!}} = \frac{2 \times (4 \times 3)}{5 \times 4 \times 3} = \frac{2}{5}$$

例 3　根据历史数据统计，某厂产品的次品率为 0.05. 在某段时间生产的 100 件产品中任取 5 件进行检验，求恰有 1 件次品的概率.

解　从 100 件产品中任取 5 件，所有可能的取法有 C_{100}^5 种. 设 $A = \{$恰有 1 件次品$\}$，由于产品的次品率为 0.05，即 100 件产品中有 95 件正品、5 件次品，于是抽得的 5 件产品中恰有 1 件次品的取法有 $C_5^1 C_{95}^4$ 种，因此事件 A 发生的概率为

$$P(A) = \frac{C_5^1 C_{95}^4}{C_{100}^5} = \frac{5 \times \dfrac{95!}{4! \times (95-4)!}}{\dfrac{100!}{5! \times (100-5)!}} = \frac{5 \times \dfrac{95 \times 94 \times 93 \times 92}{4 \times 3 \times 2 \times 1}}{\dfrac{100 \times 99 \times 98 \times 97 \times 96}{5 \times 4 \times 3 \times 2 \times 1}} \approx 0.2114$$

6.2.3 几何概型

定义 6.13 具有以下 2 个特征的随机试验称为几何概型：

(1) 样本空间中样本点数（总的基本事件数）为无穷多个，且为某一线段，或者是平面上、空间中的某一有限的区域；

(2) 每一个基本事件发生的可能性相同.

在几何概型中，用 $\lambda(A)$ 与 $\lambda(\Omega)$ 分别表示事件 A 与 Ω 的长度、面积或体积，则事件 A 发生的概率为

$$P(A) = \frac{\lambda(A)}{\lambda(\Omega)}$$

例 4 两人相约在上午 9 点至 9 点 50 分在某地会面，先到者等 10 分钟才可离开. 假设每人在约定时间段内的每个时刻到达会面地点都是等可能的，求两人能够会面的概率.

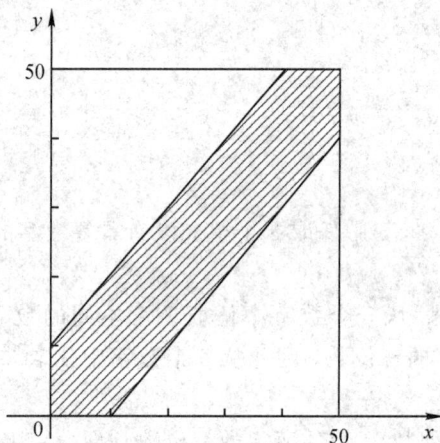

图 6-7

解 设两人到达某地的时刻分别为 9 点 x 分、9 点 y 分，则样本空间为一平面区域（如图 6-7 所示）：

$$\Omega = \{(x, y) \mid 0 \leqslant x \leqslant 50, 0 \leqslant y \leqslant 50\}$$

设 $A = \{$两人能够会面$\}$，则

$$A = \{(x, y) \mid |x - y| \leqslant 10\}$$

从而

$$P(A) = \frac{\lambda(A)}{\lambda(\Omega)} = \frac{50^2 - 40^2}{50^2} = \frac{9}{25}$$

6.2.4 概率的公理化定义

上面介绍了概率的古典定义和几何定义，它们在解决一些实际问题中虽然有很重要的

作用，但都存在一定的局限性. 1933 年，数学家柯尔莫哥洛夫提出了概率的公理化定义，使概率理论更加严密.

定义 6.14　设随机试验 E，其样本空间为 Ω，对于 E 中任意一个事件 A，对应一个实数 $P(A)$. 若满足：

(1) $0 \leqslant P(A) \leqslant 1$；

(2) $P(\Omega) = 1$；

(3) 当事件 A_1，A_2，$\cdots$ 两两互斥时，$P\left(\sum\limits_{i=1}^{\infty} A_i\right) = \sum\limits_{i=1}^{\infty} P(A_i)$，则称 $P(A)$ 为事件 A 的概率.

6.2.5　概率的性质

性质 1　对于任意一个事件 A，$0 \leqslant P(A) \leqslant 1$.

性质 2　不可能事件的概率为 0，即 $P(\varnothing) = 0$.

性质 3　必然事件的概率为 1，即 $P(\Omega) = 1$.

性质 4　若 A_1，A_2，$\cdots$，A_n 两两互斥，则

$$P\left(\sum_{i=1}^{n} A_i\right) = \sum_{i=1}^{n} P(A_i)$$

性质 5　对任意事件 A，有

$$P(A) = 1 - P(\overline{A})$$

性质 6　对任意两事件 A 和 B，有

$$P(A+B) = P(A) + P(B) - P(AB)$$

上述公式称为任意两事件的概率加法公式. 当已知事件 A 与 B 具有互斥关系时，即已知 $P(AB) = 0$ 时，可得如下推论：

推论 6.1（互斥事件的概率加法公式）　若事件 A 与 B 互斥，则

$$P(A+B) = P(A) + P(B)$$

例 5　书架上放有 5 本经济类书、4 本人物传记，现从中任取 3 本，求至少有 1 本人物传记的概率.

解　设 $A = \{$至少有 1 本人物传记$\}$，则

$$P(A) = 1 - P(\overline{A}) = 1 - \frac{C_5^3}{C_9^3} = 1 - \frac{10}{84} = \frac{37}{42}$$

例 6　从 $1 \sim 50$ 的正整数中任取一数，求取出的数能被 13 或 7 整除的概率.

解　设 $A = \{$取出的数能被 13 整除$\}$，$B = \{$取出的数能被 7 整除$\}$.

所求事件可表示为 $A+B$，由于 A 和 B 为互斥事件，因此

$$P(A+B) = P(A) + P(B) = \frac{3}{50} + \frac{7}{50} = 0.2$$

例 7　某部件由甲、乙两个元件组成，两元件各自出现故障的概率分别为 0.24、0.35，同时出现故障的概率为 0.11，求部件出现故障的概率.

解　设 $A = \{$甲元件出现故障$\}$，$B = \{$乙元件出现故障$\}$.

所求事件可表示为 $A+B$，使用任意两事件的概率加法公式，得

$$P(A+B)=P(A)+P(B)-P(AB)=0.24+0.35-0.11=0.48$$

■ 练习 6.2

1. 共有 9 个杯子，其中 6 个一级品、3 个二级品. 一次取 1 个杯子，无放回抽取两次，求恰好取到 1 个二级品的概率.

2. 从 $[0,1]$ 内随机抽取两个数 x 与 y，求两数之和大于 0.6 的概率.

3. 某部门有 30 个员工，其中投资基金的有 15 人，投资股票的有 12 人，两者都投资的有 5 人，求这 30 个员工中至少有一项投资的概率.

4. 现有 7 名乒乓球队员、3 名羽毛球队员，从中随意抽出 3 名队员，求至少有 1 名羽毛球队员的概率.

6.3 条件概率与全概率公式

前面介绍了如何计算事件 A 的概率，接下来讨论如何计算在事件 B 已经发生的情况下事件 A 发生的概率，即条件概率.

6.3.1 条件概率

案例 6.8 甲、乙两厂生产同种产品，生产产品的质量数据如表 6-2 所示，求从中任取一件正品是由甲厂生产的概率.

表 6-2 甲、乙两厂生产产品的质量数据

	正品数量/件	次品数量/件	合计/件
甲厂	67	3	70
乙厂	28	2	30
合计/件	95	5	100

若事件 $A=\{$任取一件产品是由甲厂生产的$\}$，事件 $B=\{$任取一件产品是正品$\}$，则事件"任取一件正品是由甲厂生产的"是指在事件 B 发生的条件下事件 A 发生的概率，这就是条件概率. 下面引入条件概率的定义.

定义 6.15 设 A,B 为同一试验中的两个随机事件，则称在事件 B 发生的条件下事件 A 发生的概率为条件概率，记作 $P(A|B)$，即

$$P(A|B)=\frac{P(AB)}{P(B)} \quad (P(B)>0)$$

同理，称在事件 A 发生的条件下事件 B 发生的概率为条件概率，记作 $P(B|A)$，即

$$P(B|A)=\frac{P(AB)}{P(A)} \quad (P(A)>0)$$

这两个公式均为条件概率的计算公式，两者的区别在于前者事件 A 和事件 B 分别为结果事件和条件事件，而后者与之相反.

相应于条件概率 $P(A|B)$，$P(A)$ 可称为无条件概率. 对于条件概率，在实际问题中要明确条件事件和结果事件是什么，避免与事件积的概率混淆.

案例 6.8 中，

$$P(B)=\frac{95}{100}, \ P(AB)=\frac{67}{100}$$

任取一件正品是由甲厂生产的概率为

$$P(A\mid B)=\frac{P(AB)}{P(B)}=\frac{\dfrac{67}{100}}{\dfrac{95}{100}}=\frac{67}{95}\approx 0.7053$$

例 1 一批长方形零件共有 100 个，其中有 96 个长度合格，有 98 个宽度合格，有 92 个长度与宽度都合格. 从这 100 个零件中任取一个：

(1) 若此零件宽度合格，求长度也合格的概率；

(2) 若此零件长度合格，求宽度也合格的概率.

解 设 $A=\{$宽度合格$\}$，$B=\{$长度合格$\}$，则由题设知

$$P(A)=\frac{98}{100}, \ P(B)=\frac{96}{100}, \ P(AB)=\frac{92}{100}$$

(1) 在宽度合格的条件下，长度也合格的概率为

$$P(B\mid A)=\frac{P(AB)}{P(A)}=\frac{\dfrac{92}{100}}{\dfrac{98}{100}}=\frac{92}{98}\approx 0.9388$$

(2) 在长度合格的条件下，宽度也合格的概率为

$$P(A\mid B)=\frac{P(AB)}{P(B)}=\frac{\dfrac{92}{100}}{\dfrac{96}{100}}=\frac{92}{96}\approx 0.9583$$

6.3.2 乘法公式

将条件概率的计算公式变形，可得到概率的乘法公式.

定理 6.1（概率的乘法公式） 对于任意两个事件 A 与 B，有

$$P(AB)=P(B)P(A\mid B) \quad (P(B)>0)$$
$$P(AB)=P(A)P(B\mid A) \quad (P(A)>0)$$

上述公式可以推广到有限多个事件的情形：

$$P(A_1A_2\cdots A_n)=P(A_1)P(A_2\mid A_1)\cdots P(A_n\mid A_1A_2\cdots A_{n-1})(P(A_1A_2\cdots A_{n-1})>0)$$

例 2 假设电视机使用寿命在 8 年以上的概率为 0.9，在 10 年以上的概率为 0.4，有一台电视机已经用了 8 年，求它能继续使用 2 年以上的概率.

解 设 $A=\{$电视机使用寿命在 10 年以上$\}$，$B=\{$电视机使用寿命在 8 年以上$\}$，则 $P(A)=0.4$，$P(B)=0.9$，且 $A\subset B$，所以 $AB=A$. 由条件概率公式得

$$P(A\mid B)=\frac{P(AB)}{P(B)}=\frac{P(A)}{P(B)}=\frac{0.4}{0.9}=\frac{4}{9}$$

例 3 一批产品共有 40 件，其中有 3 件次品. 一次取 1 件，无放回地抽取，一共抽取 3

次. 求下列两个事件的概率:

(1) 3 件全是正品;(2) 第 3 次才取到正品.

解 设 $A_i=\{$第 i 次取到正品$\}(i=1,2,3)$.

(1) 设 $A=\{3$ 件全是正品$\}$,则

$$P(A)=P(A_1A_2A_3)=P(A_1)P(A_2|A_1)P(A_3|A_1A_2)=\frac{37}{40}\times\frac{36}{39}\times\frac{35}{38}\approx0.7864$$

(2) 设 $B=\{$第 3 次才取到正品$\}$,则

$$P(B)=P(\overline{A}_1\overline{A}_2A_3)=P(\overline{A}_1)P(\overline{A}_2|\overline{A}_1)P(A_3|\overline{A}_1\overline{A}_2)=\frac{3}{40}\times\frac{2}{39}\times\frac{37}{38}\approx0.0037$$

6.3.3 全概率公式

计算比较复杂事件的概率时,可以通过将该事件分成若干个互斥事件的和来解决.

案例 6.9 现有 100 只灯泡,其中 70 只是甲厂生产的,30 只是乙厂生产的,甲厂产品的合格率是 95%,乙厂产品的合格率是 90%,求任取一只是正品的概率.

设 $A=\{$甲厂生产的灯泡$\}$,$B=\{$乙厂生产的灯泡$\}$,$C=\{$正品灯泡$\}$,则 $P(A)=\frac{70}{100}$,$P(B)=\frac{30}{100}$,$P(C|A)=95\%$,$P(C|B)=90\%$.

任取一件是甲厂生产的正品灯泡的概率为

$$P(AC)=P(A)P(C|A)=\frac{70}{100}\times95\%=0.665$$

任取一件是乙厂生产的正品灯泡的概率为

$$P(BC)=P(B)P(C|B)=\frac{30}{100}\times90\%=0.27$$

故任取一件是正品的概率为

$$P(C)=P(AC)+P(BC)=0.665+0.27=0.935$$

该案例就是把正品这一事件看作甲厂生产的正品与乙厂生产的正品这两个互斥事件的和,再利用互斥事件概率加法公式与概率乘法公式求出最终结果.

定义 6.16 设随机试验 E,其样本空间为 Ω,A_1,A_2,$\cdots$,A_n 是 E 中的一组事件,若满足:

(1) A_1,A_2,$\cdots$,A_n 两两互斥;

(2) $A_1+A_2+\cdots+A_n=\Omega$,

则称 A_1,A_2,$\cdots$,A_n 是样本空间 Ω 的一个完备事件组(或称为一个划分).

定理 6.2(全概率公式) 设随机试验 E,其样本空间为 Ω,若 A_1,A_2,$\cdots$,A_n 是样本空间 Ω 的一个划分,且 $P(A_i)>0(i=1,2,\cdots,n)$,则对于任意事件 B,有

$$P(B)=P(A_1)P(B|A_1)+P(A_2)P(B|A_2)+\cdots+P(A_n)P(B|A_n)$$

$$=\sum_{i=1}^{n}P(A_i)P(B|A_i)$$

例 4 有三个相同的抽屉,在第一个抽屉中装有 4 个红色书签、3 个蓝色书签;在第二

个抽屉中装有 6 个红色书签、4 个蓝色书签；在第三个抽屉中装有 3 个红色书签、3 个蓝色书签. 一名学生任意选出一个抽屉，从中任取一个书签，求取出红色书签的概率.

解　设 $A_i = \{$从第 i 个抽屉中取书签$\}(i=1, 2, 3)$，$B = \{$取出红色书签$\}$，那么 A_1，A_2，A_3 两两互斥，$A_1 + A_2 + A_3 = \Omega$.

由题意可知

$$P(A_1) = P(A_2) = P(A_3) = \frac{1}{3}$$

$$P(B \mid A_1) = \frac{4}{7}, \ P(B \mid A_2) = \frac{3}{5}, \ P(B \mid A_3) = \frac{1}{2}$$

故由全概率公式得取出红色书签的概率为

$$P(B) = P(A_1)P(B \mid A_1) + P(A_2)P(B \mid A_2) + P(A_3)P(B \mid A_3)$$

$$= \frac{1}{3} \times \frac{4}{7} + \frac{1}{3} \times \frac{3}{5} + \frac{1}{3} \times \frac{1}{2}$$

$$= \frac{39}{70}$$

6.3.4　贝叶斯公式

案例 6.9 中，我们已经计算出取到正品的概率，接着继续考虑，如果已知取到的是正品，那么它是甲、乙两厂生产的可能性分别有多大？

此时显然求的是条件概率，取到的正品是甲厂生产的可能性为

$$P(A \mid C) = \frac{P(AC)}{P(C)} = \frac{0.665}{0.935} = \frac{133}{187}$$

取到的正品是乙厂生产的可能性为

$$P(B \mid C) = \frac{P(BC)}{P(C)} = \frac{0.27}{0.935} = \frac{54}{187}$$

定理 6.3（贝叶斯公式）　设随机试验 E，其样本空间为 Ω，若 A_1，A_2，$\cdots$，A_n 是样本空间 Ω 的一个划分，且 $P(A_i) > 0 (i=1, 2, \cdots, n)$，则对于任意事件 B，如果 $P(B) > 0$，则有

$$P(A_i \mid B) = \frac{P(A_iB)}{P(B)} = \frac{P(A_i)P(B \mid A_i)}{\sum\limits_{k=1}^{n} P(A_k)P(B \mid A_k)} \quad (i=1, 2, \cdots, n)$$

贝叶斯公式可由条件概率定义、乘法公式、全概率公式推出. 与全概率公式相反，贝叶斯公式是计算形成结果的各种原因的可能性.

例 5　某单位老年人、中年人、青年人的占比分别为 30%、30%、40%，他们血压正常的概率分别为 0.7、0.8、0.95. 从中任选 1 人，若已知此人血压正常，求他是中年人的概率.

解　设 A_1，A_2，A_3 分别表示老年人、中年人、青年人，B 表示血压正常，那么 A_1，A_2，A_3 两两互斥，$A_1 + A_2 + A_3 = \Omega$.

由题意可知

$$P(A_1) = 30\% = 0.3, \ P(A_2) = 30\% = 0.3, \ P(A_3) = 40\% = 0.4$$

$$P(B|A_1)=0.7, \ P(B|A_2)=0.8, \ P(B|A_3)=0.95$$

由全概率公式得

$$P(B)=P(A_1)P(B|A_1)+P(A_2)P(B|A_2)+P(A_3)P(B|A_3)$$
$$=0.3\times0.7+0.3\times0.8+0.4\times0.95$$
$$=0.83$$

故由贝叶斯公式求得他是中年人的概率为

$$P(A_2|B)=\frac{P(A_2B)}{P(B)}=\frac{P(A_2)P(B|A_2)}{P(B)}=\frac{0.3\times0.8}{0.83}=\frac{0.24}{0.83}=\frac{24}{83}$$

练习 6.3

1. 设某种元件使用寿命超过 70 小时的概率为 0.85，超过 90 小时的概率为 0.3. 一个元件已经使用了 70 小时，求它将在 20 小时内损坏的概率.

2. 设 10 个乒乓球中有 3 个新球，从中任意抽取 2 个，若已知取到的 2 个球中至少有 1 个新球，求 2 个都是新球的概率.

3. 从一副扑克的 52 张牌(抽出了大王和小王)中一次抽取 1 张，无放回抽取，一共抽取 3 次，求下列两个事件的概率：

(1) 3 张全是红桃；(2) 第 3 次才抽取到红桃.

4. 一辆汽车装有甲、乙两种防盗器，两种防盗器正常报警的概率分别是 0.9、0.95，在甲出现故障的情况下乙正常报警的概率是 0.8. 求在乙出现故障的情况下甲正常报警的概率.

5. 某电器商场经销甲、乙、丙三种冰箱，已知这三种冰箱的数量各占总数量的 70%、20%、10%，它们的次品率分别为 2%、3%、4%. 求任取一台是正品的概率.

6. 甲袋中装有 2 个白球、3 个红球，乙袋中装有 4 个白球、4 个红球，现从甲袋中任取 2 个球放入乙袋，再从乙袋中任取 1 个球. 求从乙袋中取到白球的概率.

7. 某城市有三家开展快递业务的公司，投递一份物品，使用第一、二、三家公司的概率分别为 0.4、0.35、0.25，而物品被按时送达的概率分别为 0.95、0.90、0.90. 现已知一件物品已被按时送达，求它是第一家公司投递的概率.

6.4 事件的独立性

6.4.1 两个事件的相互独立

案例 6.10 从 1~10 这十个数中有放回地抽取两次，每次抽取一个数，如果设 $A_i=$ {第 i 次取到数字 8}$(i=1,2)$，那么 $A_1A_2=$ {两次都取到数字 8}，由概率的古典定义可知

$$P(A_1)=0.1, \ P(A_2)=0.1, \ P(A_1A_2)=\frac{1}{10^2}=0.01.$$

在这里，我们发现 $P(A_1A_2)=P(A_1)P(A_2)$，再结合乘法公式可以推出 $P(A_1)=P(A_1|A_2), \ P(A_2)=P(A_2|A_1)$. 若考虑实际意义，显然第一次抽取到数字 8 不会影响第

二次抽取的结果，第二次抽取数字 8 不依赖第一次抽取的结果，由此引入事件相互独立的定义.

定义 6.17　设 A，B 为两个事件，若满足 $P(AB)=P(A)P(B)$，则称事件 A 与 B 是相互独立的.

定理 6.4　若事件 A 与 B 相互独立，则事件 A 与 $\overline{B}$、$\overline{A}$ 与 B、$\overline{A}$ 与 $\overline{B}$ 均相互独立.

证明　由于 $A=AB+A\overline{B}$，AB 与 $A\overline{B}$ 互斥，因此根据互斥事件加法概率公式得

$$P(A)=P(AB)+P(A\overline{B})$$

又事件 A 与 B 相互独立，于是

$$P(A\overline{B})=P(A)-P(AB)=P(A)-P(A)P(B)=P(A)[1-P(B)]=P(A)P(\overline{B})$$

即事件 A 与 $\overline{B}$ 相互独立.

定理其余内容可类似证明.

例 1　两人独立地解决一个技术难题，他们能够解决的概率分别为 0.6、0.7，求该技术难题被解决的概率.

解　设 $A=\{$第一人解决技术难题$\}$，$B=\{$第二人解决技术难题$\}$. 由实际意义知事件 A 与 B 相互独立，故技术难题被解决的概率为

$$1-P(\overline{A}\,\overline{B})=1-P(\overline{A})P(\overline{B})=1-(1-0.6)\times(1-0.7)=0.88$$

例 2　甲、乙两人向同一目标发射炮弹，各自的命中率分别为 0.85、0.92，求下列两个事件的概率：

(1) 甲、乙两人都命中；(2) 恰有一人命中.

解　设 $A=\{$甲命中$\}$，$B=\{$乙命中$\}$.

事件 A 与 B 相互独立，则事件 $\overline{A}$ 与 B、A 与 $\overline{B}$ 均相互独立.

(1) 甲、乙两人都命中的概率为

$$P(AB)=P(A)P(B)=0.85\times0.92=0.782$$

(2) 恰有一人命中的概率为

$$P(A\overline{B}+\overline{A}B)=P(A)P(\overline{B})+P(\overline{A})P(B)$$
$$=0.85\times(1-0.92)+(1-0.85)\times0.92$$
$$=0.206$$

6.4.2　多个事件的相互独立

案例 6.11　从 1~10 这十个数中有放回地抽取三次，每次抽取一个数，如果设 $A_i=\{$第 i 次取到数字8$\}(i=1,2,3)$，显然事件 A_1，A_2，A_3 相互之间没有影响，由概率的古典定义可知

$$P(A_i)=\frac{1}{10},\ P(A_1A_2)=\frac{1}{100},\ P(A_1A_3)=\frac{1}{100},\ P(A_2A_3)=\frac{1}{100},\ P(A_1A_2A_3)=\frac{1}{1000}$$

则有

$$P(A_1A_2)=P(A_1)P(A_2),\ P(A_1A_3)=P(A_1)P(A_3),\ P(A_2A_3)=P(A_2)P(A_3)$$
$$P(A_1A_2A_3)=P(A_1)P(A_2)P(A_3)$$

定义 6.18　设 n 个事件 A_1，A_2，$\cdots$，A_n，若对任意整数 $k(2\leqslant k\leqslant n)$ 及 $1\leqslant i_1<i_2<$

$\cdots < i_k \leqslant n$ 满足 $P(A_{i_1}A_{i_2}\cdots A_{i_k})=P(A_{i_1})P(A_{i_2})\cdots P(A_{i_k})$，则称事件 A_1，A_2，$\cdots$，A_n 是相互独立的.

定理 6.5 若事件 A_1，A_2，$\cdots$，A_n 相互独立，则将其中任意 $k(1\leqslant k\leqslant n)$ 个事件换成它们的对立事件，所得的 n 个事件仍相互独立.

例 3 三人独立地猜同一个谜语，每人猜出谜底的概率分别为 0.15、0.2、0.24，求没有猜出谜底的概率.

解 设 $A_i=\{$第 i 个人没有猜出谜底$\}(i=1,2,3)$，则事件 A_1，A_2，A_3 相互独立.

没有猜出谜底的概率为

$$
\begin{aligned}
P(A_1A_2A_3) &= P(A_1)P(A_2)P(A_3) \\
&= (1-0.15)\times(1-0.2)\times(1-0.24) \\
&= 0.5168
\end{aligned}
$$

例 4 有 4 名运动员，他们体能达标的概率分别为 0.8、0.7、0.6、0.4，求这 4 名运动员中至少 1 人体能未达标的概率.

解 设 $A_i=\{$第 i 名运动员体能达标$\}(i=1,2,3,4)$，则事件 A_1，A_2，A_3，A_4 相互独立. $A_1A_2A_3A_4$ 表示 4 名运动员全部达标，所求事件为 $\overline{A_1A_2A_3A_4}$，则

$$
\begin{aligned}
P(\overline{A_1A_2A_3A_4}) &= 1-P(A_1)P(A_2)P(A_3)P(A_4) \\
&= 1-0.8\times0.7\times0.6\times0.4 \\
&= 0.8656
\end{aligned}
$$

6.4.3 二项概率公式

定义 6.19 相同条件下重复地做 n 次试验，若每次试验的结果相互不影响，并且每次试验只有两个可能结果，则这样的 n 次独立重复试验称为 n 次伯努利试验，也称为伯努利概型.

定理 6.6(二项概率公式) 在 n 次伯努利试验中，若事件 A 在一次试验中发生的概率为 p，则在这 n 次试验中事件 A 恰好发生 m 次的概率为

$$
P_n(m)=C_n^m p^m (1-p)^{n-m} \quad (0\leqslant m\leqslant n)
$$

例 5 一小区内有 5 套房子待租，每个月每套房子被租出的概率为 0.7. 设各套房子是否被租出是相互独立的，求一个月内恰有 3 套房子被租出的概率.

解 设 $A=\{$一个月内有 1 套房子被租出$\}$，则 $P(A)=0.7$.

由二项概率公式，得一个月内恰有 3 套房子被租出的概率为

$$
P_5(3)=C_5^3 0.7^3\times(1-0.7)^2=0.3087
$$

例 6 3 个家庭每家购买一份相同的财产保险，假定投保人在保险期限内财产出现损失的概率为 0.02，求保险公司需要赔付的概率.

解 设 $A=\{$一个家庭在保险期限内财产出现损失$\}$，则 $P(A)=0.02$.

由二项概率公式，得保险公司需要赔付的概率为

$$
1-P_3(0)=1-C_3^0 0.02^0\times0.98^3\approx0.0588
$$

■ **练习 6.4**

1. 加工某一模具需要经过两道工序，两道工序的次品率分别为 2.4%、3.5%，求加工

模具的废品率.

2. 公园花会期间,某工人养护 3 个花圃,花圃需要养护的概率分别为 0.15、0.2、0.3, 求花会期间恰有 1 个花圃需要养护的概率.

3. 3 个人独立地向同一飞碟射击,他们的命中率分别为 0.36、0.45、0.65,求飞碟被击中的概率.

4. 某公司有 5 台组装设备,每台组装设备每月需要修护的概率为 0.15,求一个月内恰好有 3 台组装设备需要修护的概率.

5. 某人排球发球成功率为 0.7,连续发球 4 次,求至少成功一次的概率.

本 章 小 结

本章主要介绍了随机事件、事件之间的关系和运算、概率的概念和性质及概率的计算公式. 简要地说,就是介绍了一个概念(随机事件),两个概型(古典概型和几何概型),五个概率定义(统计学定义、古典概率定义、几何概率定义、公理化定义、条件概率)和五个公式(加法公式、乘法公式、全概率公式、贝叶斯公式、二项概率公式).

阅读材料

综 合 练 习 6

一、填空题

1. 设 $A_i=\{$第 i 次取到正品$\}(i=1,2)$,则恰好取到一件正品可表示为_____.

2. 设 A 表示事件"甲成功,乙失败",则其对立事件 $\overline{A}$ 表示_____.

3. 设 $P(A)=0.3$,$P(A+B)=0.5$,若事件 A,B 互斥,则 $P(B)=$_____;若事件 A,B 相互独立,则 $P(B)=$_____.

4. 已知 $P(A)=0.6$,$P(B)=0.7$,$P(AB)=0.4$,则 $P(\overline{A}\,|\,B)=$_____, $P(\overline{B}\,|\,\overline{A})=$_____.

5. 设每次试验的成功率为 $p(0<p<1)$,进行独立重复试验 7 次恰好取得 3 次成功的概率为_____.

二、单项选择题

1. 设 A,B,C 分别表示 3 个事件,则 A,B,C 同时发生的对立事件为( ).

A. A,B,C 中恰好有 1 个不发生　　　　B. A,B,C 中恰好有 2 个不发生

C. A,B,C 都不发生　　　　D. A,B,C 中至少有 1 个不发生

2. 设 A,B 为互斥事件,且 $P(A)>0$,$P(B)>0$,则( ).

A. $P(A+B)=1$ B. $P(AB)=P(A)P(B)$

C. $P(A+B)=P(A)+P(B)$ D. $P(B|A)=P(B)$

3. 设事件 $A \subset B$，则 $P(AB)=$（   ）.

A. 0   B. $P(A)$ C. $P(B)$ D. $P(B)-P(A)$

4. 从标有 1，2，3，4，5 这 5 个号码的小球中随机连续抽取 4 个，则号码排列为 1234 的概率是（   ）.

A. $\dfrac{1}{120}$ B. $\dfrac{1}{60}$ C. $\dfrac{1}{10}$ D. $\dfrac{1}{5}$

5. 某人独立射击 3 次，每次命中率为 0.65，则第 3 次才命中的概率为（   ）.

A. 0.65^3 B. $0.65^2 \times 0.35$

C. $C_3^2 0.35^2 \times 0.65$ D. $0.35^2 \times 0.65$

三、解答题

1. 某超市的甲、乙、丙 3 位员工均在 1 月 15～19 日这 5 天内随机休息了一天，求 3 位员工不在同一天休息的概率.

2. 设两人一段时间里被传染感冒的概率分别为 0.35、0.45，求两人均未被传染感冒的概率.

3. 两人相约晚上 7 点至 8 点间在某地会面，先到者等 25 分钟才可离开. 假设每人在约定时间段内的每个时刻到达会面地点都是等可能的，求两人没能会面的概率.

4. 某小区居民订购甲、乙两种报纸的分别占 30%、35%，这两种报纸至少订购一种的占 40%. 求：

(1) 甲、乙两种报纸都订购的概率；

(2) 在没有订购甲报纸的情况下订购乙报纸的概率.

5. 箱子中装有 7 瓶红葡萄酒、5 瓶白葡萄酒，从中一次拿出 1 瓶，不放回，求第 3 次才拿出白葡萄酒的概率.

6. 对 3 个饭店进行卫生检查，设这 3 个饭店卫生达标的概率分别为 0.86、0.65、0.4，求至少有一个饭店卫生达标的概率.

7. 市场上的帐篷是由 3 个工厂生产的，它们的一级品率分别为 0.4、0.36、0.3，并且第一、二个工厂生产的帐篷分别是第三个工厂的 3 倍、2 倍. 已知某人买到的帐篷是一级品，求它是第一个工厂生产的概率.

8. 某种过滤设备合格的概率为 0.7，现有 3 台这种设备，求至少有 2 台合格的概率.

习题参考答案

第 7 章 随机变量及其分布

在第 6 章中,我们研究了随机事件及其概率的计算,本章将引入随机变量的概念,把随机事件数量化,进而研究随机试验结果的整体概率分布情况,并重点介绍几种典型的分布模型,最后探讨随机变量的两种数字特征,并介绍概率在经济中的一些简单应用.

7.1 随 机 变 量

前面我们研究了随机试验中的某一个或几个特定事件的概率,对随机现象的统计规律性有了初步的认识. 为了进一步全面、深入的研究,需要把随机事件数量化,即将其与实数对应起来,从而可以从数量上研究随机现象的统计规律性. 为此,我们引入随机变量的概念.

7.1.1 随机变量的概念

案例 7.1(彩票设立奖金) 某彩票设立 5 个奖金等级:一等奖奖金 500 万元,二等奖奖金 50 万元,三等奖奖金 1 万元,四等奖奖金 1000 元,五等奖奖金 100 元,这一实验的所有基本事件为{中一等奖}{中二等奖}{中三等奖}{中四等奖}{中五等奖},它们与中奖金额 500 万、50 万、1 万、1000、100 这 5 个数字对应起来,这样中奖奖金等级 X 就与中奖奖金金额之间建立了对应关系.

案例 7.2(统计电话呼叫次数) 某电话总机在时间段 $[0, n]$ 内接收到的呼叫的次数,可以用指定的数字 $0, 1, 2, \cdots$ 分别表示,这样接收电话呼叫次数 Y 就与全体非负整数之间建立了对应关系.

案例 7.3(测量零件长度偏差) 测量一批零件长度,零件测量长度与真实长度存在着偏差,它为一实数,这时测量偏差 Z 就与某一个区间 $[-t, t]$ 上的点之间建立了对应关系.

定义 7.1 设 E 是随机试验,$\Omega = \{e\}$ 是其样本空间,如果对于每一个基本事件 $e \in \Omega$,都有唯一确定的实数 $X(e)$ 与之对应,则称 $X(e)$ 为 Ω 上的一个随机变量. 随机变量一般用大写英文字母 X, Y, Z 等表示.

关于随机变量 X,有以下几点说明:

(1) 随机变量 X 是定义在样本空间 Ω 上的实单值函数,即对于任意一个基本事件,都有唯一确定的一个实数与之对应,反之不一定.

(2) 对于任意给定的实数 a, b,$\{X = a\}$、$\{X \leqslant a\}$、$\{b < X < a\}$ 等均表示具体的随机事件.

(3) 随机事件 X 取不同值的概率由相应的随机事件发生的概率决定.

案例 7.4 掷一枚均匀的骰子,出现的点数是一个随机变量,设 $X = \{$出现的点数$\}$,

则 $X = 1, 2, 3, 4, 5, 6$.

案例 7.5 某汽车站每 15 分钟发一班车,乘客在任一时间可能会到达车站,则乘客的候车时间是一个随机变量. 设 $Y = \{$候车时间$\}$,则 $Y \in [0, 15]$.

随机变量是定义在样本空间 Ω 上的实单值函数,其取值情况与取不同值的概率分布是随机变量的两要素,按取值情况,常见的随机变量可分为离散型随机变量和连续型随机变量两大类.

定义 7.2 若随机变量 X 的所有可能取值为有限个或无穷可列个,这样的随机变量称为离散型随机变量.

定义 7.3 若随机变量 X 的取值为某个区间或整个实数集 $\mathbf{R}$,这样的随机变量称为连续型随机变量.

7.1.2 随机变量的分布函数

案例 7.6（射击水平评估） 要了解某射手的射击水平,我们可以用一随机变量表示环数,现将该射手在一段时间内射击的成绩记录下来,并估算出其概率(见表 7-1).

表 7-1 射手在一段时间内射击的成绩记录

环数	0	1	2	3	4	5	6	7	8	9	10
概率	0	0	0.01	0.01	0.01	0.02	0.1	0.3	0.35	0.15	0.05

试计算该射手击中大于 1 环且不超过 5 环的概率.

随机变量的定义指出,随机变量取每一数值或某一范围内的值都有相应的概率. 由此可知,一个随机变量 X,对任一实数 x,X 的取值落在 $(-\infty, x]$ 上的概率 $P(X \leqslant x)$ 是存在的. 这样,对于任意一个区间 $(a, b]$,只要对一切实数 x,都给出概率 $P(X \leqslant x)$,我们就可以计算出 $P(a < X \leqslant b) = P(X \leqslant b) - P(X \leqslant a)$. 由此可见,概率 $P(X \leqslant x)$ 是计算任何概率的基础,这就是我们将要学习的随机变量的分布函数.

定义 7.4 设 X 是一随机变量,x 为任意实数,则称函数

$$F(x) = P(X \leqslant x) \quad (x \in \mathbf{R})$$

为随机变量 X 的分布函数.

关于随机变量 X 的分布函数 $F(x)$,有以下几点说明:

(1) 分布函数的定义既适用于离散型随机变量,也适用于连续型随机变量.

(2) 分布函数的定义看起来很抽象,实际上它具有明确的概率意义,即对于任意的实数 x,$F(x)$ 表示随机事件 $\{X \leqslant x\}$ 发生的概率,它是一个关于 x 的实函数. 对于任意实数 $a, b(a < b)$,有

$$P(a < X \leqslant b) = P(X \leqslant b) - P(X \leqslant a) = F(b) - F(a)$$

因此,若已知 X 的分布函数 $F(x)$,就可以知道 X 在任何区间上取值的概率. 从这个意义上来说,分布函数完整地描述了随机变量的概率分布情况.

(3) 由分布函数的定义可知,$F(x)$ 具有以下性质:

性质 1 $0 \leqslant F(x) \leqslant 1$ $(x \in (-\infty, +\infty))$,且

$$F(-\infty) = \lim_{x \to -\infty} F(x) = 0$$

$$F(+\infty)=\lim_{x\to +\infty}F(x)=1$$

性质 2　若 $x_2>x_1$，则

$$F(x_2)\geqslant F(x_1)$$

即 $F(x)$ 是 x 的不减函数.

性质 3　$F(x)$ 是右连续的，即

$$F(x+0)=F(x)$$

例　设随机变量 X 的分布函数为

$$F(x)=\begin{cases}0, & -\infty<x<-2\\[1mm] \dfrac{x}{5}, & -2\leqslant x<3\\[1mm] 1, & 3\leqslant x<+\infty\end{cases}$$

求 $P\left(-\dfrac{5}{2}<X\leqslant \dfrac{3}{2}\right)$.

解　$P\left(-\dfrac{5}{2}<X\leqslant \dfrac{3}{2}\right)=F\left(\dfrac{3}{2}\right)-F\left(-\dfrac{5}{2}\right)=\dfrac{3}{10}$

■ 练习 7.1

1. 指出下列随机变量的类型：(1) 掷一枚均匀的色子，出现的点数 X；(2) 某网站在一小时内被点击的次数 Y；(3) 某种电子元件的使用寿命 Z.

2. 箱子中有 5 个球，其中 3 个红球、2 个白球，从中任取 3 个球，设 $X=\{$抽到的白球数$\}$. 求：(1) $P(X=2)$；(2) $P(X\geqslant 1)$.

3. 设 X 为一随机变量，其分布函数 $F(x)=A+B\arctan x$，求 A，B 的值.

7.2　离散型随机变量及其分布

在日常生活中，买一张奖券，人们除了关心获奖概率问题之外，更关心有关获奖更加详细全面的情况，如各等奖金数额及获得各等奖的概率大小，那么用什么样的方式来描述呢？这就是本节将要介绍的离散型随机变量及其概率分布问题.

7.2.1　概率分布列

案例 7.7（获奖概率问题）　设某奖项有 4 个等级，奖金分别为 10 000 元、1000 元、100 元、50 元，获奖的概率分别为 0.001%、0.01%、0.1%、1%，试完整描述获奖情况.

显然，所获得的奖金数额是一个随机变量. 设 $X=\{$获奖金额$\}$，则 $X=10\,000,1000,100,50,0$，则所有可能发生的情况如表 7-2 所示.

表 7-2　获得奖金情况表

奖金数额/元	10 000	1000	100	50	0
中奖概率	0.001%	0.01%	0.1%	1%	98.889%

表 7-2 中给出了 X 所有可能的取值及相应的概率，如果想全面了解获奖情况，只需

了解这个表格就可以了,这就是 X 的概率分布.

定义 7.5 若离散型随机变量 X 的取值为 x_1,x_2,$\cdots$,x_k,$\cdots$,并且取相应值的概率分别为 p_1,p_2,$\cdots$,p_k,$\cdots$,则称

$$p_k = P(X = x_k) \quad (k = 1, 2, \cdots, k, \cdots)$$

为 X 的概率分布列. 使用表格表示为

X	x_1	x_2	$\cdots$	x_k	$\cdots$
P	p_1	p_2	$\cdots$	p_k	$\cdots$

由概率的基本性质可知,离散型随机变量的概率分布列具有如下性质:

(1) $p_k \geqslant 0$,$k = 1, 2, \cdots$.

(2) $p_1 + p_2 + \cdots = \sum\limits_{k=1}^{\infty} p_k = 1$.

例 1 设 10 张光盘中有 8 张正版、2 张盗版,从中任取 3 张. 求:

(1) 取得的光盘中盗版盘数目的概率分布列;

(2) 取得的光盘中盗版盘数目不多于 1 张的概率.

解 (1) 设 $X = \{$取得的光盘中盗版盘数目$\}$,则 $X = 0, 1, 2$.

$$P(X = 0) = \frac{C_8^3}{C_{10}^3} = \frac{7}{15}$$

$$P(X = 1) = \frac{C_8^2 C_2^1}{C_{10}^3} = \frac{7}{15}$$

$$P(X = 2) = \frac{C_8^1 C_2^2}{C_{10}^3} = \frac{1}{15}$$

用表格表示为

X	0	1	2
P	$\frac{7}{15}$	$\frac{7}{15}$	$\frac{1}{15}$

(2) $P(X \leqslant 1) = P(X = 0) + P(X = 1) = \dfrac{14}{15}$.

例 2 重复独立地掷一枚均匀的硬币,直到出现正面向上为止,求抛掷次数的概率分布列.

解 设 $X = \{$抛掷次数$\}$,则 $X = 1, 2, 3, \cdots$

$$P(X = k) = \left(\frac{1}{2}\right)^{k-1} \cdot \frac{1}{2} = \left(\frac{1}{2}\right)^k \quad (k = 1, 2, 3, \cdots)$$

X 的概率分布列用表格表示为

X	1	2	3	$\cdots$	k	$\cdots$
P	$\frac{1}{2}$	$\left(\frac{1}{2}\right)^2$	$\left(\frac{1}{2}\right)^3$	$\cdots$	$\left(\frac{1}{2}\right)^k$	$\cdots$

例 3 已知随机变量 X 的概率分布列为

X	-1	0	1	2
P	0.3	0.4	0.1	0.2

求：(1) X 的分布函数 $F(x)$；(2) $P(-2 < X \leqslant 0)$；(3) $P(X > 1.5)$.

解　(1) 由分布函数的定义知，$F(x)$ 的本质还是概率，是从 $-\infty$ 到 x 的累积概率. 由于离散型随机变量只在某些特定点处才有概率，故其分布函数 $F(x)$ 必为一个分段函数，且以这些特定点为分界点. 再根据分布函数是右连续的，易知在这些分界点处函数 $F(x)$ 的取值应在阶梯的上方，所以 x 的取值区间除第一个为开区间外，其余均为左闭右开区间.

当 $x < -1$ 时，$F(x) = 0$；

当 $-1 \leqslant x < 0$ 时，$F(x) = P(X = -1) = 0.3$；

当 $0 \leqslant x < 1$ 时，$F(x) = P(X = -1) + P(X = 0) = 0.7$；

当 $1 \leqslant x < 2$ 时，$F(x) = P(X = -1) + P(X = 0) + P(X = 1) = 0.8$；

当 $2 \leqslant x$ 时，$F(x) = 1$.

所以

$$F(x) = \begin{cases} 0, & x < -1 \\ 0.3, & -1 \leqslant x < 0 \\ 0.7, & 0 \leqslant x < 1 \\ 0.8, & 1 \leqslant x < 2 \\ 1, & 2 \leqslant x \end{cases}$$

(2) $P(-2 < X \leqslant 0) = F(0) - F(-2) = 0.7 - 0 = 0.7$；

(3) $P(X > 1.5) = 1 - P(X \leqslant 1.5) = 1 - F(1.5) = 1 - 0.8 = 0.2$.

关于分布函数的一个重要事实：由随机变量的概率分布可以确定其分布函数，反过来由分布函数也可以唯一地确定一个随机变量的概率分布.

7.2.2　几种常见的离散型随机变量的概率分布

1. 两点分布

案例 7.8（市场需求问题）　考察某种商品是否满足市场需求，这是一个随机变量 X，其取值只有两种结果：$A = \{满足市场需求\}$ 与 $\overline{A} = \{不满足市场需求\}$.

定义 7.6　若随机变量 X 的概率分布列为

X	0	1
P	p	$1-p$

其中 $0 < p < 1$，则称 X 服从两点分布或 $0-1$ 分布，记作 $X \sim (0, 1)$.

两点分布在实际问题中经常遇到，是最基本的分布类型之一. 如果任何随机试验仅有两个可能的结果，就可以确定一个服从两点分布的随机变量，例如，打靶是否击中，产品检验是否合格，商品供应是否充足，等等.

2. 二项分布

案例 7.9（重复独立抽检问题）　已知 8 件商品中有 3 个次品 5 个正品，有放回地接连抽取 4 次，每次抽取 1 个，考查被抽出的 4 件商品中次品数的概率分布.

如果把抽验一件商品看作一次试验，则本问题相当于做 4 次独立重复试验，此时被抽取的 4 件商品中的次品数是一个随机变量，则由二项概率公式即可得到其概率分布.

定义 7.7 若随机变量 X 的概率分布列为

$$P(X=k)=C_n^k p^k (1-p)^{n-k} \quad (k=0, 1, 2, \cdots, n)$$

其中 n，p 是参数，且 $0<p<1$，则称 X 服从参数为 n，p 的二项分布，记作

$$X \sim B(n, p)$$

二项分布的背景是独立重复试验，设在一次试验中，事件 A 发生的概率为 p，则事件 $\overline{A}$ 发生的概率为 $1-p$，那么在 n 次试验中，事件 A 恰好发生 k 次的概率服从二项分布. 特别地，当试验次数 $n=1$ 时，二项分布就是两点分布.

例 4 设某宾馆共有 9 个服务员，每个服务员平均每小时约有 12 分钟的休息时间，假定服务员们的工作是相互独立的，求在同一时刻有 7 人或 7 人以上休息的概率.

解 设 $A=\{$服务员休息$\}$，则

$$P(A)=\frac{12}{60}=\frac{1}{5}$$

$$P(\overline{A})=1-\frac{1}{5}=\frac{4}{5}$$

设 $X=\{$任一时刻服务员休息的人数$\}$，因为服务员之间独立工作，则有

$$X \sim B\left(9, \frac{1}{5}\right)$$

故

$$P(X \geqslant 7)=P(X=7)+P(X=8)+P(X=9)$$

$$=C_9^7\left(\frac{1}{5}\right)^7 \cdot \left(\frac{4}{5}\right)^2+C_9^8\left(\frac{1}{5}\right)^8 \cdot \left(\frac{4}{5}\right)^1+C_9^9\left(\frac{1}{5}\right)^9 \cdot \left(\frac{4}{5}\right)^0$$

$$=0.0003$$

例 5 商场销售的某种商品，其次品率为 0.01，假设各件商品之间是否为次品相互独立，这家商场将每 10 件商品装成一箱出售，并保证若发现某箱内多于一个次品，则可退款. 求卖出的各箱商品中被退回商场的概率.

解 设 $X=\{$某箱商品的次品数$\}$，则有

$$X \sim B(10, 0.01)$$

这箱商品被退回的概率为

$$1-P(X=0)-P(X=1)=1-C_{10}^0(0.01)^0 \cdot (0.99)^{10}-C_{10}^1(0.01)^1 \cdot (0.99)^9$$

$$\approx 0.004$$

二项分布在实际问题中有着广泛的应用，例如，有放回的取球模型，n 次投掷硬币出现 k 次正面的模型，商品检验中抽得的次品数的模型，等等，这些都是二项分布模型的具体化.

3. 泊松分布

案例 7.10（二项分布的极限分布） 分析下面两种分布模型：（1）在一个时间间隔内某

网站的点击次数 X；(2) 电脑输入一部长篇小说的打印错误的字数 Y.

我们从二项分布入手进行分析，对于(1)，假设这个时间间隔被分成了 n 段，在每一段中，只有两个可能的结果：$A=\{$被点击$\}$，$\bar{A}=\{$不被点击$\}$，故有 X 服从二项分布，而此时 $n\to+\infty$，则 X 服从泊松分布. 对于(2)，将这部长篇小说所有的打印字数设为 n，则针对每一个字都只有两个可能结果：$A=\{$打印错误$\}$，$\bar{A}=\{$没有打印错误$\}$，故有 Y 服从二项分布，而此时 n 足够大，则 Y 服从泊松分布.

定义 7.8　若随机变量 X 的概率分布列为

$$P(X=k)=\frac{\lambda^k}{k!}\mathrm{e}^{-\lambda} \quad (\lambda>0,\ k=0,\ 1,\ 2,\ \cdots)$$

则称 X 服从参数为 λ 的泊松分布，记作

$$X\sim P(\lambda)$$

泊松分布是一种很常见的分布，许多随机现象都服从泊松分布，甚至有人把它比喻为构造随机现象的"基本粒子"之一. 例如，单位时间内来到服务场所接受服务的人数，单位时间内某网站的点击次数，单位面积上宝石的瑕疵数，一页书中印刷的错误字数，等等，这些随机变量都服从泊松分布.

在泊松分布中，概率计算比较复杂，为此人们编制了泊松分布表以方便计算(见附录一). 泊松分布的另一个重要应用是对二项分布当 n 较大而 p 较小时作近似计算. 下面我们给出定理.

定理 7.1　在 n 次独立重复试验中，p 表示事件 A 在一次试验中发生的概率，若 $np\to\lambda>0$，则有

$$\lim_{n\to\infty}\mathrm{C}_n^k p^k(1-p)^{n-k}=\frac{\lambda^k}{k!}\mathrm{e}^{-\lambda}$$

该定理说明，泊松分布是二项分布当 $np\to\lambda(n\to+\infty)$ 时的极限部分. 因此当 n 较大而 p 较小时，可以用泊松分布对二项分布作近似计算，此时令 $\lambda=np$，进而可通过查泊松分布表求得二项分布的概率.

例 6　假设某公司出售的商品是次品的概率为 0.1，求出售的 10 件商品中至多有 1 件次品的概率.

解　设 $X=\{10$ 件商品中的次品数$\}$，则有

$$X\sim B(10,\ 0.1)$$

所求的概率为

$$P(X=0)+P(X=1)=\mathrm{C}_{10}^0(0.1)^0\cdot(0.9)^{10}+\mathrm{C}_{10}^1(0.1)^1\cdot(0.9)^9=0.7361$$

若运用泊松分布作近似计算，则有

$$\mathrm{C}_{10}^0(0.1)^0\cdot(0.9)^{10}+\mathrm{C}_{10}^1(0.1)^1\cdot(0.9)^9\approx\frac{1^0}{0!}\mathrm{e}^{-1}+\frac{1^1}{1!}\mathrm{e}^{-1}=0.7358$$

本例说明，在用泊松分布对二项分布作近似计算时，一般情况下要求 $n\geqslant10$，$p\leqslant0.1$，其近似程度就足够了.

■ 练习 7.2

1. 判断下列各表能否作为某一离散型随机变量的概率分布列.

(1)

X	0	1	2	2
P	0.1	0.2	0.3	0.4

(2)

X	-1	0	1	2
P	0.3	0.2	0.4	0.5

(3)

X	1	2	3	$\cdots$
P	$\frac{1}{2}$	$\frac{1}{2^2}$	$\frac{1}{2^3}$	$\cdots$

(4)

X	1	2	3	$\cdots$
P	$\frac{1}{3}$	$\frac{1}{3^2}$	$\frac{1}{3^3}$	$\cdots$

2. 一批零件中有9个正品和3个次品，安装机器时，从这批零件中任取一个，如果取到的为次品，无放回再取一个零件，直到取得正品为止．求在取得正品前已取出的次品数 X 的概率分布列．

3. 有 10 台电视机，其中使用寿命为 1 万小时的 1 台，寿命为 5 万小时的 2 台，寿命为 10 万小时的 5 台，寿命为 15 万小时的 2 台．现从这 10 台电视机中任取一台，其使用寿命为 X 小时，求 X 的概率分布列与分布函数．

4. 已知 X 的概率分布列为

X	-2	-1	0	1
P	0.2	0.1	0.3	0.4

求：(1) 分布函数 $F(x)$；(2) $P\left(-1\leqslant X\leqslant\frac{3}{2}\right)$．

5. 一幢大楼装有 5 个同类型的供水设备，调查表明，在任一时刻每个设备被使用的概率均为 0.8，求在同一时刻至少有 1 个设备被使用的概率．

6. 假设某地区每年遭受台风袭击的次数服从 $\lambda=2$ 的泊松分布，求该地区一年中遭受台风袭击的次数不超过 2 次的概率．

7.3　连续型随机变量及其分布

7.2 节研究的离散型随机变量取值只限于有限个或无穷可列个，与其不同的一些随机变量不止取可列个值，例如，测量误差，电子管的寿命，候车时间，风速，等等，这样的随机变量取某一区间上的一切值，称为连续型随机变量．若用研究离散型随机变量的方法来研究这些随机变量的概率分布则是不可能的，一方面其取值无法一一列举，且取每个特定值的概率均为零；另一方面，在实际问题中，人们所关心的也并不是取特定值的概率，而是在某个区间上的概率．本节将研究连续型随机变量及其概率分布．

7.3.1　概率密度函数

案例 7.11（降雨量问题）　考察某地区七月份的降雨量，我们重视的不是降雨量正好取某一个数值的概率，而是降雨量在某一范围内的概率，比如说降雨量在 $50\sim70$ 毫米之间的概率．于是所讨论的问题就变成了讨论随机变量取值落在某一区间上的概率问题．

定义 7.9　设 X 为一随机变量，若在实数集 **R** 上存在一非负可积函数 $f(x)$，使得对于任意实数 $a,b(a<b)$，都有

$$P(a < X \leqslant b) = \int_a^b f(x)\mathrm{d}x$$

成立，则称 X 为连续型随机变量，$f(x)$ 为 X 的概率密度函数，简称概率密度. $f(x)$ 的图像称为概率密度曲线，简称密度曲线.

关于连续型随机变量及其概率密度，有以下几点说明：

(1) 连续型随机变量在取值区间内取任一点的概率均为零，即
$$P(X = c) = 0$$

(2) 连续型随机变量在任意区间内的概率与区间端点无关，即
$$P(a < X \leqslant b) = P(a \leqslant X \leqslant b) = P(a \leqslant X < b) = P(a < X < b)$$

(3) 对于任意实数 x_0，$f(x_0)$ 表示 X 在 x_0 附近概率分布的密集程度，不表示 X 在 x_0 处的概率值.

(4) 概率密度函数 $f(x)$ 全面描述了连续型随机变量的概率分布，通常记作
$$X \sim f(x)$$

(5) 由定义可知，概率密度函数 $f(x)$ 具有以下性质：

① $f(x) \geqslant 0$，$x \in \mathbf{R}$；

② $\int_{-\infty}^{+\infty} f(x)\mathrm{d}x = 1$.

若一个函数具有上述两条性质，则它一定可以作为某一连续型随机变量的概率密度函数.

(6) 由概率密度函数的定义和定积分的几何意义可知，概率密度曲线 $f(x)$ 与 x 轴所围面积为 1，如图 7-1 所示阴影部分. 由概率密度曲线 $y = f(x)$，直线 $x = a$、$x = b$，x 轴所围图形的面积即为 $P(a < X \leqslant b)$，如图 7-2 所示阴影部分.

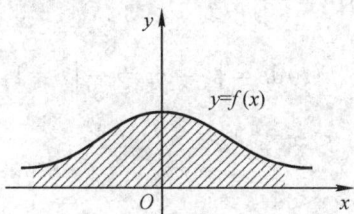

图 7-1

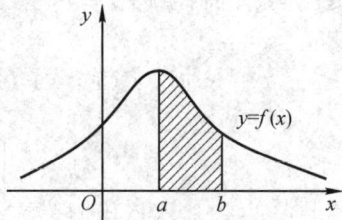

图 7-2

(7) 由连续型随机变量 X 的概率密度函数 $f(x)$，根据分布函数的定义，可以求出 X 的分布函数
$$F(x) = P(X \leqslant x) = \int_{-\infty}^x f(t)\mathrm{d}t$$

显然，由变上限定积分的性质可知 $F'(x) = f(x)$.

例 1　已知连续型随机变量 X 的概率密度函数为 $f(x) = \begin{cases} Ax, & 0 \leqslant x \leqslant 1 \\ 0, & \text{其他} \end{cases}$，求：

(1) 常数 A；(2) $P\left(0 \leqslant X \leqslant \dfrac{1}{2}\right)$；(3) $P(x < 2)$.

解　(1) 由概率密度函数的性质知

$$\int_{-\infty}^{+\infty} f(x)\mathrm{d}x = 1$$

所以

$$\int_{-\infty}^{0} 0\mathrm{d}x + \int_{0}^{1} Ax\mathrm{d}x + \int_{1}^{+\infty} 0\mathrm{d}x = \frac{A}{2}x^2 \Big|_0^1 = \frac{A}{2} = 1$$

即 $A = 2$.

(2) $P\left(0 \leqslant X \leqslant \dfrac{1}{2}\right) = \int_0^{\frac{1}{2}} 2x\mathrm{d}x = x^2 \Big|_0^{\frac{1}{2}} = \dfrac{1}{4}$.

(3) $P(X < 2) = \int_{-\infty}^{2} f(x)\mathrm{d}x = \int_0^1 2x\mathrm{d}x = x^2 \Big|_0^1 = 1$.

例2　某网民在访问某热门站点的等待时间为一随机变量 X，其概率密度为

$$f(x) = \begin{cases} \dfrac{1}{5}\mathrm{e}^{-\frac{x}{5}}, & x \geqslant 0 \\ 0, & x < 0 \end{cases}$$

若等待时间超过 10 分钟就放弃. 求该网民不能进入站点的概率.

解　$P(X > 10) = \int_{10}^{+\infty} \dfrac{1}{5}\mathrm{e}^{-\frac{x}{5}}\mathrm{d}x = -\mathrm{e}^{-\frac{x}{5}} \Big|_{10}^{+\infty} = \mathrm{e}^{-2}$

例3　已知 $X \sim f(x) = \begin{cases} \dfrac{1}{3}, & 1 \leqslant x \leqslant 4 \\ 0, & 其他 \end{cases}$，求 X 的分布函数 $F(x)$.

解　当 $-\infty < x < 1$ 时，$F(x) = P(X \leqslant x) = \int_{-\infty}^{x} f(t)\mathrm{d}t = 0$

当 $1 \leqslant x < 4$ 时，$F(x) = P(X \leqslant x) = \int_{-\infty}^{x} f(t)\mathrm{d}t = \int_1^x \dfrac{1}{3}\mathrm{d}t = \dfrac{t}{3}\Big|_1^x = \dfrac{x-1}{3}$.

当 $4 \leqslant x < +\infty$ 时，$F(x) = P(X \leqslant x) = \int_{-\infty}^{x} f(t)\mathrm{d}t = \int_1^4 \dfrac{1}{3}\mathrm{d}t = \dfrac{t}{3}\Big|_1^4 = 1$，所以

$$F(x) = \begin{cases} 0, & -\infty < x < 1 \\ \dfrac{x-1}{3}, & 1 \leqslant x < 4 \\ 1, & 4 \leqslant x < +\infty \end{cases}$$

7.3.2　几种常见的连续型随机变量的概率分布

1. 均匀分布

案例7.12(乘车时间问题)　假设上海—郑州的长途汽车每隔 3 个小时发一班车，某人来到车站之前并不知道发车的时刻表，考查他到达车站的时间.

由于这位乘客预先不知道发车时间，他来到车站的时间是任意的. 我们不妨假设前一班车出发的时间为 $t = 0$，那么后一班车的发车时间为 $t = 3$，而该乘客在 $(0, 3)$ 这一段时间间隔内任意时刻来到的可能性是一样的，设 $X = \{$该乘客来到车站的时间$\}$，则 X 可以取 $(0, 3)$ 内的任一值，而且其概率分布是均匀的.

定义 7.10　若连续型随机变量 X 的概率密度为

$$f(x) = \begin{cases} \dfrac{1}{b-a}, & a \leqslant x \leqslant b \\ 0, & \text{其他} \end{cases}$$

则称 X 在区间 $[a,b]$ 上服从均匀分布，记作

$$X \sim U[a,b]$$

均匀分布的概率含义是：随机变量 X 仅在 $[a,b]$ 上取值，并且落在 $[a,b]$ 中任意子区间内的概率只与子区间的长度成正比，而与子区间在 $[a,b]$ 中的位置无关. 之所以称为均匀分布，原因在于 X 落在任意长度相等的子区间内的概率相等.

例 4　某公共汽车站从早上 8:00 开始，每隔 15 分钟发一班车，若一乘客在 8:00 到 8:30 之间到达车站的时间服从均匀分布. 求：

(1) 该乘客等车时间不到 5 分钟的概率；

(2) 该乘客等车时间超过 10 分钟的概率.

解　设 $X = \{$该乘客到达车站的时间$\}$，则 X 在 $[0,30]$ 上服从均匀分布，其概率密度函数为

$$f(x) = \begin{cases} \dfrac{1}{30}, & 0 \leqslant x \leqslant 30 \\ 0, & \text{其他} \end{cases}$$

(1) $P(10 < X \leqslant 15) + P(25 < X \leqslant 30) = \int_{10}^{15} \dfrac{1}{30}\mathrm{d}x + \int_{25}^{30} \dfrac{1}{30}\mathrm{d}x = \dfrac{x}{30}\Big|_{10}^{15} + \dfrac{x}{30}\Big|_{25}^{30} = \dfrac{1}{3}.$

(2) $P(0 \leqslant X < 5) + P(15 \leqslant X < 20) = \int_{0}^{5} \dfrac{1}{30}\mathrm{d}x + \int_{15}^{20} \dfrac{1}{30}\mathrm{d}x = \dfrac{x}{30}\Big|_{0}^{5} + \dfrac{x}{30}\Big|_{15}^{20} = \dfrac{1}{3}.$

2. 指数分布

案例 7.13（顾客去银行等待服务的时间）　顾客去银行等待服务的时间，时间短的可能性大，等待时间越长其可能性越小（否则该银行会因为效率差而倒闭），我们设 $X = \{$等待服务的时间$\}$，显然 X 取值非负，且 X 取值越小的可能性越大. 随着 X 的增大，可能性以指数的速率下降，这正是指数分布的特点.

定义 7.11　若连续型随机变量 X 的概率密度为

$$f(x) = \begin{cases} \lambda\mathrm{e}^{-\lambda x}, & x \geqslant 0 \\ 0, & x < 0 \end{cases} \quad (\lambda > 0)$$

则称 X 服从参数为 λ 的指数分布，记作

$$X \sim E(\lambda)$$

指数分布是现实问题中一种很有代表性的分布模型，例如，电子元件的使用寿命，电路中保险丝的寿命，机械中宝石轴承的寿命. 另外，电话的通话时间，随机服务系统的服务时间，等等，这些都服从指数分布，只不过参数不同而已.

例 5　某台计算机在发生故障前运行的总时间 X（单位：小时）服从参数 $\lambda = \dfrac{1}{100}$ 的指数分布. 求：

(1) 这台计算机在发生故障前能运行 50 ~ 150 小时的概率；

(2) 这台计算机在发生故障前运行时间不到 100 小时的概率.

解　因为 $X \sim E\left(\dfrac{1}{100}\right)$，则概率密度函数为

$$f(x) = \begin{cases} \dfrac{1}{100}e^{-\frac{x}{100}}, & x \geqslant 0 \\ 0, & \text{其他} \end{cases}$$

(1) $P(50 \leqslant X \leqslant 150) = \displaystyle\int_{50}^{150} \dfrac{1}{100}e^{-\frac{x}{100}}\mathrm{d}x = -e^{-\frac{x}{100}}\bigg|_{50}^{150} = e^{-\frac{1}{2}} - e^{-\frac{3}{2}}$

(2) $P(X < 100) = \displaystyle\int_{0}^{100} \dfrac{1}{100}e^{-\frac{x}{100}}\mathrm{d}x = -e^{-\frac{x}{100}}\bigg|_{0}^{100} = 1 - e^{-1}$

3. 正态分布

案例 7.14（身高调查）　调查某高校学生的身高，其高度为一随机变量，分布的特点是身高在某一范围（临近平均值）内的人数最多，特别高的和特别矮的人数较少.

案例 7.15（收入统计）　统计某城市居民的年收入，其收入是一个随机变量，它的分布也呈现出"中间多，两边少"的特点，这正是正态分布的分布特征.

定义 7.12　若连续型随机变量 X 的概率密度函数为

$$\varphi(x) = \dfrac{1}{\sqrt{2\pi}}e^{-\frac{x^2}{2}} \quad (x \in \mathbf{R})$$

则称 X 服从标准正态分布，记作 $X \sim N(0, 1)$.

关于标准正态分布，有以下几点说明：

(1) 标准正态分布是一种非常重要的分布，其概率密度函数与分布函数分别用专门的符号 $\varphi(x)$ 和 $\Phi(x)$ 表示.

(2) 由高斯积分 $\displaystyle\int_{-\infty}^{+\infty} e^{-\frac{x^2}{2}}\mathrm{d}x = \sqrt{2\pi}$ 很容易证明 $\varphi(x)$ 满足概率密度函数的两个基本性质.

(3) $\varphi(x)$ 的图像称为标准正态曲线，如图 7-3 所示，由 $\varphi(x)$ 的图像与概率密度曲线的几何意义可知，标准正态分布属于"中间概率大，两头概率小"的分布.

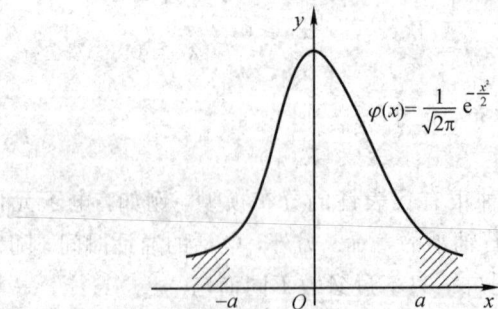

图 7-3

定义 7.13　若连续型随机变量 X 的概率密度为

$$f(x) = \frac{1}{\sqrt{2\pi}\,\sigma} e^{-\frac{(x-\mu)^2}{2\sigma^2}} \quad (x \in \mathbf{R})$$

其中 μ，σ 均为常数，并且 $\sigma > 0$，则称 X 服从参数为 μ 和 σ^2 的一般正态分布，记作 $X \sim N(\mu, \sigma^2)$.

关于一般正态分布，有以下几点说明：

(1) 显然，当 $\mu = 0$，$\sigma^2 = 1$ 时，就得到标准正态分布，标准正态分布是一般正态分布的一种特殊情形.

(2) 利用换元积分法和高斯积分可以证明 $f(x)$ 满足概率密度函数的两个基本性质，此外，$f(x)$ 还具有以下性质：

性质 1　$f(x)$ 在 $(-\infty, +\infty)$ 上处处连续.

性质 2　$f(x)$ 的图像关于直线 $x = \mu$ 对称.

性质 3　当 $x = \mu$ 时，$f(x)$ 取到最大值 $\dfrac{1}{\sqrt{2\pi}\,\sigma}$.

性质 4　x 轴为 $f(x)$ 的渐近线.

(3) $f(x)$ 的图像称为一般正态曲线，由 $f(x)$ 的图像与概率密度曲线的几何意义可知，一般正态分布属于"中间概率大，两头概率小"的钟形分布. 其中参数 μ 决定了曲线的中心位置，而不影响曲线的形状，μ 越小，曲线越靠左边；μ 越大，曲线越靠右边. 参数 μ 反映了 X 所取数据的中心值的大小. 参数 σ 则只影响曲线的形状，而不影响曲线的位置，σ 越小，曲线越陡峭；σ 越大，曲线越平缓. 参数 σ 反映了 X 所取数据与中心值 μ 的离散程度，如图 7 - 4 所示.

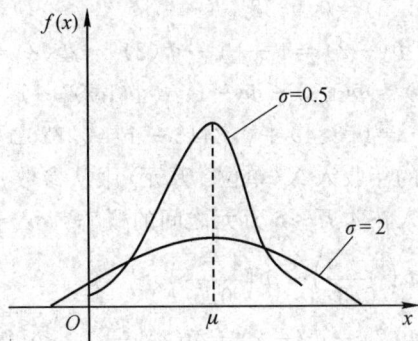

图 7 - 4

若随机变量 $X \sim N(0, 1)$，由分布函数的定义可得到标准正态分布的分布函数为

$$\Phi(x) = \int_{-\infty}^{x} \frac{1}{\sqrt{2\pi}} e^{-\frac{t^2}{2}} \, dt$$

由 $\varphi(x)$ 的对称性，我们不难得到 $\Phi(x)$ 的一个重要性质：

$$\Phi(-x) = 1 - \Phi(x)$$

这是标准正态分布的概率计算中一个非常重要的公式.

由于 $\Phi(x)$ 不是初等函数，其函数值很难求得，于是人们用近似计算的方法编制了

$\Phi(x)$ 的函数值表, 称为标准正态分布表(见附录二). 对于附录二, 有以下几点说明:

① 表中查到的数值是从 $-\infty$ 累积到该点的累计概率值.

② 表中 x 的取值范围为 $[0, 3.49]$, 当 $x > 3.49$ 时, 取 $\Phi(x) = 1$.

③ 若 $x < 0$, 则可利用重要公式 $\Phi(-x) = 1 - \Phi(x)$, 转化后查表求得.

一般正态分布的概率计算问题可以通过

$$F(x) = \Phi\left(\frac{x - \mu}{\sigma}\right)$$

转化为标准正态分布的概率计算问题. 现将有关一般正态分布中的概率计算转化公式总结如下:

(1) $P(X = a) = 0$.

(2) $P(X < a) = P(X \leqslant a) = \Phi\left(\dfrac{a - \mu}{\sigma}\right)$.

(3) $P(X > a) = P(X \geqslant a) = 1 - \Phi\left(\dfrac{a - \mu}{\sigma}\right)$.

(4) $P(a < X \leqslant b) = P(a \leqslant X \leqslant b) = \Phi\left(\dfrac{b - \mu}{\sigma}\right) - \Phi\left(\dfrac{a - \mu}{\sigma}\right)$.

例 6 已知 $X \sim N(0, 1)$, 求:

(1) $P(X = 0.21)$;

(2) $P(X < 1.5)$;

(3) $P(X \geqslant -2)$;

(4) $P(-1 \leqslant X < 1.2)$.

解 (1) $P(X = 0.21) = 0$.

(2) $P(X < 1.5) = \Phi(1.5) = 0.9332$.

(3) $P(X \geqslant -2) = 1 - \Phi(-2) = 1 - [1 - \Phi(2)] = \Phi(2) = 0.9772$.

(4) $P(-1 \leqslant X < 1.2) = \Phi(1.2) - \Phi(-1) = \Phi(1.2) - [1 - \Phi(1)] = \Phi(1.2) + \Phi(1) - 1$
$$= 0.8849 + 0.8413 - 1 = 0.7262$$

例 7 已知某城市居民的年收入 X(单位: 万元)服从参数 $\mu = 5$, $\sigma = 0.5$ 的一般正态分布, 求该城市某居民的年收入在 4 万~6 万元之间的概率.

解 $P(4 \leqslant X \leqslant 6) = \Phi\left(\dfrac{6 - 5}{0.5}\right) - \Phi\left(\dfrac{4 - 5}{0.5}\right)$

$$= \Phi(2) - \Phi(-2) = \Phi(2) - [1 - \Phi(2)]$$
$$= 2\Phi(2) - 1 = 2 \times 0.9772 - 1 = 0.9544$$

■ 练习 7.3

1. 设随机变量 X 的概率密度函数为

$$f(x) = \begin{cases} Ax^2, & 0 \leqslant x \leqslant 1 \\ 0, & \text{其他} \end{cases}$$

求:

(1) 常数 A; (2) $P\left(0 \leqslant X \leqslant \dfrac{1}{2}\right)$.

2. 已知 $X \sim U[0, \pi]$，求 X 的分布函数 $F(x)$.

3. 某公共汽车站每隔 10 分钟发一班车，一乘客在任一时刻到达车站是等可能的，求该乘客等车时间超过 2 分钟，但不到 5 分钟的概率.

4. 假设一个人打一次电话所用的时间 X（单位：分钟）服从参数 $\lambda = 0.2$ 的指数分布，现有一人刚好在你前面走进电话亭，求你等待的时间不超过 10 分钟的概率.

5. 设随机变量 $X \sim N(0, 1)$，求：

(1) $P(X \leqslant 0.5)$；(2) $P(-1 < X < 2)$；(3) $P\left(X > \dfrac{3}{2}\right)$.

6. 已知 $X \sim N(20, 10^2)$，求：(1) $P(X \leqslant 30)$；(2) $P(10 < X < 25)$.

7. 据统计，某高校学生的身高 X（单位：米）服从 $\mu = 1.69$、$\sigma = 0.02$ 的正态分布，求该高校某学生身高在 $1.67 \sim 1.71$ 米之间的概率.

7.4　期　望　与　方　差

随机变量的概率分布（概率分布列、概率密度函数、分布函数）全面描述了随机变量的取值和相应的概率分布，然而在实际应用中，求出随机变量的概率分布并不是一件容易的事情. 而且很多实际问题只需要知道随机变量的某些特征就可以了，如随机变量的数字特征，它是用数字表示随机变量的分布特点. 本节将介绍最常用的两种随机变量的数字特征.

7.4.1　数学期望的定义

1. 离散型随机变量的数学期望

案例 7.16（测定种子发芽平均天数）　有一批种子，为了测定其发芽所需的平均天数，从中任取 100 粒进行发芽试验，统计数据如表 7-3 所示.

表 7-3　种子的发芽情况

发芽天数/天	1	2	3	4	5	6	7
种子粒数/粒	19	34	21	11	9	4	2

求这 100 粒种子发芽的平均天数.

100 粒种子发芽所需天数的总和为

$$1 \times 19 + 2 \times 34 + 3 \times 21 + 4 \times 11 + 5 \times 9 + 6 \times 4 + 7 \times 2 = 277$$

每粒种子平均发芽天数为

$$277 \div 100 = 2.77$$

两式合起来写成

$$1 \times \frac{19}{100} + 2 \times \frac{34}{100} + 3 \times \frac{21}{100} + 4 \times \frac{11}{100} + 5 \times \frac{9}{100} + 6 \times \frac{4}{100} + 7 \times \frac{2}{100} = 2.77$$

即用每一个可能的发芽天数乘以在这个天数出现的概率，然后求和就可以得到所要计算的发芽平均天数. 这个平均天数不是简单的 7 种发芽天数的算术平均.

定义 7.14　设 X 为一离散型随机变量，其概率分布列为

$$
\begin{array}{c|ccccc}
X & x_1 & x_2 & \cdots & x_k & \cdots \\
\hline
P & p_1 & p_2 & \cdots & p_k & \cdots
\end{array}
$$

若级数 $\sum_{k=1}^{\infty/n} x_k p_k$ 绝对收敛，则称级数 $\sum_{k=1}^{\infty/n} x_k p_k$ 为随机变量 X 的数学期望，简称期望，记作 $E(X)$，即

$$
E(X) = \sum_{k=1}^{\infty/n} x_k p_k
$$

如果随机变量 X 的概率分布列已知，另一个随机变量 Y 是 X 的函数，即 $Y = g(X)$，则有

$$
E(Y) = E[g(X)] = \sum_{k=1}^{n} g(x_k) p_k
$$

例1 甲、乙两名射手在一次射击中得分（分别用 X，Y 表示）的概率分布列如下，试比较甲、乙两名射手的技术.

$$
\begin{array}{c|ccc}
X & 1 & 2 & 3 \\
\hline
P & 0.4 & 0.1 & 0.5
\end{array}
\qquad
\begin{array}{c|ccc}
Y & 1 & 2 & 3 \\
\hline
P & 0.1 & 0.6 & 0.3
\end{array}
$$

解 $E(X) = 1 \times 0.4 + 2 \times 0.1 + 3 \times 0.5 = 2.1$

$E(Y) = 1 \times 0.1 + 2 \times 0.6 + 3 \times 0.3 = 2.2$

因为甲、乙射手得分的平均值分别为 2.1 和 2.2，故乙射手的技术更好一些.

例2 已知 X 的概率分布列为

$$
\begin{array}{c|ccc}
X & -1 & 0 & 1 \\
\hline
P & 0.2 & 0.7 & 0.1
\end{array}
$$

求：(1) $E(X)$；(2) $E(X^2)$.

解 (1) $E(X) = -1 \times 0.2 + 0 \times 0.7 + 1 \times 0.1 = -0.1$.

(2) $E(X^2) = (-1)^2 \times 0.2 + 0^2 \times 0.7 + 1^2 \times 0.1 = 0.3$.

2. 连续型随机变量的数学期望

案例 7.17（考察顾客平均等候时间） 顾客在某商店的服务窗口等待服务的时间 X（单位：分钟）是一个随机变量，其概率密度为

$$
f(x) = \begin{cases} \dfrac{1}{5} e^{-\frac{x}{5}}, & x > 0 \\ 0, & x \leqslant 0 \end{cases}
$$

一顾客来到该窗口等待服务，求该顾客平均需要等待多少分钟.

顾客在服务窗口等待服务的时间是一个连续型随机变量，并且它的概率密度函数已知，这是一个有关连续型随机变量数学期望计算的实际问题.

定义 7.15 设连续型随机变量 X，其概率密度为 $f(x)$，若广义积分 $\int_{-\infty}^{+\infty} x f(x) \mathrm{d}x$ 绝对收敛，则称广义积分 $\int_{-\infty}^{+\infty} x f(x) \mathrm{d}x$ 为连续型随机变量 X 的数学期望，简称期望. 记作

$$
E(X) = \int_{-\infty}^{+\infty} x f(x) \mathrm{d}x
$$

如果随机变量 X 的概率密度函数 $f(x)$ 已知, 另一个随机变量 Y 是 X 的函数, 即 $Y = g(X)$, 则有

$$E(Y) = E[g(X)] = \int_{-\infty}^{+\infty} g(x) f(x) \mathrm{d}x$$

案例 7.17 中, 该顾客等候服务的平均等待时间为

$$E(X) = \int_{-\infty}^{+\infty} x f(x) \mathrm{d}x = \int_{0}^{+\infty} x \cdot \frac{1}{5} \mathrm{e}^{-\frac{x}{5}} \mathrm{d}x = -x \mathrm{e}^{-\frac{x}{5}} \Big|_{0}^{+\infty} - \int_{0}^{+\infty} -\mathrm{e}^{-\frac{x}{5}} \mathrm{d}x$$

$$= -x \mathrm{e}^{-\frac{x}{5}} \Big|_{0}^{+\infty} - 5\mathrm{e}^{-\frac{x}{5}} \Big|_{0}^{+\infty} = 5$$

即该顾客平均需要等候 5 分钟才能接受服务.

例 3　已知 $X \sim U[0, \pi]$, 求: (1) $E(X)$; (2) $E(X^2)$.

解　因为 $X \sim U[0, \pi]$, 故

$$f(x) = \begin{cases} \dfrac{1}{\pi}, & 0 \leqslant x \leqslant \pi \\ 0, & \text{其他} \end{cases}$$

则有

(1) $E(X) = \displaystyle\int_{-\infty}^{+\infty} x f(x) \mathrm{d}x = \int_{0}^{\pi} x \cdot \frac{1}{\pi} \mathrm{d}x = \frac{1}{2\pi} x^2 \Big|_{0}^{\pi} = \frac{\pi}{2}$.

(2) $E(X^2) = \displaystyle\int_{-\infty}^{+\infty} x^2 f(x) \mathrm{d}x = \int_{0}^{\pi} \frac{1}{\pi} x^2 \mathrm{d}x = \frac{1}{3\pi} x^3 \Big|_{0}^{\pi} = \frac{\pi^2}{3}$.

7.4.2　数学期望的性质

性质 1　设 $E(X)$ 存在, C 为常数, 则有 $E(C) = C$.

性质 2　设 $E(X)$ 存在, a 为常数, 则有 $E(aX) = aE(X)$.

性质 3　设 $E(X)$, $E(Y)$ 存在, 则有 $E(X+Y) = E(X) + E(Y)$.

性质 4　设 $E(X)$ 存在, a, b 均为常数, 则有 $E(aX+b) = aE(X) + b$.

例 4　已知离散型随机变量的 X 的概率分布列为

X	-1	0	1	2
P	0.1	0.3	0.2	0.4

求: (1) $E(X)$; (2) $E(2X)$; (3) $E(-3X+2)$.

解　(1) $E(X) = -1 \times 0.1 + 0 \times 0.3 + 1 \times 0.2 + 2 \times 0.4 = 0.9$.

(2) $E(2X) = 2E(X) = 2 \times 0.9 = 1.8$.

(3) $E(-3X+2) = -3E(X) + 2 = -3 \times 0.9 + 2 = -0.7$.

例 5　已知某商品的销售价格 X 是一个随机变量, 其概率密度为

$$f(x) = \begin{cases} \dfrac{1}{b-a}, & a \leqslant x \leqslant b \\ 0, & \text{其他} \end{cases}$$

假设该商品的销售收入 Y 是其销售价格 X 的函数 $Y = kX$ (k 为常数, $k > 0$), 求该商品的平均销售收入.

解 $E(X) = \int_{-\infty}^{+\infty} x f(x) \, \mathrm{d}x = \int_a^b \frac{x}{b-a} \, \mathrm{d}x = \frac{x^2}{2(b-a)} \Big|_a^b = \frac{a+b}{2}$.

$$E(Y) = E(kX) = kE(X) = \frac{k(a+b)}{2}.$$

7.4.3 方差的定义

案例 7.18（评定不同品牌手表的质量） 某地生产甲、乙两种品牌的手表，它们的日走时误差（单位：秒）分别为 X 和 Y，其概率分布列分别为

X	-1	0	1
P	0.1	0.8	0.1

Y	-1	0	1
P	0.3	0.4	0.3

试问哪种品牌的手表质量更好.

显然，平均日走时误差越小，手表的质量越好，为此我们计算两种品牌的手表日走时误差期望为

$$E(X) = -1 \times 0.1 + 0 \times 0.8 + 1 \times 0.1 = 0$$
$$E(Y) = -1 \times 0.3 + 0 \times 0.4 + 1 \times 0.3 = 0$$

由计算结果我们得到，两种手表日走时误差均值是相同的，仅就均值而言无法评定哪种手表的质量更好. 但是就本案例来说，哪种品牌手表的日走时误差比较集中在 0 附近，则其质量较好. 如果手表的日走时误差平均值是 0，但分布很散，则其质量一定很差. 那么我们用什么来刻画随机变量的分散性呢？ 这就是我们将要介绍的随机变量的另一个重要数字特征 —— 方差.

定义 7.16 设 $E(X)$ 是随机变量 X 的数学期望，若 $E\{[X-E(X)]^2\}$ 存在，则称 $E\{[X-E(X)]^2\}$ 为 X 的方差，记作 $D(X)$，即 $D(X) = E\{[X-E(X)]^2\}$. 显然，$D(X) \geqslant 0$，在实际问题中经常会用到 $\sqrt{D(X)}$，称为标准差或均方差.

方差通常按以下公式计算：

$$D(X) = E(X^2) - [E(X)]^2$$

例 6 已知离散型随机变量的 X 的概率分布列为

X	-1	0	3
P	0.2	0.4	0.4

求 $D(X)$.

解 $E(X) = -1 \times 0.2 + 0 \times 0.4 + 3 \times 0.4 = 1$.

$E(X^2) = (-1)^2 \times 0.2 + 0^2 \times 0.4 + 3^2 \times 0.4 = 3.8$.

$D(X) = E(X^2) - [E(X)]^2 = 3.8 - 1^2 = 2.8$.

例 7 已知连续型随机变量的 X 的概率密度函数为

$$f(x) = \begin{cases} 2x, & 0 \leqslant x \leqslant 1 \\ 0, & \text{其他} \end{cases}$$

求 $D(X)$.

解 $E(X) = \int_{-\infty}^{+\infty} x f(x) \mathrm{d}x = \int_0^1 2x^2 \mathrm{d}x = \frac{2}{3} x^3 \Big|_0^1 = \frac{2}{3}.$

$$E(X^2) = \int_{-\infty}^{+\infty} x^2 f(x) \mathrm{d}x = \int_0^1 2x^3 \mathrm{d}x = \frac{2}{4} x^4 \Big|_0^1 = \frac{1}{2}.$$

$$D(X) = E(X^2) - [E(X)]^2 = \frac{1}{2} - \left(\frac{2}{3}\right)^2 = \frac{1}{18}.$$

7.4.4 方差的性质

性质 1 设 $D(X)$ 存在，C 为常数，则有 $D(C) = 0$.

性质 2 设 $D(X)$ 存在，a 为常数，则有 $D(aX) = a^2 D(X)$.

性质 3 设 $D(X)$ 存在，a，b 均为常数，则有 $D(aX + b) = a^2 D(X)$.

性质 4 设 $D(X)$，$D(Y)$ 存在，且 X，Y 独立，则有 $D(X + Y) = D(X) + D(Y)$.

例 8 设 $E(X) = 5$，$E(X^2) = 30$，求 (1) $D(X)$；(2) $D(-2X)$；(3) $D(2X + 3)$.

解 (1) $D(X) = E(X^2) - [E(X)]^2 = 30 - 5^2 = 5.$

(2) $D(-2X) = (-2)^2 D(X) = 20.$

(3) $D(2X + 3) = 2^2 D(X) = 20.$

■ **练习 7.4**

1. 箱子中有 5 个零件，其中 2 个为次品，从箱子中每次任取一个进行检验，检验后无放回，直到查出全部次品为止. 求所需检验次数的数学期望.

2. 假设某种热水器的使用寿命 X 是一个随机变量，其概率密度为

$$f(x) = \begin{cases} \mathrm{e}^{-x}, & x \geqslant 0 \\ 0, & x < 0 \end{cases}$$

求这种热水器的平均使用寿命.

3. 已知 X 的概率分布列为

X	-1	0	1	2
P	0.2	0.1	0.2	0.5

求：(1) $E(X)$；(2) $E(3X + 1)$；(3) $D(X)$；(4) $D(-2X + 1)$.

4. 已知 $X \sim U[0, 2]$，求：(1) $D(X)$；(2) $D(-X)$.

7.5 概率在经济上的应用

概率在实际问题中的应用非常广泛，本节介绍概率在经济中的一些简单应用.

7.5.1 风险决策问题

进行决策之前，往往存在着很多不确定的随机因素，此时所作的决策有一定的风险，称为风险决策. 只有正确、科学的决策才能实现以最小成本获得最大利润的总目标，其最基本的方法是期望值法，即在各种备选方案中选择一种能使某个经济指标(可以是利润、收

益、产值、生产率、损失、成本等）的期望值达到最大或最小的决策方法. 下面我们通过具体案例来介绍这种方法.

例 1（石油开采决策）　某油田指挥部要选择在 A 区或 B 区试钻探一口油井，已知 A 区油井钻探费用为 60 万元，能钻探出石油的概率为 0.3，若钻探出石油，则有 1000 万元的收入；B 区油井钻探费用为 20 万元，能钻探出石油的概率为 0.8，若钻探出石油，则有 200 万元的收入. 油田指挥部该如何决策？

解　在 A 区钻井的期望利润＝在 A 区钻井的期望收益－A 区钻井成本
$$=(1000\times0.3+0\times0.7)-60=240（万元）$$
在 B 区钻井的期望利润＝在 B 区钻井的期望收益－B 区钻井成本
$$=(200\times0.8+0\times0.2)-20=140（万元）$$

由于在 A 区钻井的期望利润比在 B 区钻井的期望利润大，因此选择在 A 区钻井这种决策.

显然这种决策是有风险的，万一在 A 区钻探不出石油，将损失 60 万元的钻探费，正是由于这一原因，保守的指挥者就很可能决定选择在 B 区钻井. 当然，如果站在损失最小的角度上去决策，则应该选择在 B 区钻井，因为 B 区钻探不出石油的概率低于 A 区，这说明在决策时，选择不同的经济指标所得到的最优决策可能是不同的.

例 2（生产方案决策）　某工厂在确定下一个生产计划期内产品的生产批量时，根据以往的经验及市场调查的结果，得到了产品销路好、销路一般和销路差 3 种状态下的概率分别为 0.3、0.5 和 0.2，现有大、中、小批量生产的 3 种可供选择的生产方案，并且已知 3 种生产方案的投资金额与 3 种市场状态下的收益值如表 7-4 所示.

表 7-4　生产方案的投资金额与收益值

生产方案	投资金额 / 万元	收益金额 / 万元		
		销路好	销路一般	销路差
大批量生产	10	20	14	−12
中批量生产	8	18	12	−8
小批量生产	5	16	10	−6

该工厂采用哪种生产方案为宜？

解　大批量生产方案：
期望利润＝期望收益－投资成本＝$20\times0.3+14\times0.5+(-12)\times0.2-10=0.6（万元）$
中批量生产方案：
期望利润＝期望收益－投资成本＝$18\times0.3+12\times0.5+(-8)\times0.2-8=1.8（万元）$
小批量生产方案：
期望利润＝期望收益－投资成本＝$16\times0.3+10\times0.5+(-6)\times0.2-5=3.6（万元）$
所以该工厂选择小批量生产方案最为适宜.

7.5.2　随机库存问题

在商品销售过程中，商品的库存量或进货量是一个很重要的因素. 如果商品脱销，则会影响利润,如果商品不能全卖出去,就要支付商品的保管费和银行的借款利息等费用,也会使利润降低. 所以,商品销售者控制好库存量或进货量是至关重要的,既要保证商品不脱销,又要保证商品不积压. 下面我们结合具体案例介绍概率在随机库存问题中的简单应用.

例 3(库存控制问题) 某花店出售鲜花,鲜花的进货价是 2.5 元 / 束,正常销售价为 5 元 / 束. 由于鲜花是不能积压的,因此花店每天的鲜花若不能正常出售,就得以 1.5 元 / 束的价格处理掉. 假设这家花店每天销售 200 束、300 束、400 束、500 束鲜花的可能性分别为 20%,40%,20%,20%,那么该店每天应库存多少束鲜花才能使利润 L 最大化?(假设每天鲜花库存量为 200 束、300 束、400 束、500 束这 4 种情况之一)

解 首先确定每天正常售出一束鲜花可得利润 $5-2.5=2.5$(元),每处理一束鲜花的损失为 $2.5-1.5=1$(元).

设 $X=\{$花店每天出售 X 束鲜花$\}$,则 $X=200,300,400,500$. 其概率分布列为

X	200	300	400	500
P	0.2	0.4	0.2	0.2

若库存 200 束,则一定能全部卖出,此时利润的期望值为
$$L_1=200\times2.5=500(\text{元})$$

若库存 300 束,则可能出现 2 种情况:

(1) 有 20% 的可能只卖出 200 束,其余 100 束要处理销售;

(2) 有 80% 的可能都卖出. 此时利润的期望值为
$$L_2=(200\times0.2+300\times0.8)\times2.5-100\times0.2\times1=680(\text{元})$$

若库存 400 束,则可能出现 3 种情况:

(1) 有 20% 的可能只卖出 200 束,其余 200 束要处理销售;

(2) 有 40% 的可能只卖出 300 束,其余 100 束要处理销售;

(3) 有 40% 的可能全部卖出. 此时利润的期望值为
$$L_3=(200\times0.2+300\times0.4+400\times0.4)\times2.5-200\times1\times0.2-100\times1\times0.4$$
$$=720(\text{元})$$

若库存 500 束,则可能出现 4 种情况:

(1) 有 20% 的可能只卖出 200 束,其余 300 束要处理销售;

(2) 有 40% 的可能卖出 300 束,其余 200 束要处理销售;

(3) 有 20% 的可能卖出 400 束,其余 100 束要处理销售;

(4) 有 20% 的可能全部卖出. 此时利润的期望值为
$$L_4=(200\times0.2+300\times0.4+400\times0.2+500\times0.2)\times2.5-300\times1\times0.2-$$
$$200\times1\times0.4-100\times1\times0.2$$
$$=690(\text{元})$$

由以上计算可以看出,当花店每天库存 400 束鲜花时,利润的期望值最大,即这家花店每天购进鲜花 400 束时,获得利润最大.

由于鲜花、生鲜食品、报纸等这类商品,一般具有更新快,不宜或不能长久保存的特

点，在每个销售周期内，库存量其实就是进货量，所以这类商品的随机库存问题也是对其随机进货量的控制问题．

7.5.3 抽样检验问题

检验分为全数检验和抽样检验，若被检验对象数量很大，或者检验本身具有破坏性，如检验某灯泡厂生产的电灯泡的使用寿命，采用抽样检验的方法．下面结合具体案例介绍概率在抽样检验问题中的一些简单应用．

例4（质量监控问题） 某商店准备从甲厂或乙厂购进一批钟表，为了比较二者的质量差异，在甲、乙两厂的产品中各抽取100块钟表进行检验，测得数据如表7-5、表7-6所示．

表7-5 甲厂钟表检验数据表

误差／秒	0	0.1	0.2	0.3
数量／块	15	35	30	20

表7-6 乙厂钟表检验数据表

误差／秒	0	0.1	0.2	0.3
数量／块	2	60	20	18

解 显然，直接进行数据比较难以判断其产品质量的优劣，我们可以使用求误差期望值的方法来进行比较．设 $X = \{$甲厂钟表走时误差$\}$，$Y = \{$乙厂钟表走时误差$\}$，则有

$$E(X) = 0 \times \frac{15}{100} + 0.1 \times \frac{35}{100} + 0.2 \times \frac{30}{100} + 0.3 \times \frac{20}{100} = 0.155(秒)$$

$$E(Y) = 0 \times \frac{2}{100} + 0.1 \times \frac{60}{100} + 0.2 \times \frac{20}{100} + 0.3 \times \frac{18}{100} = 0.154(秒)$$

根据计算结果，可以断定乙厂生产的钟表质量更好一些．

例5（三倍均方差原理） 某工厂生产的滚珠直径 X（单位：毫米）是一个随机变量，服从参数为 μ 和 σ 的一般正态分布．现从该工厂的产品中任取一个进行检验，求：

（1）滚珠直径 X 在 $(\mu - \sigma, \mu + \sigma)$ 的概率；

（2）滚珠直径 X 在 $(\mu - 2\sigma, \mu + 2\sigma)$ 的概率；

（3）滚珠直径 X 在 $(\mu - 3\sigma, \mu + 3\sigma)$ 的概率．

解 （1）$P(\mu - \sigma < X < \mu + \sigma) = \Phi(1) - \Phi(-1) = 0.6826$．

（2）$P(\mu - 2\sigma < X < \mu + 2\sigma) = \Phi(2) - \Phi(-2) = 0.9544$．

（3）$P(\mu - 3\sigma < X < \mu + 3\sigma) = \Phi(3) - \Phi(-3) = 0.9973$．

由本例可以看出，服从一般正态分布的随机变量 X 的取值几乎都落在区间 $(\mu - 3\sigma, \mu + 3\sigma)$ 上，而在此区间之外取值的概率很小，这就是统计工作者在作统计推断结论时经常采用的三倍均方差原理，也是一般正态分布在质量检测、工艺过程控制等抽样检验问题中的典型应用．

7.5.4 保险问题

在保险问题中，保险公司要对参保客户进行风险评估分析，这就要用到概率论的有关

知识. 下面以人身保险为例, 介绍概率在保险问题中有关理赔风险的评估及参保金额和赔付金额的确定等方面的实际应用.

例 6（人身保险问题）　某保险公司把参保人分为 3 类:"低风险""一般风险""高风险". 他们的统计资料表明, 对于上述 3 类人而言, 在一年内出一次事故的概率分别为 0.05、0.15、0.35, 如果"低风险"参保人占参保总人数的 20％, "一般风险"参保人占参保总人数的 30％, "高风险"参保人占参保总人数的 50％, 那么一个新参保客户在他购买保险后一年内出一次事故的概率是多少?

解　由于保险公司不知道该客户属于哪一类人群, 所以分 3 种情况去考虑其出事故的概率, 设 A_1＝{参保客户为"低风险"类}, A_2＝{参保客户为"一般风险"类}, A_3＝{参保客户为"高风险"类}, B＝{参保客户在一年内出一次事故}, 由全概率公式得

$$P(B)=P(A_1)P(B\mid A_1)+P(A_2)P(B\mid A_2)+P(A_3)P(B\mid A_3)$$

$$=\frac{20}{100}\times 0.05+\frac{30}{100}\times 0.15+\frac{50}{100}\times 0.35=0.23$$

即该客户在未来一年内出事故的概率为 0.23.

如果该参保客户在他购买保险后一年内出了一次事故, 问他属于"高风险"类的概率是多少?

这是一个后验概率问题, 也是一个条件概率问题, 所要求的概率为 $P(A_3\mid B)$, 由贝叶斯公式得

$$P(A_3\mid B)=\frac{P(A_3)P(B\mid A_3)}{P(B)}=\frac{\frac{50}{100}\times 0.35}{0.23}\approx 0.76$$

例 7（参保金额问题）　某保险公司规定, 如果在一年内参保人发生事故, 该公司将赔偿 a 元. 若一年内参保人发生事故的概率为 p, 为了使保险公司的收益等于赔偿金额 a 的 10％, 则该保险公司要求参保客户每年缴纳多少参保金?

解　设 X＝{保险公司的赔偿金额}, 则参保客户每年需要缴纳的参保金额均为

$$0.1a+E(X)$$

而 X 的概率分布列为

X	a	0
P	p	$1-p$

因为

$$E(X)=a\cdot p+0\cdot(1-p)=ap$$

所以保险公司要求参保客户每年缴纳的参保金额为

$$0.1a+E(X)=0.1a+ap(元)$$

■ 练习 7.5

1. 某服装厂生产衬衫, 每件衬衫的成本为 50 元, 在国际市场上, 这种衬衫每件售价折合人民币 100 元. 但若在国内销售, 每件只能卖 40 元. 据外贸公司估计, 明年这种衬衫的出口量（单位: 万件）及可能性如表 7－7 所示.

表 7-7　衬衫出口数据表

出口量／万件	10	12	15	20
可能性	0.15	0.2	0.4	0.25

　　假定厂方根据外贸公司的估计，确定出产量分别为 10 万件、12 万件、15 万件、20 万件 4 种生产方案，问该厂应如何选择生产方案最优.

　　2. 已知某面包房每天卖出 100 个、150 个、200 个、250 个、300 个面包的可能性分别为 20％、25％、30％、15％ 和 10％. 每个面包的成本为 2 元，销售价为 4 元，若当天不能售完，就以每个 1 元的价格处理. 请问面包房每天生产多少个面包（生产量必须是 100、150、200、250、300 这 5 个数中的某一个）才能获得最大利润？

　　3. 为了解不同地区人们消费心理的差异，在甲、乙两市各随机抽取 100 户居民调查他们当年的储蓄率（收入中用来储蓄所占的比例），假定得到的数据如表 7-8 所示.

表 7-8　甲、乙两市储蓄数据表

	甲　　市			乙　　市		
储蓄率	10.5％	6.3％	9.4％	8.6％	7.5％	7.8％
户数／户	40	35	25	35	30	35

试分析甲、乙两市居民的消费习惯差异.

　　4. 保险公司认为，人可以分为两类，一类是容易出事故的，另一类是比较谨慎的. 保险公司的统计表明，一个容易出事故的人在一年内出一次事故的概率为 0.4，而对于比较谨慎的人来说，在一年内出一次事故的概率为 0.2，若假定第一类人占 30％. 求：

　　(1) 一个新参保客户购买保险后的一年内出一次事故的概率；

　　(2) 若该参保客户购买保险后一年内出了一次事故，则他为易出事故的人的概率.

本 章 小 结

　　本章我们引入了随机变量的概念，并讨论了离散型随机变量和连续型随机变量的概率分布或概率密度函数、分布函数、数字特征，以及常见的随机变量分布情况，并着重讨论了正态分布. 数学期望和方差是描述随机变量取值情形的重要的数字特征，它们由随机变量的概率分布唯一确定. 反之，若已知随机变量的数学期望和方差值，并且知道随机变量属于何种类型分布，则可以唯一确定其概率分布.

阅读材料

综合练习 7

一、填空题

1. 已知随机变量 X 的概率分布列为

X	-1	0	1	2
P	0.2	0.2	a	0.2

则 $a =$ _____.

2. 设随机变量 X 的分布函数为

$$F(x) = \begin{cases} 0, & -\infty < x < 0 \\ 1 - \cos x, & 0 \leqslant x < \dfrac{\pi}{2} \\ 1, & \dfrac{\pi}{2} \leqslant x < +\infty \end{cases}$$

则 $P\left(0 < X \leqslant \dfrac{\pi}{2}\right) =$ _____.

3. 已知 $X \sim U[0, 10]$,则 $E(2X - 1) =$ _____.

4. 已知 $X \sim N(0, 1)$,$P(X \leqslant 2) = 0.9772$,则 $P(X \leqslant -2) =$ _____.

5. 已知随机变量 X,$E(X) = 2$,$E(X^2) = 10$,则 $D(2X + 3) =$ _____.

二、单项选择题

1. 设 $F(x)$ 为随机变量 X 的分布函数,则下列各式错误的是( ).

A. $0 \leqslant F(x) \leqslant 1$ B. $\lim\limits_{x \to -\infty} F(x) = 0$

C. $\lim\limits_{x \to +\infty} F(x) = 1$ D. $P(a < X < b) = F(b) - F(a)$

2. 设随机变量 $X \sim N(\mu, \sigma^2)$,下列关于其概率密度 $f(x)$ 的描述中错误的是( ).

A. 图像关于直线 $x = \mu$ 对称   B. 图像在 $x = \mu$ 处取最大值 $\dfrac{1}{\sqrt{2\pi}\,\sigma}$

C. 参数 σ 越大,图像越陡峭   D. 图像以 x 轴为渐近线

3. 设随机变量 X 的概率密度函数 $f(x) = \begin{cases} 2\mathrm{e}^{-2x}, & x \geqslant 0 \\ 0, & x < 0 \end{cases}$,则 X 服从( ).

A. 泊松分布   B. 均匀分布   C. 指数分布   D. 正态分布

4. 下列函数可以作为某一连续型随机变量 X 的概率密度函数的为( ).

A. $f(x) = \begin{cases} \sin x, & 0 \leqslant x \leqslant \pi \\ 0, & \text{其他} \end{cases}$ B. $f(x) = \begin{cases} 2x^2, & 0 \leqslant x \leqslant 1 \\ 0, & \text{其他} \end{cases}$

C. $f(x) = \begin{cases} \mathrm{e}^{-x}, & x \geqslant 0 \\ 0, & x < 0 \end{cases}$ D. $f(x) = \begin{cases} 0.5, & 0 \leqslant x \leqslant 1 \\ 0, & \text{其他} \end{cases}$

5. 某高校抽样调查结果表明,学生的数学成绩(百分制,单位:分)X 服从 $\mu = 75$,

$\sigma = 5$ 的正态分布，则该高校某学生的数学成绩在 $70 \sim 80$ 分之间的概率为(　　)．

A. 0.1587　　　　　B. 0.3174　　　　　C. 0.6826　　　　　D. 0.8413

三、解答题

1. 某工厂有 10 件产品，包含 3 件次品，现从中任取 3 件进行检验，求取出的 3 件产品中次品数 X 的概率分布列与分布函数．

2. 某大厦有 6 部同型号电梯，每部电梯开动的概率均为 0.9．若各部电梯的开动相互独立，每部电梯开动时所消耗的电能均为 50 个单位，求该大厦电梯消耗电能不少于 100 个单位的概率．

3. 电话交换台每分钟接收到的电话呼叫次数 X 服从 $\lambda = 2$ 的泊松分布，求在一分钟内接收到电话呼叫次数不超过 3 次的概率．

4. 已知连续型随机变量 X 的概率密度函数为

$$f(x) = \begin{cases} kx + 1, & 0 \leqslant x \leqslant 2 \\ 0, & \text{其他} \end{cases}$$

求：(1) 常数 k；(2) $P(1 < X \leqslant 2.5)$．

5. 已知 $X \sim N(10, 2^2)$，求：(1) $P(10 \leqslant X < 13)$；(2) $P(X > 8)$．

6. 已知随机变量 X 的概率分布列为

X	-2	0	2
P	0.4	0.3	0.3

求：(1) $E(X)$；(2) $D(X)$．

7. 某种空调的使用寿命 X（单位：小时）是一个随机变量，其概率密度函数为

$$f(x) = \begin{cases} \lambda e^{-\lambda x}, & x > 0 \\ 0, & x \leqslant 0 \end{cases} \quad (\text{其中} \lambda > 0)$$

求这种空调的平均使用寿命与方差．

8. 据统计资料显示，一位 40 岁的健康人（体检未发现病症者）在 5 年之内死亡，死于车祸的概率为 p，死于非车祸的概率为 $1 - p$．某保险公司开办 5 年人寿保险，参加者需交保险费 a 元，若 5 年内非车祸死亡，公司赔偿 $b(b > a)$ 元．求：

(1) b 应如何确定，才能使公司可期望获益？

(2) 若有 m 人参加保险，公司可期望从中受益多少？

习题参考答案

第 8 章　数理统计

数理统计是在概率论的基础上，通过对研究对象进行观察和试验，从中收集相关数据，由此对实际问题的客观规律作出合理的推断和预测.

8.1　统计量及其分布

8.1.1　总体、样本、统计量

案例 8.1　考察某大学学生 2022 年的生活消费支出情况，随机抽出一部分同学询问，例如，抽取 200 名同学统计他们的相关数据，从而估计该大学学生 2022 年的生活消费支出状况.

定义 8.1　在数理统计中，把研究对象的全体称为总体，把构成总体的每个元素称为个体.

在案例 8.1 中，某大学学生 2022 年的生活消费支出构成一个总体，每一个学生的生活消费支出是一个个体.

在实际中，我们研究的通常是总体的某一项数量指标，如对于某大学学生，主要是调查他们的生活消费支出，这是一个随机变量 X，因而把总体记作总体 X.

定义 8.2　从一个总体 X 中，随机抽取 n 个个体 $X_1, X_2, \cdots, X_n$，则 $(X_1, X_2, \cdots, X_n)$ 称为总体 X 的一个样本，样本中所含个体的数目 n 称为样本容量. 样本 $(X_1, X_2, \cdots, X_n)$ 是 n 维随机变量. 一次观测后样本 $(X_1, X_2, \cdots, X_n)$ 所得到的一组具体的数值 $(x_1, x_2, \cdots, x_n)$ 称为样本值.

在案例 8.1 中，样本容量为 200，测得的一组数据是样本值.

定义 8.3　设 $(X_1, X_2, \cdots, X_n)$ 为总体 X 的一个样本，如果这 n 个随机变量 $X_1, X_2, \cdots, X_n$ 相互独立，且与总体 X 同分布，则称这个样本为简单随机样本.

注：今后凡提到样本都是指简单随机样本.

定义 8.4　设 $(X_1, X_2, \cdots, X_n)$ 是总体的一个样本，若由随机变量 $X_1, X_2, \cdots, X_n$ 所构成的函数 $g(X_1, X_2, \cdots, X_n)$ 不含任何未知参数且连续，则称 $g(X_1, X_2, \cdots, X_n)$ 为统计量. 如果 $(x_1, x_2, \cdots, x_n)$ 为 $(X_1, X_2, \cdots, X_n)$ 的一组样本值，则把 $g(x_1, x_2, \cdots, x_n)$ 称为 $g(X_1, X_2, \cdots, X_n)$ 的一个样本值.

统计量是数理统计中一个非常重要的概念，在实际问题中，经常需要构造统计量，然后依据样本作出推断.

定义 8.5　设 $(X_1, X_2, \cdots, X_n)$ 是总体的一个样本，则有
样本均值

$$\overline{X} = \frac{1}{n} \sum_{i=1}^{n} X_i$$

样本方差

$$S^2 = \frac{1}{n-1} \sum_{i=1}^{n} (X_i - \overline{X})^2$$

样本标准差

$$S = \sqrt{\frac{1}{n-1} \sum_{i=1}^{n} (X_i - \overline{X})^2}$$

样本 k 阶(原点)矩

$$A_k = \frac{1}{n} \sum_{i=1}^{n} X_i^k \quad (k = 1, 2, \cdots)$$

样本 k 阶中心矩

$$B_k = \frac{1}{n} \sum_{i=1}^{n} (X_i - \overline{X})^k \quad (k = 1, 2, \cdots)$$

以上是一些常用的统计量. 它们的样本值可分别表示为

$$\overline{x} = \frac{1}{n} \sum_{i=1}^{n} x_i$$

$$s^2 = \frac{1}{n-1} \sum_{i=1}^{n} (x_i - \overline{x})^2$$

$$s = \sqrt{\frac{1}{n-1} \sum_{i=1}^{n} (x_i - \overline{x})^2}$$

$$a_k = \frac{1}{n} \sum_{i=1}^{n} x_i^k \quad (k = 1, 2, \cdots)$$

$$b_k = \frac{1}{n} \sum_{i=1}^{n} (x_i - \overline{x})^k \quad (k = 1, 2, \cdots)$$

例 1 设总体 $X \sim N(\mu, \sigma^2)$, 其中 μ 已知, σ^2 未知, $(X_1, X_2, \cdots, X_n)$ 是总体 X 的一个样本, 则下列函数中哪些是统计量?

(1) $\dfrac{\sigma X_1 + X_3 + X_n}{3}$;

(2) $X_1 + X_2 + \cdots + X_n$;

(3) $\mu X_1 + X_2 - X_n^2$;

(4) $\dfrac{1}{8} X_1 + \dfrac{2}{5} X_2 + \dfrac{\mu}{6} X_3 - \sigma$.

解 (2) $X_1 + X_2 + \cdots + X_n$ 和 (3) $\mu X_1 + X_2 - X_n^2$ 是统计量.

例 2 有一批零件, 从中抽取 5 个, 测得质量(单位:克)如下:

$$42 \quad 50 \quad 46 \quad 45 \quad 49$$

计算样本均值与样本方差.

解 样本均值为

$$\overline{x} = \frac{1}{5}(42 + 50 + 46 + 45 + 49) = 46.4$$

样本方差为

$$s^2 = \frac{1}{4} \left[(42 - 46.4)^2 + (50 - 46.4)^2 + (46 - 46.4)^2 + (45 - 46.4)^2 + (49 - 46.4)^2 \right]$$

$$= 10.3$$

8.1.2 抽样分布

案例 8.2 某班经济法考试成绩 $X \sim N(80, 10^2)$，从中抽取 16 位学生的成绩，其样本均值是一个随机变量，可以计算出样本均值落在 $76 \sim 82$ 分的概率为 0.7333.

定义 8.6 统计量 $g(X_1, X_2, \cdots, X_n)$ 是关于随机变量 $X_1, X_2, \cdots, X_n$ 的函数，它也是随机变量，统计量的概率分布称为抽样分布.

以下是几个常用的统计量分布.

定义 8.7 设 $X_1, X_2, \cdots, X_n$ 是取自总体 $X \sim N(0, 1)$ 的样本，则称统计量 $\chi^2 = X_1^2 + X_2^2 + \cdots + X_n^2$ 服从自由度为 n 的 χ^2 分布，记作 $\chi^2 \sim \chi^2(n)$.

χ^2 分布的概率密度曲线在第一象限内，与 n 的取值有关，呈不规则分布，如图 8-1 所示.

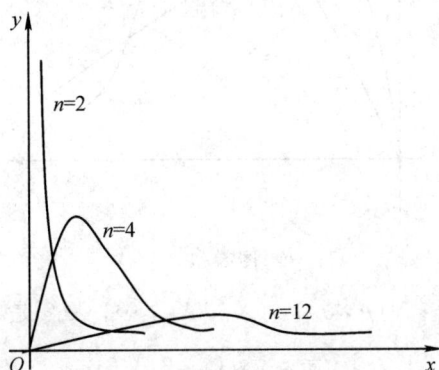

图 8-1

定义 8.8 设 $X \sim N(0, 1)$，$Y \sim \chi^2(n)$，且 X, Y 相互独立，则称统计量 $T = \dfrac{X}{\sqrt{Y/n}}$ 服从自由度为 n 的 t 分布，记作 $T \sim t(n)$.

t 分布的概率密度曲线关于 y 轴对称，与 n 的取值有关，随着 n 增大，图形越来越接近标准正态概率密度曲线，如图 8-2 所示.

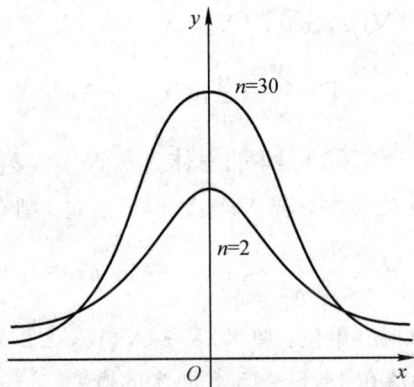

图 8-2

定义 8.9 设 $X \sim \chi^2(n_1)$，$Y \sim \chi^2(n_2)$，且 X，Y 相互独立，则称统计量 $F = \dfrac{X/n_1}{Y/n_2}$ 服从自由度为 n_1，n_2 的 F 分布，记作 $F \sim F(n_1, n_2)$.

F 分布的概率密度曲线在第一象限内，与 n_1，n_2 的取值有关，呈不规则分布，如图 8-3 所示.

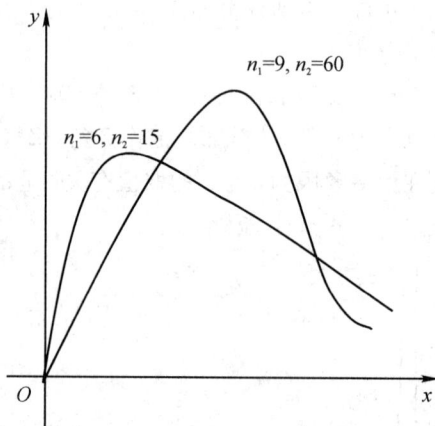

图 8-3

定理 8.1 设总体 $X \sim N(\mu, \sigma^2)$，$(X_1, X_2, \cdots, X_n)$ 是 X 的样本，则有

$$\overline{X} \sim N\left(\mu, \frac{\sigma^2}{n}\right)$$

定理 8.2 设总体 $X \sim N(\mu, \sigma^2)$，$(X_1, X_2, \cdots, X_n)$ 是 X 的样本，则有

$$U = \frac{\overline{X} - \mu}{\sigma/\sqrt{n}} \sim N(0, 1)$$

定理 8.3 设总体 $X \sim N(\mu, \sigma^2)$，$(X_1, X_2, \cdots, X_n)$ 是 X 的样本，则有

$$\chi^2 = \frac{(n-1)S^2}{\sigma^2} \sim \chi^2(n-1)$$

定理 8.4 设总体 $X \sim N(\mu, \sigma^2)$，$(X_1, X_2, \cdots, X_n)$ 是 X 的样本，则有

$$T = \frac{\overline{X} - \mu}{S/\sqrt{n}} \sim t(n-1)$$

定理 8.5 设 $(X_1, X_2, \cdots, X_{n_1})$ 是取自总体 $X \sim N(\mu_1, \sigma_1^2)$ 的样本，$(Y_1, Y_2, \cdots, Y_{n_2})$ 是取自总体 $Y \sim N(\mu_2, \sigma_2^2)$ 的样本，若 X 与 Y 相互独立，则有

$$F = \frac{S_1^2/\sigma_1^2}{S_2^2/\sigma_2^2} \sim F(n_1 - 1, n_2 - 1)$$

例 3 设某种玻璃杯的口径（单位：厘米）$X \sim N(15, 1.2^2)$，现从中抽取一个样本容量为 9 的样本，求样本均值 $\overline{X}$ 落在 14.5～15.8 厘米的概率.

解 样本均值为

$$\overline{X} \sim N(15, 0.4^2)$$

那么样本均值 $\overline{X}$ 落在 $14.5 \sim 15.8$ 厘米的概率为

$$P(14.5 \leqslant \overline{X} \leqslant 15.8) = F(15.8) - F(14.5)$$
$$= \Phi\left(\frac{15.8 - 15}{0.4}\right) - \Phi\left(\frac{14.5 - 15}{0.4}\right)$$
$$= \Phi(2) - \Phi(-1.25)$$
$$= 0.8716$$

■ **练习 8.1**

1. 从某种食品中抽取样本容量为 5 的样本，测得蛋白质含量（单位：%）如下：

$$2.7 \quad 2.4 \quad 2.9 \quad 2.2 \quad 2.3$$

计算样本均值与样本方差.

2. 设总体 $X \sim N(\mu, \sigma^2)$，其中 μ, σ^2 均未知，$(X_1, X_2, \cdots, X_n)$ 是总体 X 的一个样本，则下列函数中哪些是统计量？

(1) $\dfrac{\mu}{3} X_1 + X_2^2 + \cdots + \dfrac{7}{6} X_n$；

(2) $X_1 + \dfrac{1}{4} X_3 - X_n^2$；

(3) $\dfrac{3}{7} X_1 + \dfrac{2}{9} X_2 + \mu X_3 - \sigma^2 X_n$.

3. 已知某种导线的电阻（单位：Ω）$X \sim N(0.21, 0.03^2)$，从中随机抽取样本容量为 9 的样本，求样本均值 $\overline{X}$ 落在 $0.19 \sim 0.22$ 的概率.

8.2　参　数　估　计

参数估计是统计推断的一种重要方法，参数估计就是根据样本观测值 $x_1, x_2, \cdots, x_n$ 估计总体 X 中的未知参数，同时还能够确定估计的准确度. 参数估计分为点估计和区间估计两部分.

8.2.1　参数的点估计

点估计是依据样本估计总体分布中所含的未知参数或未知参数的函数. 通常，它们是总体的某个特征值，如数学期望、方差等. 点估计的方法是要构造一个只依赖样本的统计量，作为未知参数或未知参数的函数的估计量.

案例 8.3　已知某种包装盒的高度（单位：厘米）X 服从正态分布，随机抽取 5 个检测，结果如下：

$$3.4 \quad 2.9 \quad 3.3 \quad 3.1 \quad 2.8$$

则估计包装盒的高度均值为 3.1 厘米，方差为 0.065.

定义 8.10　用样本均值 $\overline{X}$ 作为总体均值 μ 的点估计量，即

$$\hat{\mu} = \overline{X} = \frac{1}{n} \sum_{i=1}^{n} X_i$$

用样本方差 S^2 作为总体方差 σ^2 的点估计量, 即

$$\hat{\sigma}^2 = S^2 = \frac{1}{n-1} \sum_{i=1}^{n} (X_i - \overline{X})^2$$

定义 8.11 设 $(X_1, X_2, \cdots, X_n)$ 是总体 X 的样本, $\hat{\theta}(X_1, X_2, \cdots, X_n)$ 为未知参数 θ 的点估计量, 若满足 $E(\hat{\theta}) = \theta$, 则称 $\hat{\theta}$ 为 θ 的无偏估计量.

可以证明样本均值 $\overline{X}$ 和样本方差 S^2 分别是总体均值 μ 和总体方差 σ^2 的无偏估计量.

定义 8.12 设 $(X_1, X_2, \cdots, X_n)$ 是总体 X 的样本, 两个无偏估计量 $\hat{\theta}_1(X_1, X_2, \cdots, X_n)$ 和 $\hat{\theta}_2(X_1, X_2, \cdots, X_n)$, 若满足 $D(\hat{\theta}_1) < D(\hat{\theta}_2)$, 则称 $\hat{\theta}_1$ 较 $\hat{\theta}_2$ 有效.

例 1 某大学女生体重 (单位: 千克) X 服从正态分布, 随机抽取 6 个学生进行测量, 结果如下:

$$46 \quad 52 \quad 49 \quad 51 \quad 45 \quad 54$$

试用样本均值和方差估计总体均值 μ 与方差 σ^2.

解 总体均值 μ 的估计值为

$$\hat{\mu} = \overline{x} = \frac{1}{6}(46 + 52 + 49 + 51 + 45 + 54) = 49.5$$

总体方差 σ^2 的估计值为

$$\hat{\sigma}^2 = s^2 = \frac{1}{5}\big[(46 - 49.5)^2 + (52 - 49.5)^2 + (49 - 49.5)^2 + (51 - 49.5)^2 +$$

$$(45 - 49.5)^2 + (54 - 49.5)^2\big]$$

$$= 12.3$$

例 2 设总体 $X \sim N(\mu, \sigma^2)$, X_1, X_2, X_3 是总体 X 的一个样本. 下面 3 个统计量哪些是总体均值 μ 的无偏估计量, 并指出哪一个最好.

(1) $\hat{\mu}_1 = \frac{1}{4}X_1 + \frac{1}{2}X_2 + \frac{1}{4}X_3$;

(2) $\hat{\mu}_2 = \frac{1}{8}X_1 + \frac{3}{8}X_2 + \frac{1}{2}X_3$;

(3) $\hat{\mu}_3 = \frac{1}{3}(X_1 + X_2 + X_3)$.

解 因为

$$E(\hat{\mu}_1) = \frac{1}{4}\mu + \frac{1}{2}\mu + \frac{1}{4}\mu = \mu$$

$$E(\hat{\mu}_2) = \frac{1}{8}\mu + \frac{3}{8}\mu + \frac{1}{2}\mu = \mu$$

$$E(\hat{\mu}_3) = \frac{1}{3}(\mu + \mu + \mu) = \mu$$

$$D(\hat{\mu}_1) = D\left(\frac{1}{4}X_1 + \frac{1}{2}X_2 + \frac{1}{4}X_3\right) = \left(\frac{1}{16} + \frac{1}{4} + \frac{1}{16}\right)\sigma^2 = \frac{3}{8}\sigma^2$$

$$D(\hat{\mu}_2) = D\left(\frac{1}{8}X_1 + \frac{3}{8}X_2 + \frac{1}{2}X_3\right) = \left(\frac{1}{64} + \frac{9}{64} + \frac{1}{4}\right)\sigma^2 = \frac{13}{32}\sigma^2$$

$$D(\hat{\mu}_3) = D\left[\frac{1}{3}(X_1 + X_2 + X_3)\right] = \frac{3}{9}\sigma^2 = \frac{1}{3}\sigma^2$$

所以 $\hat{\mu}_1$，$\hat{\mu}_2$，$\hat{\mu}_3$ 都是总体均值 μ 的无偏估计量，且 $\hat{\mu}_3$ 较 $\hat{\mu}_1$、$\hat{\mu}_2$ 有效.

8.2.2　参数的区间估计

虽然参数的点估计给出了未知参数的一个近似值，但是无法解决估计的精确度，区间估计是依据抽取的样本，根据一定的正确度与精确度的要求，构造适当的区间，作为总体分布的未知参数所属范围的估计. 例如，人们常说的"有百分之多少的把握"就是某值在某个范围内，也是区间估计最简单的应用.

案例 8.4　已知某单位职工元月份工资（单位：元）$X \sim N(\mu, 100^2)$，随机抽取 16 位职工统计并计算出他们的月平均工资 $\overline{x} = 1050$ 元，那么可以推断该单位全体职工元月份工资均值 μ 在 $1037.75 \sim 1062.25$ 元的可能性为 0.95.

定义 8.13　设 θ 为总体 X 中的一个未知参数，由样本 $(X_1, X_2, \cdots, X_n)$ 确定的两个统计量 $\hat{\theta}_1(X_1, X_2, \cdots, X_n)$ 和 $\hat{\theta}_2(X_1, X_2, \cdots, X_n)$，对于给定的值 $\alpha(0 < \alpha < 1)$，若能满足

$$P(\hat{\theta}_1 < \theta < \hat{\theta}_2) = 1 - \alpha$$

则区间 $(\hat{\theta}_1, \hat{\theta}_2)$ 称为参数 θ 的 $1 - \alpha$ 置信区间，$\hat{\theta}_1$，$\hat{\theta}_2$ 分别称为置信下限与置信上限，$1 - \alpha$ 称为置信度. $1 - \alpha$ 通常取 0.90，0.95，0.99.

定义 8.14　设 θ 为总体 X 中的一个未知参数，由样本 $(X_1, X_2, \cdots, X_n)$ 确定的统计量 $\hat{\theta}_1(X_1, X_2, \cdots, X_n)$，对于给定的值 $\alpha(0 < \alpha < 1)$，若能满足

$$P(\theta > \hat{\theta}_1) = 1 - \alpha$$

则区间 $(\hat{\theta}_1, +\infty)$ 称为 θ 的 $1 - \alpha$ 单侧置信区间，$\hat{\theta}_1$ 称为 θ 的单侧置信下限.

由样本 $(X_1, X_2, \cdots, X_n)$ 确定的统计量 $\hat{\theta}_2(X_1, X_2, \cdots, X_n)$，满足

$$P(\theta < \hat{\theta}_2) = 1 - \alpha$$

则区间 $(-\infty, \hat{\theta}_2)$ 称为 θ 的 $1 - \alpha$ 单侧置信区间，$\hat{\theta}_2$ 称为 θ 的单侧置信上限.

1. 正态总体均值的置信区间求法

对于给定的置信度 $1 - \alpha$，分以下两种情况讨论：

（1）总体方差 σ^2 已知. 统计量

$$U = \frac{\overline{X} - \mu}{\sigma/\sqrt{n}} \sim N(0, 1)$$

由于 $1 - \alpha$ 已知，可通过标准正态分布表查出一个临界值 $z_{1-\frac{\alpha}{2}}$，使

$$P(|U| < z_{1-\frac{\alpha}{2}}) = 1 - \alpha$$

得

$$P\left(\left|\frac{\overline{X} - \mu}{\sigma/\sqrt{n}}\right| < z_{1-\frac{\alpha}{2}}\right) = 1 - \alpha$$

$$P\left(\overline{X} - \frac{\sigma}{\sqrt{n}}z_{1-\frac{\alpha}{2}} < \mu < \overline{X} + \frac{\sigma}{\sqrt{n}}z_{1-\frac{\alpha}{2}}\right) = 1 - \alpha$$

则 μ 的 $1-\alpha$ 置信区间为

$$\left(\overline{X} - \frac{\sigma}{\sqrt{n}} z_{1-\frac{\alpha}{2}}, \ \overline{X} + \frac{\sigma}{\sqrt{n}} z_{1-\frac{\alpha}{2}}\right)$$

（2）总体方差 σ^2 未知. 统计量

$$T = \frac{\overline{X} - \mu}{S/\sqrt{n}} \sim t(n-1)$$

由于 $1-\alpha$ 已知，可通过 t 分布表查出一个临界值 $t_{\frac{\alpha}{2}}(n-1)$，使

$$P(|T| < t_{\frac{\alpha}{2}}(n-1)) = 1-\alpha$$

得

$$P\left(\left|\frac{\overline{X} - \mu}{S/\sqrt{n}}\right| < t_{\frac{\alpha}{2}}(n-1)\right) = 1-\alpha$$

$$P\left(\overline{X} - \frac{S}{\sqrt{n}} t_{\frac{\alpha}{2}}(n-1) < \mu < \overline{X} + \frac{S}{\sqrt{n}} t_{\frac{\alpha}{2}}(n-1)\right) = 1-\alpha$$

则 μ 的 $1-\alpha$ 置信区间为

$$\left(\overline{X} - \frac{S}{\sqrt{n}} t_{\frac{\alpha}{2}}(n-1), \ \overline{X} + \frac{S}{\sqrt{n}} t_{\frac{\alpha}{2}}(n-1)\right)$$

2. 正态总体方差的置信区间求法

仅研究总体均值 μ 未知这种情况. 统计量

$$\chi^2 = \frac{(n-1)S^2}{\sigma^2} \sim \chi^2(n-1)$$

由于 $1-\alpha$ 已知，可通过 χ^2 分布表查出临界值 $\chi^2_{1-\frac{\alpha}{2}}(n-1)$，$\chi^2_{\frac{\alpha}{2}}(n-1)$，使

$$P\left(\chi^2_{1-\frac{\alpha}{2}}(n-1) < \frac{(n-1)S^2}{\sigma^2} < \chi^2_{\frac{\alpha}{2}}(n-1)\right) = 1-\alpha$$

$$P\left(\frac{(n-1)S^2}{\chi^2_{\frac{\alpha}{2}}(n-1)} < \sigma^2 < \frac{(n-1)S^2}{\chi^2_{1-\frac{\alpha}{2}}(n-1)}\right) = 1-\alpha$$

σ^2 的 $1-\alpha$ 置信区间为

$$\left(\frac{(n-1)S^2}{\chi^2_{\frac{\alpha}{2}}(n-1)}, \ \frac{(n-1)S^2}{\chi^2_{1-\frac{\alpha}{2}}(n-1)}\right)$$

例3 某陶瓷厂生产盘子，设盘子直径（单位：厘米）X 服从正态分布，从某天的产品中抽出 6 个，测得结果如下：

$$9.9 \quad 10.3 \quad 10.1 \quad 9.7 \quad 10.4 \quad 9.6$$

如果知道该天产品的直径方差是 0.04，求平均直径的 0.95 置信区间.

解 $\overline{x} = \frac{1}{6}(9.9 + 10.3 + 10.1 + 9.7 + 10.4 + 9.6) = 10$

由于 $1-\alpha = 0.95$，则

$$z_{1-\frac{\alpha}{2}} = z_{0.975} = 1.96$$

$$z_{0.975}\frac{\sigma}{\sqrt{n}}=1.96\times\frac{0.2}{\sqrt{6}}\approx0.16$$

平均直径的 0.95 置信区间是 $(9.84，10.16)$，即盘子平均直径在 $9.84\sim10.16$ 厘米的可能性为 0.95.

■ 练习 8.2

1. 已知某种丝线的强力（单位：牛）$X\sim N(\mu，\sigma^2)$，现从中抽取样本容量为 5 的样本，测得数据如下：

$$1.82\quad1.79\quad1.80\quad1.75\quad1.84$$

试用点估计法求总体均值 μ 与方差 σ^2 的估计值.

2. 设某种小旗杆的长度（单位：厘米）$X\sim N(\mu，0.6^2)$，现随机抽取 5 个，测得数据如下：

$$26.3\quad26.5\quad26.2\quad26.1\quad26.6$$

求总体均值 μ 的 0.99 置信区间.

3. 设某年级学生百米测试时的跑步速度（单位：m/s）$X\sim N(\mu，\sigma^2)$，现随机抽取 10 位同学，测得跑步速度的样本标准差 $s=12$ m/s，求跑步速度的方差 σ^2 的 0.95 置信区间.

8.3　假　设　检　验

8.3.1　假设检验基本原理

假设检验与参数估计一样，也是统计推断的一种重要方法. 假设检验就是根据实际问题，对未知参数提出某种假设，根据样本对假设的正确性作出判断.

案例 8.5　某工厂用自动包装机包装瓜子，每袋质量（单位：克）服从正态分布，其标准质量 μ 为 151，标准差 σ 为 1.6. 某日开工后，随机抽取 6 袋，测得结果如下：

$$148.3\quad149.2\quad151.7\quad147.9\quad153.1\quad146.8$$

设标准差不变，判断包装机工作是否正常？ 经计算知 $\overline{x}=149.5$，与 151 显然有误差，可用假设检验的方法进行判断. 假设包装机工作正常，即标准质量 $\mu=151$，考虑统计量

$$U=\frac{\overline{X}-151}{1.6/\sqrt{6}}\sim N(0,1)$$

对于一个小概率 0.05，可查表得

$$P\left(\left|\frac{\overline{X}-151}{1.6/\sqrt{6}}\right|>1.96\right)=0.05$$

把计算结果 $\overline{x}=149.5$ 代入上式，得

$$|U|=\left|\frac{149.5-151}{1.6/\sqrt{6}}\right|\approx2.296>1.96$$

在假设成立的情况下，小概率事件在一次抽样中发生了，作出判断，否定假设，即认为包装机工作不正常.

原理 8.1 小概率事件在一次试验或观察中几乎不发生.

8.3.2 正态总体的假设检验

1. 正态总体方差已知时正态总体均值的假设检验

(1) 提出原假设 $H_0: \mu = \mu_0$;

(2) 选择统计量 $U = \dfrac{\overline{X} - \mu_0}{\sigma / \sqrt{n}} \sim N(0, 1)$;

(3) 对于给定的 α, 查标准正态分布表, 得临界值 $z_{1-\frac{\alpha}{2}}$,
则拒绝域为 $(-\infty, -z_{1-\frac{\alpha}{2}})$ 或 $(z_{1-\frac{\alpha}{2}}, +\infty)$.

若统计量的观测值在拒绝域内, 拒绝原假设 H_0, 否则接受原假设 H_0. 上述检验方法称为 U 检验法.

2. 正态总体方差未知时正态总体均值的假设检验

(1) 提出原假设 $H_0: \mu = \mu_0$;

(2) 选择统计量 $T = \dfrac{\overline{X} - \mu_0}{S / \sqrt{n}} \sim t(n-1)$;

(3) 对于给定的 α, 查 t 分布表, 得临界值 $t_{\frac{\alpha}{2}}(n-1)$,
则拒绝域为 $(-\infty, -t_{\frac{\alpha}{2}}(n-1))$ 或 $(t_{\frac{\alpha}{2}}(n-1), +\infty)$.

若统计量的观测值在拒绝域内, 拒绝原假设 H_0, 否则接受原假设 H_0. 上述检验方法称为 T 检验法.

3. 正态总体均值未知时正态总体方差的假设检验

(1) 提出原假设 $H_0: \sigma^2 = \sigma_0^2$;

(2) 选择统计量 $\chi^2 = \dfrac{(n-1)S^2}{\sigma^2} \sim \chi^2(n-1)$;

(3) 对于给定的 α, 查 χ^2 分布表, 得临界值 $\chi^2_{1-\frac{\alpha}{2}}(n-1)$, $\chi^2_{\frac{\alpha}{2}}(n-1)$,
则拒绝域为 $(0, \chi^2_{1-\frac{\alpha}{2}}(n-1))$ 或 $(\chi^2_{\frac{\alpha}{2}}(n-1), +\infty)$.

若统计量的观测值在拒绝域内, 拒绝原假设 H_0, 否则接受原假设 H_0. 上述检验方法称为 χ^2 检验法.

例 1 测量两城市之间的距离, 5 次测量结果(单位: 千米) 如下:

$$662 \quad 679 \quad 658 \quad 681 \quad 675$$

设测量距离服从正态分布, 问两城市之间的距离是否为 690 千米? ($\alpha = 0.05$)

解 原假设 $H_0: \mu = 690$;

由于总体方差未知, 选择统计量 $T = \dfrac{\overline{X} - \mu}{S / \sqrt{n}} \sim t(n-1)$;

对于给定的 $\alpha = 0.05$, 查 t 分布表, 得临界值 $t_{\frac{\alpha}{2}}(n-1) = t_{0.025}(4) = 2.776$;

根据样本值计算得 $\bar{x}=671$，$s^2=107.5$，则

$$|T|=\left|\frac{671-690}{\sqrt{107.5}/\sqrt{5}}\right|\approx 4.098>2.776$$

拒绝原假设，即认为两城市之间的距离没有 690 千米.

例 2 设某种房屋面积（单位：平方米）$X\sim N(\mu，\sigma^2)$，随机抽取 6 个房间测量，得 $s^2=160$，问房屋面积的总体方差是否为 100？（$\alpha=0.05$）

解 原假设 H_0：$\sigma^2=100$；

选择统计量 $\chi^2=\dfrac{(n-1)S^2}{\sigma^2}\sim\chi^2(n-1)$；

对于给定的 $\alpha=0.05$，查 χ^2 分布表，得临界值

$$\chi^2_{1-\frac{a}{2}}(n-1)=\chi^2_{0.975}(5)=0.831,\ \chi^2_{\frac{a}{2}}(n-1)=\chi^2_{0.025}(5)=12.833$$

由于 $s^2=160$，得

$$\chi^2=\frac{5\times 160}{100}=8$$

由于 $0.831<8<12.833$，故接受原假设，即认为房屋面积的总体方差是 100.

■ 练习 8.3

1. 设某种合金中铝的含量（单位：%）$X\sim N(8.5，0.21^2)$，现进行了工艺改造，又抽取样本容量为 6 的样本，测得结果如下：

8.7　8.4　8.5　8.6　8.9　8.8

已知方差不变，合金中铝的含量是否仍为 8.5？（$\alpha=0.01$）

2. 从一批手机中抽取 5 部，测得其厚度（单位：毫米）如下：

10.5　10.3　10.5　10.2　10.4

设测量值服从正态分布，这批手机的厚度是否为 10.2 毫米？（$\alpha=0.05$）

3. 设某瓶装饮料的质量（单位：克）$X\sim N(\mu，\sigma^2)$，从中任取 5 瓶，测得结果如下：

510　495　503　502　490

这种瓶装饮料的质量方差是否为 25？（$\alpha=0.01$）

本 章 小 结

数理统计是随着概率论的发展而衍生的一个数学分支，它以随机现象的观察试验取得的资料作为出发点，以概率论为理论基础来研究随机现象. 根据资料为随机现象选择数学模型，且利用数学资料来验证数学模型是否合适，在合适的基础上再研究它的特点、性质和规律性. 研究如何有效地收集、整理和分析受随机因素影响的数据，并对所考虑的问题作出推断或预测，为采取某种决策和行动提供依据或建议.

我们的数理统计课程只讨论统计推断. 本课程的目的是让学生了解统计推断检验等方法，并能够应用这些方法对研究对象的客观规律性作出种种合理的估计和判断. 要求掌握

总体参数的点估计和区间估计，假设检验的基本方法与技巧.

阅读材料

综 合 练 习 8

一、填空题

1. 参数估计包括_____和_____.

2. 估计量的评选标准是_____和_____.

3. 总体未知参数 θ 的 0.99 置信区间的含义是_____.

4. 小概率事件原理是_____.

5. 在假设检验时，若计算出的统计量的值在拒绝域内，则作出判断_____.

二、单项选择题

1. 设总体 $X \sim N(\mu, \sigma^2)$，$(X_1, X_2, \cdots, X_n)$ 是 X 的一个样本，则样本均值 $\overline{X} \sim$（ ）.

A. $N(\mu, \sigma^2)$ B. $N\left(\dfrac{\mu}{n}, \sigma^2\right)$ C. $N\left(\mu, \dfrac{\sigma^2}{n}\right)$ D. $N(\mu, n\sigma^2)$

2. 设总体 $X \sim N(\mu, \sigma^2)$，其中 μ, σ^2 均未知，(X_1, X_2, X_3) 是总体 X 的一个样本，则下列函数中，（ ）是统计量.

A. $X_1 + \mu X_2 + X_3$ B. $X_1 - 3X_2 - \sigma^2$

C. $\dfrac{5}{6}X_1 + X_2 - X_3^2$ D. $\sigma X_1 X_2 - 2X_3^2$

3. 设总体 $X \sim N(\mu, \sigma^2)$，(X_1, X_2, X_3) 是总体 X 的一个样本，下列统计量中，（ ）是总体均值 μ 的无偏估计量.

A. $X_1 + X_2 + X_3$ B. $\dfrac{1}{2}X_1 + \dfrac{1}{6}X_2 + \dfrac{1}{3}X_3$

C. $\dfrac{3}{5}X_1 + X_2 + \dfrac{1}{3}X_3$ D. $X_1 + \dfrac{2}{7}X_3$

4. 在对一个正态总体假设检验时，原假设 $H_0: \mu = \mu_0$，若总体方差 σ^2 未知，那么所用的统计量是（ ）.

A. $U = \dfrac{\overline{X} - \mu}{\sigma/\sqrt{n}}$ B. $T = \dfrac{\overline{X} - \mu}{S/\sqrt{n}}$

C. $\chi^2 = \dfrac{(n-1)S^2}{\sigma^2}$ D. $\overline{X}$

三、解答题

1. 从某厂生产的一批滑轮中随机抽取 6 个，测得直径（单位：毫米）如下：

$$31.6 \quad 32.1 \quad 31.7 \quad 31.9 \quad 32.0 \quad 31.5$$

求其样本均值和样本方差.

2. 设某城市居民家庭月生活用水量（单位：吨）$X \sim N(6, 2.4^2)$，随机抽取 16 个家庭，求样本均值在 $5.1 \sim 6.9$ 吨的概率.

3. 从某种调味品中抽取样本容量为 5 的一个样本，测得含盐量（单位：%）如下：

$$17.2 \quad 16.9 \quad 17.4 \quad 16.7 \quad 16.3$$

试用样本均值和样本方差估计总体均值 μ 与方差 σ^2.

4. 设男性肺活量（单位：毫升）$X \sim N(\mu, \sigma^2)$，随机测得 6 个男性的肺活量，数据如下：

$$3900 \quad 3700 \quad 3780 \quad 3850 \quad 3650 \quad 3620$$

求男性肺活量均值与标准差的 0.95 置信区间.

5. 某工厂生产的一批塑料桶，其容积（单位：升）$X \sim N(\mu, \sigma^2)$，现抽取 25 个塑料桶，测得样本均值 $\bar{x} = 4.15$，样本标准差 $s = 0.21$，这批塑料桶的容积是否为 4.05 升？（$\alpha = 0.1$）

习题参考答案

第9章 行 列 式

在现代经济管理中,很多问题最后都归结到线性方程组. 行列式作为解线性方程组的一个重要工具,应用非常广泛. 本章将介绍行列式的概念、性质与运算,并利用它们求解线性方程组,从而解决经济管理中的一些实际问题.

9.1 二阶与三阶行列式

n 元线性方程组(n 元一次方程组)的一般形式为

$$\begin{cases} a_{11}x_1+a_{12}x_2+\cdots+a_{1n}x_n=b_1 \\ a_{21}x_1+a_{22}x_2+\cdots+a_{2n}x_n=b_2 \\ \vdots \\ a_{m1}x_1+a_{m2}x_2+\cdots+a_{mn}x_n=b_m \end{cases}$$

它含有 m 个方程、n 个未知数,m 与 n 可以相等,也可以不相等. 其中 x_1,x_2,$\cdots$,x_n 是未知数,a_{11},a_{12},$\cdots$,a_{mn} 是系数,b_1,b_2,$\cdots$,b_m 是常数.

9.1.1 二阶行列式

下面讨论当 $m=n=2$、$m=n=3$ 时,即二元、三元线性方程组的解法,从而引出二阶、三阶行列式的概念.

案例 9.1 利用消元法解二元线性方程组 $\begin{cases} a_{11}x_1+a_{12}x_2=b_1 \\ a_{21}x_1+a_{22}x_2=b_2 \end{cases}$.

用 a_{22} 乘以第一个方程,用 a_{12} 乘以第二个方程,然后两式相减,消去 x_2,得到

$$(a_{11}a_{22}-a_{12}a_{21})x_1=b_1a_{22}-b_2a_{12}$$

同理,用 a_{21} 乘以第一个方程,用 a_{11} 乘以第二个方程,然后两式相减,消去 x_1,得到

$$(a_{11}a_{22}-a_{12}a_{21})x_2=a_{11}b_2-a_{21}b_1$$

当 $a_{11}a_{22}-a_{12}a_{21}\neq0$ 时,方程组有唯一解 $\begin{cases} x_1=\dfrac{b_1a_{22}-b_2a_{12}}{a_{11}a_{22}-a_{12}a_{21}} \\ x_2=\dfrac{a_{11}b_2-a_{21}b_1}{a_{11}a_{22}-a_{12}a_{21}} \end{cases}$.

为了方便,引入二阶行列式,记

$$D=\begin{vmatrix} a_{11} & a_{12} \\ a_{21} & a_{22} \end{vmatrix}=a_{11}a_{22}-a_{12}a_{21}$$

$$D_1=\begin{vmatrix} b_1 & a_{12} \\ b_2 & a_{22} \end{vmatrix}=b_1a_{22}-b_2a_{12}$$

$$D_2 = \begin{vmatrix} a_{11} & b_1 \\ a_{21} & b_2 \end{vmatrix} = a_{11}b_2 - a_{21}b_1$$

若 $D \neq 0$，方程组有唯一解 $\begin{cases} x_1 = \dfrac{D_1}{D} \\ x_2 = \dfrac{D_2}{D} \end{cases}$，其中，$D$ 称为方程组的系数行列式，$D_j (j=1, 2)$

是用方程组右端的常数 b_1，b_2 依次换掉 D 中的第 j 列元素得到的行列式.

定义 9.1 $\begin{vmatrix} a_{11} & a_{12} \\ a_{21} & a_{22} \end{vmatrix}$ 称为二阶行列式，$a_{ij}(i=1, 2; j=1, 2)$ 称为二阶行列式第 i 行

第 j 列的元素.

我们规定

$$\begin{vmatrix} a_{11} & a_{12} \\ a_{21} & a_{22} \end{vmatrix} = a_{11}a_{22} - a_{21}a_{12}$$

其中，式子的右端称为二阶行列式的展开式. 当元素 $a_{ij}(i, j=1, 2)$ 为实数时，其结果是一个数值.

例 1 计算下列二阶行列式.

(1) $\begin{vmatrix} 2 & 5 \\ 1 & -3 \end{vmatrix}$；   (2) $\begin{vmatrix} \cos x & -\sin x \\ \sin x & \cos x \end{vmatrix}$.

解 (1) $\begin{vmatrix} 2 & 5 \\ 1 & -3 \end{vmatrix} = 2 \times (-3) - 1 \times 5 = -11$.

(2) $\begin{vmatrix} \cos x & -\sin x \\ \sin x & \cos x \end{vmatrix} = \cos x \cdot \cos x - \sin x \cdot (-\sin x) = \cos^2 x + \sin^2 x = 1$.

例 2 利用行列式解二元线性方程组 $\begin{cases} 3x_1 - 2x_2 = 12 \\ 2x_1 + x_2 = 1 \end{cases}$.

解 因为

$$D = \begin{vmatrix} 3 & -2 \\ 2 & 1 \end{vmatrix} = 3 \times 1 - 2 \times (-2) = 7 \neq 0$$

$$D_1 = \begin{vmatrix} 12 & -2 \\ 1 & 1 \end{vmatrix} = 12 \times 1 - 1 \times (-2) = 14$$

$$D_2 = \begin{vmatrix} 3 & 12 \\ 2 & 1 \end{vmatrix} = 3 \times 1 - 2 \times 12 = -21$$

所以原方程组有唯一解

$$\begin{cases} x_1 = \dfrac{D_1}{D} = \dfrac{14}{7} = 2 \\ x_2 = \dfrac{D_2}{D} = \dfrac{-21}{7} = -3 \end{cases}$$

9.1.2 三阶行列式

定义 9.2 $\begin{vmatrix} a_{11} & a_{12} & a_{13} \\ a_{21} & a_{22} & a_{23} \\ a_{31} & a_{32} & a_{33} \end{vmatrix}$ 称为三阶行列式，且 $\begin{vmatrix} a_{11} & a_{12} & a_{13} \\ a_{21} & a_{22} & a_{23} \\ a_{31} & a_{32} & a_{33} \end{vmatrix} = a_{11}a_{22}a_{33} +$

$a_{12}a_{23}a_{31} + a_{13}a_{21}a_{32} - a_{13}a_{22}a_{31} - a_{12}a_{21}a_{33} - a_{11}a_{23}a_{32}$

其中，式子的右端称为三阶行列式的展开式.

为了便于记忆，三阶行列式也可按图 9-1 所示的对角线法展开：图中有三条平行于主对角线的实线，有三条平行于副对角线的虚线，实线上三个元素的乘积取"＋"号，虚线上三个元素的乘积取"－"号.

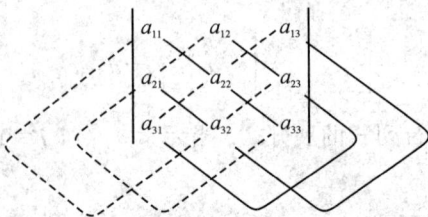

图 9-1

注意：对角线法只适用于二阶或三阶行列式的计算，更高阶行列式的计算方法将在后继课程中介绍.

例 3 计算三阶行列式 $\begin{vmatrix} 2 & 1 & 2 \\ 3 & 4 & 1 \\ 2 & -6 & 5 \end{vmatrix}$.

解 $\begin{vmatrix} 2 & 1 & 2 \\ 3 & 4 & 1 \\ 2 & -6 & 5 \end{vmatrix} = 2\times4\times5 + 1\times1\times2 + 2\times3\times(-6) - 2\times4\times2 - 1\times3\times5 - 2\times1\times$

$(-6) = -13$.

例 4 解线性方程组 $\begin{cases} 2x_1 + x_2 - x_3 = 1 \\ x_1 + 2x_2 + x_3 = 2 \\ x_1 + x_2 + 2x_3 = 3 \end{cases}$.

解 因为 $D = \begin{vmatrix} 2 & 1 & -1 \\ 1 & 2 & 1 \\ 1 & 1 & 2 \end{vmatrix} = 6 \neq 0$,

$D_1 = \begin{vmatrix} 1 & 1 & -1 \\ 2 & 2 & 1 \\ 3 & 1 & 2 \end{vmatrix} = 6$, $D_2 = \begin{vmatrix} 2 & 1 & -1 \\ 1 & 2 & 1 \\ 1 & 3 & 2 \end{vmatrix} = 0$, $D_3 = \begin{vmatrix} 2 & 1 & 1 \\ 1 & 2 & 2 \\ 1 & 1 & 3 \end{vmatrix} = 6$,

所以原方程组有唯一解 $\begin{cases} x_1 = \dfrac{D_1}{D} = 1 \\[2mm] x_2 = \dfrac{D_2}{D} = 0. \\[2mm] x_3 = \dfrac{D_3}{D} = 1 \end{cases}$

■ 练习 9.1

1. 计算下列二阶行列式的值.

(1) $\begin{vmatrix} 3 & 4 \\ 5 & 6 \end{vmatrix}$;
(2) $\begin{vmatrix} -1 & -2 \\ 2 & 3 \end{vmatrix}$;
(3) $\begin{vmatrix} x & x+y \\ x-y & x \end{vmatrix}$.

2. 计算下列三阶行列式的值.

(1) $\begin{vmatrix} 1 & 1 & -1 \\ 1 & 0 & 1 \\ -1 & 1 & -2 \end{vmatrix}$;
(2) $\begin{vmatrix} 2 & -3 & 1 \\ 1 & 1 & 1 \\ 3 & 1 & -2 \end{vmatrix}$;
(3) $\begin{vmatrix} 2 & 3 & -1 \\ 1 & -4 & 1 \\ 5 & -2 & 3 \end{vmatrix}$.

3. 利用行列式解下列方程组.

(1) $\begin{cases} 2x_1 - x_2 = 5 \\ 3x_1 + 2x_2 = 11 \end{cases}$;
(2) $\begin{cases} x_1 + x_2 + x_3 = 0 \\ 2x_1 - 5x_2 - 3x_3 = 10; \\ 2x_1 + 4x_2 + x_3 = 2 \end{cases}$
(3) $\begin{cases} x_1 + x_2 - x_3 = 1 \\ -x_1 + x_2 + x_3 = 1. \\ x_1 - x_2 + x_3 = 1 \end{cases}$

9.2 n 阶行列式

9.2.1 n 阶行列式的概念与性质

定义 9.3 $D = \begin{vmatrix} a_{11} & a_{12} & \cdots & a_{1n} \\ a_{21} & a_{22} & \cdots & a_{2n} \\ \vdots & \vdots & & \vdots \\ a_{n1} & a_{n2} & \cdots & a_{nn} \end{vmatrix}$ 称为 n 阶行列式. 它有 n 行、n 列，共 n^2 个元素.

$a_{ij}(i=1,2,\cdots,n; j=1,2,\cdots,n)$ 称为 n 阶行列式第 i 行第 j 列的元素.

n 阶行列式有如下性质：

性质 1 行列式所有的行与对应的列互换，行列式的值不变. 即

$$\begin{vmatrix} a_{11} & a_{12} & \cdots & a_{1n} \\ a_{21} & a_{22} & \cdots & a_{2n} \\ \vdots & \vdots & & \vdots \\ a_{n1} & a_{n2} & \cdots & a_{nn} \end{vmatrix} = \begin{vmatrix} a_{11} & a_{21} & \cdots & a_{n1} \\ a_{12} & a_{22} & \cdots & a_{n2} \\ \vdots & \vdots & & \vdots \\ a_{1n} & a_{2n} & \cdots & a_{nn} \end{vmatrix}$$

把行列式 D 的行与对应的列互换，所得的行列式称为 D 的转置行列式，记作 D^{T}.

由性质 1 知，$D = D^{\mathrm{T}}$. 性质 1 表明，在行列式中，行与列的地位是相同的，凡是行具有的性质，列也同样具有.

性质 2 行列式某一行(列)所有元素同乘以数 k，其行列式的值等于原行列式值的 k 倍. 即

$$\begin{vmatrix} ka_{11} & ka_{12} & \cdots & ka_{1n} \\ a_{21} & a_{22} & \cdots & a_{2n} \\ \vdots & \vdots & & \vdots \\ a_{n1} & a_{n2} & \cdots & a_{nn} \end{vmatrix} = k \begin{vmatrix} a_{11} & a_{12} & \cdots & a_{1n} \\ a_{21} & a_{22} & \cdots & a_{2n} \\ \vdots & \vdots & & \vdots \\ a_{n1} & a_{n2} & \cdots & a_{nn} \end{vmatrix}$$

性质 2 表明，在行列式中，若某一行(列)各元素都有公因子，则该公因子可以提到行列式外面去. 换句话说，一个数乘以行列式，相当于这个数乘以行列式的某一行(列)的每个元素. 利用性质 2，通过提取公因子可以把某行(列)的元素化小，从而使运算简化.

性质 3 互换行列式任意两行(列)的位置，行列式的值仅改变符号. 即

$$\begin{vmatrix} a_{11} & a_{12} & \cdots & a_{1n} \\ a_{21} & a_{22} & \cdots & a_{2n} \\ \vdots & \vdots & & \vdots \\ a_{n1} & a_{n2} & \cdots & a_{nn} \end{vmatrix} = - \begin{vmatrix} a_{21} & a_{22} & \cdots & a_{2n} \\ a_{11} & a_{12} & \cdots & a_{1n} \\ \vdots & \vdots & & \vdots \\ a_{n1} & a_{n2} & \cdots & a_{nn} \end{vmatrix}$$

利用性质 3，可以把行列式中的某个元素调整到指定位置. 如把 $D = \begin{vmatrix} 9 & 6 & 11 & -2 \\ 7 & -6 & -4 & 0 \\ -5 & 2 & -7 & 1 \\ -3 & 3 & 8 & 5 \end{vmatrix}$ 中的元素 1 调整到左上角，可以先对换第一列和第四列，再对换第一行和第三行. 即

$$D = \begin{vmatrix} 9 & 6 & 11 & -2 \\ 7 & -6 & -4 & 0 \\ -5 & 2 & -7 & 1 \\ -3 & 3 & 8 & 5 \end{vmatrix} = - \begin{vmatrix} -2 & 6 & 11 & 9 \\ 0 & -6 & -4 & 7 \\ 1 & 2 & -7 & -5 \\ 5 & 3 & 8 & -3 \end{vmatrix} = \begin{vmatrix} 1 & 2 & -7 & -5 \\ 0 & -6 & -4 & 7 \\ -2 & 6 & 11 & 9 \\ 5 & 3 & 8 & -3 \end{vmatrix}$$

性质 4 行列式中有一行(列)的元素全为 0，则行列式的值为 0. 即

$$\begin{vmatrix} 0 & 0 & \cdots & 0 \\ a_{21} & a_{22} & \cdots & a_{2n} \\ \vdots & \vdots & & \vdots \\ a_{n1} & a_{n2} & \cdots & a_{nn} \end{vmatrix} = 0$$

性质 5 行列式中有两行(列)的元素对应相等，则行列式的值为 0. 即

$$\begin{vmatrix} a_{21} & a_{22} & \cdots & a_{2n} \\ a_{21} & a_{22} & \cdots & a_{2n} \\ \vdots & \vdots & & \vdots \\ a_{n1} & a_{n2} & \cdots & a_{nn} \end{vmatrix} = 0$$

性质 6 行列式中有两行(列)的元素对应成比例，则行列式的值为 0. 即

$$\begin{vmatrix} a_{11} & a_{12} & \cdots & a_{1n} \\ ka_{11} & ka_{12} & \cdots & ka_{1n} \\ \vdots & \vdots & & \vdots \\ a_{n1} & a_{n2} & \cdots & a_{nn} \end{vmatrix} = 0$$

性质 7　如果行列式的某一行(列)中的各元素都可以写成两项之和,则此行列式可以拆分为两个行列式之和. 其中,这两个行列式的该行(列)元素分别为两项中的一项,而其他元素不变. 即

$$\begin{vmatrix} b_1+c_1 & b_2+c_2 & \cdots & b_n+c_n \\ a_{21} & a_{22} & \cdots & a_{2n} \\ \vdots & \vdots & & \vdots \\ a_{n1} & a_{n2} & \cdots & a_{nn} \end{vmatrix} = \begin{vmatrix} b_1 & b_2 & \cdots & b_n \\ a_{21} & a_{22} & \cdots & a_{2n} \\ \vdots & \vdots & & \vdots \\ a_{n1} & a_{n2} & \cdots & a_{nn} \end{vmatrix} + \begin{vmatrix} c_1 & c_2 & \cdots & c_n \\ a_{21} & a_{22} & \cdots & a_{2n} \\ \vdots & \vdots & & \vdots \\ a_{n1} & a_{n2} & \cdots & a_{nn} \end{vmatrix}$$

注意:若有两行(列)各元素都可以写成两项之和,则需要先拆分一行(列),然后拆分另一行(列),最终拆成 4 个行列式之和.

性质 8　把行列式的某一行(列)中的各元素都乘以 k,加到另一行(列)的对应元素上,行列式的值不变. 即

$$\begin{vmatrix} a_{11} & a_{12} & \cdots & a_{1n} \\ a_{21} & a_{22} & \cdots & a_{2n} \\ \vdots & \vdots & & \vdots \\ a_{n1} & a_{n2} & \cdots & a_{nn} \end{vmatrix} = \begin{vmatrix} a_{11} & a_{12} & \cdots & a_{1n} \\ a_{21}+ka_{11} & a_{22}+ka_{12} & \cdots & a_{2n}+ka_{1n} \\ \vdots & \vdots & & \vdots \\ a_{n1} & a_{n2} & \cdots & a_{nn} \end{vmatrix}$$

利用性质 8,可以把行列式中某一行(列)元素尽可能多地化为 0,这种运算称为化零运算. 需要注意的是,加到哪一行(列)上,哪一行(列)改变,其他行(列)不变.

例 1　设 $\begin{vmatrix} a_{11} & a_{12} & a_{13} \\ a_{21} & a_{22} & a_{23} \\ a_{31} & a_{32} & a_{33} \end{vmatrix}=1$,求 $\begin{vmatrix} 6a_{11} & -2a_{21} & -10a_{31} \\ -3a_{12} & a_{22} & 5a_{32} \\ -3a_{13} & a_{23} & 5a_{33} \end{vmatrix}$.

解　$\begin{vmatrix} 6a_{11} & -2a_{21} & -10a_{31} \\ -3a_{12} & a_{22} & 5a_{32} \\ -3a_{13} & a_{23} & 5a_{33} \end{vmatrix} \xlongequal{\text{性质 2}(-2)} \begin{vmatrix} -3a_{11} & a_{21} & 5a_{31} \\ -3a_{12} & a_{22} & 5a_{32} \\ -3a_{13} & a_{23} & 5a_{33} \end{vmatrix}$

$$\xlongequal{\text{性质 2}(-2)\times(-3)\times 5} \begin{vmatrix} a_{11} & a_{21} & a_{31} \\ a_{12} & a_{22} & a_{32} \\ a_{13} & a_{23} & a_{33} \end{vmatrix}$$

$$\xlongequal{\text{性质 1}} 30\begin{vmatrix} a_{11} & a_{21} & a_{31} \\ a_{12} & a_{22} & a_{32} \\ a_{13} & a_{23} & a_{33} \end{vmatrix}=30$$

例 2　利用行列式的性质证明 $\begin{vmatrix} a+b & c & -a \\ a+c & b & -c \\ b+c & a & -b \end{vmatrix} = \begin{vmatrix} b & a & c \\ a & c & b \\ c & b & a \end{vmatrix}$.

证明　$\begin{vmatrix} a+b & c & -a \\ a+c & b & -c \\ b+c & a & -b \end{vmatrix} \xlongequal{\text{性质 8}} \begin{vmatrix} a+b-a & c & -a \\ a+c-c & b & -c \\ b+c-b & a & -b \end{vmatrix} = \begin{vmatrix} b & c & -a \\ a & b & -c \\ c & a & -b \end{vmatrix}$

$$\xlongequal{\text{性质 2}} -\begin{vmatrix} b & c & a \\ a & b & c \\ c & a & b \end{vmatrix} \xlongequal{\text{性质 3}} \begin{vmatrix} b & a & c \\ a & c & b \\ c & b & a \end{vmatrix}$$

161

9.2.2 n 阶行列式的展开式

案例 9.2 将三阶行列式 $\begin{vmatrix} a_{11} & a_{12} & a_{13} \\ a_{21} & a_{22} & a_{23} \\ a_{31} & a_{32} & a_{33} \end{vmatrix}$ 用三个二阶行列式表示.

三阶行列式的展开式可表示为

$$\begin{vmatrix} a_{11} & a_{12} & a_{13} \\ a_{21} & a_{22} & a_{23} \\ a_{31} & a_{32} & a_{33} \end{vmatrix} = a_{11}a_{22}a_{33} + a_{12}a_{23}a_{31} + a_{13}a_{21}a_{32} - a_{13}a_{22}a_{31} - a_{12}a_{21}a_{33} - a_{11}a_{23}a_{32}$$

$$= a_{11}(a_{22}a_{33} - a_{23}a_{32}) - a_{12}(a_{21}a_{33} - a_{23}a_{31}) + a_{13}(a_{21}a_{32} - a_{22}a_{31})$$

$$= a_{11}\begin{vmatrix} a_{22} & a_{23} \\ a_{32} & a_{33} \end{vmatrix} - a_{12}\begin{vmatrix} a_{21} & a_{23} \\ a_{31} & a_{33} \end{vmatrix} + a_{13}\begin{vmatrix} a_{21} & a_{22} \\ a_{31} & a_{32} \end{vmatrix}$$

上式表明,一个三阶行列式可以用 3 个二阶行列式来表示,即三阶行列式等于它的第一行元素与相应的二阶行列式乘积的代数和.

类似地,一个四阶行列式可以用 4 个三阶行列式来表示,仿照这种由低阶行列式定义高阶行列式的方法,若 $n-1$ 阶行列式已经定义,则 n 阶行列式就可以用 n 个 $n-1$ 阶行列式来定义,下面引入余子式和代数余子式的概念.

定义 9.4 在 n 阶行列式 D 中,划去元素 a_{ij} 所在的行和列,余下的元素按原来的顺序构成 $n-1$ 阶行列式,称为元素 a_{ij} 的余子式,记作 M_{ij}. A_{ij} 称为元素 a_{ij} 的代数余子式,

$$A_{ij} = (-1)^{i+j}M_{ij}$$

例如,在三阶行列式 $\begin{vmatrix} a_{11} & a_{12} & a_{13} \\ a_{21} & a_{22} & a_{23} \\ a_{31} & a_{32} & a_{33} \end{vmatrix}$ 中,

元素 a_{11} 的余子式为 $M_{11} = \begin{vmatrix} a_{22} & a_{23} \\ a_{32} & a_{33} \end{vmatrix}$,代数余子式为 $A_{11} = (-1)^{1+1}M_{11} = \begin{vmatrix} a_{22} & a_{23} \\ a_{32} & a_{33} \end{vmatrix}$;

元素 a_{12} 的余子式为 $M_{12} = \begin{vmatrix} a_{21} & a_{23} \\ a_{31} & a_{33} \end{vmatrix}$,代数余子式为 $A_{12} = (-1)^{1+2}M_{12} = -\begin{vmatrix} a_{21} & a_{23} \\ a_{31} & a_{33} \end{vmatrix}$.

定理 9.1 行列式 D 等于它的任一行(列)元素与其对应的代数余子式乘积之和. 即

$$D = a_{i1}A_{i1} + a_{i2}A_{i2} + \cdots + a_{in}A_{in} \quad (i=1, 2, \cdots, n)$$

或

$$D = a_{1j}A_{1j} + a_{2j}A_{2j} + \cdots + a_{nj}A_{nj} \quad (j=1, 2, \cdots, n)$$

其中,第一个式子称为按第 i 行展开,第二个式子称为按第 j 列展开.

推论 9.1 行列式 D 的任一行(列)元素与另一行(列)对应元素的代数余子式乘积之和等于 0. 即

$$a_{i1}A_{j1} + a_{i2}A_{j2} + \cdots + a_{in}A_{jn} = 0 \quad (i \neq j)$$

或

$$a_{1i}A_{1j}+a_{2i}A_{2j}+\cdots+a_{ni}A_{nj}=0 \quad (i\neq j)$$

例 3 计算行列式 $D=\begin{vmatrix} 2 & 3 & -1 \\ 1 & -4 & 1 \\ 2 & 1 & 0 \end{vmatrix}$.

解 按第一行展开：

$$D=\begin{vmatrix} 2 & 3 & -1 \\ 1 & -4 & 1 \\ 2 & 1 & 0 \end{vmatrix}$$

$$=2\times(-1)^{1+1}\begin{vmatrix} -4 & 1 \\ 1 & 0 \end{vmatrix}+3\times(-1)^{1+2}\begin{vmatrix} 1 & 1 \\ 2 & 0 \end{vmatrix}+(-1)\times(-1)^{1+3}\begin{vmatrix} 1 & -4 \\ 2 & 1 \end{vmatrix}$$

$$=-2+6-9=-5$$

按第三列展开：

$$D=\begin{vmatrix} 2 & 3 & -1 \\ 1 & -4 & 1 \\ 2 & 1 & 0 \end{vmatrix}$$

$$=(-1)\times(-1)^{1+3}\begin{vmatrix} 1 & -4 \\ 2 & 1 \end{vmatrix}+1\times(-1)^{2+3}\begin{vmatrix} 2 & 3 \\ 2 & 1 \end{vmatrix}+0\times(-1)^{3+3}\begin{vmatrix} 2 & 3 \\ 1 & -4 \end{vmatrix}$$

$$=-9+4+0=-5$$

对于一个行列式，按任意一行(列)展开，它们的值都相等. 但是为了计算方便，我们尽量选择含 0 较多的行(列)展开.

例 4 计算行列式 $D=\begin{vmatrix} 0 & 2 & 0 & -1 \\ 0 & 1 & 0 & 2 \\ 2 & -1 & 2 & 1 \\ 0 & 1 & 3 & -1 \end{vmatrix}$.

解 $D=\begin{vmatrix} 0 & 2 & 0 & -1 \\ 0 & 1 & 0 & 2 \\ 2 & -1 & 2 & 1 \\ 0 & 1 & 3 & -1 \end{vmatrix}=2\times(-1)^{3+1}\begin{vmatrix} 2 & 0 & -1 \\ 1 & 0 & 2 \\ 1 & 3 & -1 \end{vmatrix}=2\times3\times(-1)^{3+2}\begin{vmatrix} 2 & -1 \\ 1 & 2 \end{vmatrix}=-30.$

计算 n 阶行列式，我们一般不直接利用按行(列)展开定理，将其化为 n 个 $n-1$ 阶行列式，而是把化零运算与展开式定理结合起来，先利用性质 8，使某一行(列)尽可能多地出现 0，再按该行(列)展开，从而达到简化运算的目的.

■ **练习 9.2**

1. 计算下列行列式.

(1) $\begin{vmatrix} 3 & 1 & 2 \\ 1 & 2 & 4 \\ 301 & 102 & 199 \end{vmatrix}$; (2) $\begin{vmatrix} 100 & 103 & 204 \\ 200 & 199 & 395 \\ 300 & 301 & 600 \end{vmatrix}$; (3) $\begin{vmatrix} 0 & 0 & 0 & 1 \\ 0 & 0 & 2 & 2 \\ 0 & 3 & 3 & 3 \\ 4 & 4 & 4 & 4 \end{vmatrix}$.

163

2. 设 $\begin{vmatrix} a_1+b_1 & a_1-b_1 \\ a_2+b_2 & a_2-b_2 \end{vmatrix}=4$，计算 $\begin{vmatrix} a_1 & b_1 \\ a_2 & b_2 \end{vmatrix}$.

3. 设 $\begin{vmatrix} a_{11} & a_{12} & a_{13} \\ a_{21} & a_{22} & a_{23} \\ a_{31} & a_{32} & a_{33} \end{vmatrix}=1$，计算 $\begin{vmatrix} a_{11} & -a_{12} & a_{13} \\ 2a_{21} & -2a_{22} & 2a_{23} \\ 3a_{31} & -3a_{32} & 3a_{33} \end{vmatrix}$.

4. 设 $\begin{vmatrix} a_{11} & a_{12} & a_{13} \\ a_{21} & a_{22} & a_{23} \\ a_{31} & a_{32} & a_{33} \end{vmatrix}=1$，计算 $\begin{vmatrix} 4a_{11} & 2a_{11}-3a_{12} & a_{13} \\ 4a_{21} & 2a_{21}-3a_{22} & a_{23} \\ 4a_{31} & 2a_{31}-3a_{32} & a_{33} \end{vmatrix}$.

5. 设四阶行列式 D 中，第三列元素依次为 $2,-1,1,0$，其余子式依次为 $3,5,4$，-7，求 D 的值.

6. 设四阶行列式 D 中，第一行元素依次为 $1,3,0,-2$，第三行元素对应的代数余子式依次为 $8,k,-7,10$，求 k 的值.

9.3 n 阶行列式的计算

9.3.1   几种特殊的行列式

案例 9.3   观察行列式 $\begin{vmatrix} 2 & 1 & 0 \\ 0 & 1 & 3 \\ 0 & 0 & 5 \end{vmatrix}$，发现特点：主对角线下方的元素全为零.

定义 9.5   行列式 $D=\begin{vmatrix} a_{11} & a_{12} & \cdots & a_{1n} \\ 0 & a_{22} & \cdots & a_{2n} \\ \vdots & \vdots & & \vdots \\ 0 & 0 & \cdots & a_{nn} \end{vmatrix}$ 称为上三角形行列式，它的值等于主对角

线上各元素的乘积. 即

$$D=\begin{vmatrix} a_{11} & a_{12} & \cdots & a_{1n} \\ 0 & a_{22} & \cdots & a_{2n} \\ \vdots & \vdots & & \vdots \\ 0 & 0 & \cdots & a_{nn} \end{vmatrix}=a_{11}a_{22}\cdots a_{nn}$$

例如，$D=\begin{vmatrix} 2 & -1 & 0 & 5 \\ 0 & 1 & 3 & -2 \\ 0 & 0 & -1 & 4 \\ 0 & 0 & 0 & 6 \end{vmatrix}=2\times1\times(-1)\times6=-12$.

定义 9.6   行列式 $D=\begin{vmatrix} a_{11} & 0 & \cdots & 0 \\ a_{21} & a_{22} & \cdots & 0 \\ \vdots & \vdots & & \vdots \\ a_{n1} & a_{n2} & \cdots & a_{nn} \end{vmatrix}$ 称为下三角形行列式. 它的值等于主对角

线上各元素的乘积. 即

$$D=\begin{vmatrix} a_{11} & 0 & \cdots & 0 \\ a_{21} & a_{22} & \cdots & 0 \\ \vdots & \vdots & & \vdots \\ a_{n1} & a_{n2} & \cdots & a_{nn} \end{vmatrix}=a_{11} \cdot a_{22} \cdot \cdots \cdot a_{nn}$$

例如，$D=\begin{vmatrix} 2 & 0 & 0 & 0 \\ -1 & 1 & 0 & 0 \\ 0 & 3 & -1 & 0 \\ 5 & -2 & 4 & 6 \end{vmatrix}=2\times1\times(-1)\times6=-12.$

定义 9.7 行列式 $D=\begin{vmatrix} a_{11} & 0 & \cdots & 0 \\ 0 & a_{22} & \cdots & 0 \\ \vdots & \vdots & & \vdots \\ 0 & 0 & \cdots & a_{nn} \end{vmatrix}$ 称为对角行列式，它的值等于主对角线上

各元素的乘积. 即

$$D=\begin{vmatrix} a_{11} & 0 & \cdots & 0 \\ 0 & a_{22} & \cdots & 0 \\ \vdots & \vdots & & \vdots \\ 0 & 0 & \cdots & a_{nn} \end{vmatrix}=a_{11}a_{22}\cdots a_{nn}$$

例如，$D=\begin{vmatrix} 2 & 0 & 0 & 0 \\ 0 & 1 & 0 & 0 \\ 0 & 0 & -1 & 0 \\ 0 & 0 & 0 & 6 \end{vmatrix}=2\times1\times(-1)\times6=-12.$

9.3.2 行列式的计算

1. 化为三角形行列式

由于上三角行列式的值等于主对角线上各元素的乘积，因此，若能利用行列式的性质，将给定的行列式化为上三角行列式，便可以求出行列式的值.

下面以四阶行列式 $D=\begin{vmatrix} a_{11} & a_{12} & a_{13} & a_{14} \\ a_{21} & a_{22} & a_{23} & a_{24} \\ a_{31} & a_{32} & a_{33} & a_{34} \\ a_{41} & a_{42} & a_{43} & a_{44} \end{vmatrix}$ 为例介绍化上三角行列式的方法.

假设元素 $a_{11}\neq0.$

首先从元素 a_{11} 的位置开始，利用性质 8，把第一列中元素 a_{11} 下面的元素都化成 0. 即

$$D=\begin{vmatrix} a_{11} & a_{12} & a_{13} & a_{14} \\ 0 & b_{22} & b_{23} & b_{24} \\ 0 & b_{32} & b_{33} & b_{34} \\ 0 & b_{42} & b_{43} & b_{44} \end{vmatrix}$$

然后从元素 b_{22} 的位置开始，利用性质 8，把第二列中元素 b_{22} 下面的元素都化成 0. 即

$$D=\begin{vmatrix} a_{11} & a_{12} & a_{13} & a_{14} \\ 0 & b_{22} & b_{23} & b_{24} \\ 0 & 0 & c_{33} & c_{34} \\ 0 & 0 & c_{43} & c_{44} \end{vmatrix}$$

接着从元素 c_{33} 的位置开始，利用性质 8，把第三列中元素 c_{33} 下面的元素都化成 0. 即

$$D=\begin{vmatrix} a_{11} & a_{12} & a_{13} & a_{14} \\ 0 & b_{22} & b_{23} & b_{24} \\ 0 & 0 & c_{33} & c_{34} \\ 0 & 0 & 0 & d_{44} \end{vmatrix}$$

这样，就把给定的行列式化成了上三角行列式，它的值等于主对角线上元素的乘积. 即

$$D=a_{11}b_{22}c_{33}d_{44}$$

为了清楚显示行列式的计算过程，下面引入一些符号：

(1) 以 r_i 表示第 i 行，以 c_i 表示第 i 列.

(2) 交换 i,j 两行，记作 $r_i \leftrightarrow r_j$；交换 i,j 两列，记作 $c_i \leftrightarrow c_j$.

(3) 从第 i 行提出公因子 k，记作 $r_i \div k$；从第 i 列提出公因子 k，记作 $c_i \div k$.

(4) 把第 i 行(列)的 k 倍加到第 j 行上去，记作 $r_j + kr_i$；把第 i 列的 k 倍加到第 j 列上去，记作 $c_j + kc_i$.

例 1 计算行列式 $D=\begin{vmatrix} 1 & 0 & -1 & 2 \\ -2 & 1 & 3 & 1 \\ 0 & 1 & 0 & -1 \\ 1 & 3 & 4 & -2 \end{vmatrix}$.

解 $D=\begin{vmatrix} 1 & 0 & -1 & 2 \\ -2 & 1 & 3 & 1 \\ 0 & 1 & 0 & -1 \\ 1 & 3 & 4 & -2 \end{vmatrix} \xrightarrow[r_4-r_1]{r_2+2r_1} \begin{vmatrix} 1 & 0 & -1 & 2 \\ 0 & 1 & 1 & 5 \\ 0 & 1 & 0 & -1 \\ 0 & 3 & 5 & -4 \end{vmatrix} \xrightarrow[r_4-3r_2]{r_3-r_2} \begin{vmatrix} 1 & 0 & -1 & 2 \\ 0 & 1 & 1 & 5 \\ 0 & 0 & -1 & -6 \\ 0 & 0 & 2 & -19 \end{vmatrix}$

$\xrightarrow{r_4+2r_3} \begin{vmatrix} 1 & 0 & -1 & 2 \\ 0 & 1 & 1 & 5 \\ 0 & 0 & -1 & -6 \\ 0 & 0 & 0 & -31 \end{vmatrix} = 1 \times 1 \times (-1) \times (-31) = 31$

例 2 计算行列式 $D=\begin{vmatrix} 3 & 1 & 1 & 1 \\ 1 & 3 & 1 & 1 \\ 1 & 1 & 3 & 1 \\ 1 & 1 & 1 & 3 \end{vmatrix}$.

解 $D = \begin{vmatrix} 3 & 1 & 1 & 1 \\ 1 & 3 & 1 & 1 \\ 1 & 1 & 3 & 1 \\ 1 & 1 & 1 & 3 \end{vmatrix} \xrightarrow[\substack{c_1+c_2 \\ c_1+c_3 \\ c_1+c_4}]{} \begin{vmatrix} 6 & 1 & 1 & 1 \\ 6 & 3 & 1 & 1 \\ 6 & 1 & 3 & 1 \\ 6 & 1 & 1 & 3 \end{vmatrix} \xrightarrow{c_1 \div 6} 6 \begin{vmatrix} 1 & 1 & 1 & 1 \\ 1 & 3 & 1 & 1 \\ 1 & 1 & 3 & 1 \\ 1 & 1 & 1 & 3 \end{vmatrix}$

$\xrightarrow[\substack{r_2-r_1 \\ r_3-r_1 \\ r_4-r_1}]{} 6 \begin{vmatrix} 1 & 1 & 1 & 1 \\ 0 & 2 & 0 & 0 \\ 0 & 0 & 2 & 0 \\ 0 & 0 & 0 & 2 \end{vmatrix} = 6 \times 1 \times 2 \times 2 \times 2 = 48$

例 2 中, 行列式的特点是: 各行元素之和相等, 主对角线上的元素相同. 因此, 把行列式的其他列都加到第 1 列上去, 然后提取公因子, 再利用行列式的性质, 把它化成上三角行列式, 从而简化了运算.

2. 降阶法

利用行列式的性质 8, 将 n 阶行列式某一行(列)的 $n-1$ 个元素化为零, 然后利用行列式的展开式定理, 按这一行(列)展开, 这样原来的 n 阶行列式就化为了一个 $n-1$ 阶行列式. 类似依次做下去, 直至化为一个二阶行列式, 从而计算出 n 阶行列式的值.

例 3 计算行列式 $D = \begin{vmatrix} 2 & 0 & 1 & -1 \\ 1 & -5 & 3 & -3 \\ 3 & 1 & -1 & 2 \\ -5 & 1 & 3 & -4 \end{vmatrix}$.

解 $D = \begin{vmatrix} 2 & 0 & 1 & -1 \\ 1 & -5 & 3 & -3 \\ 3 & 1 & -1 & 2 \\ -5 & 1 & 3 & -4 \end{vmatrix} = \begin{vmatrix} 0 & 0 & 1 & 0 \\ -5 & -5 & 3 & 0 \\ 5 & 1 & -1 & 1 \\ -11 & 1 & 3 & -1 \end{vmatrix}$

$= 1 \times (-1)^{1+3} \begin{vmatrix} -5 & -5 & 0 \\ 5 & 1 & 1 \\ -11 & 1 & -1 \end{vmatrix}$

$= \begin{vmatrix} -5 & -5 & 0 \\ 5 & 1 & 1 \\ -6 & 2 & 0 \end{vmatrix} = 1 \times (-1)^{2+3} \begin{vmatrix} -5 & -5 \\ -6 & 2 \end{vmatrix} = -1 \times (-10-30) = 40$

■ 练习 9.3

1. 计算下列行列式的值.

(1) $\begin{vmatrix} 1 & 2 & 2 & 1 \\ 0 & 1 & 0 & 2 \\ 2 & 0 & 1 & 1 \\ 0 & 2 & 0 & 1 \end{vmatrix}$;

(2) $\begin{vmatrix} 1 & 0 & 1 & 2 \\ 2 & 1 & 0 & -2 \\ 7 & 4 & 1 & -6 \\ -3 & -2 & 4 & 5 \end{vmatrix}$;

(3) $\begin{vmatrix} 3 & 2 & 2 & 2 \\ 2 & 3 & 2 & 2 \\ 2 & 2 & 3 & 2 \\ 2 & 2 & 2 & 3 \end{vmatrix}$.

2. 计算下列行列式的值.

(1) $\begin{vmatrix} 1+\cos x & 1+\sin x & 1 \\ 1-\sin x & 1+\cos x & 1 \\ 1 & 1 & 1 \end{vmatrix}$;

(2) $\begin{vmatrix} a+b+2c & a & b \\ c & b+c+2a & b \\ c & a & c+a+2b \end{vmatrix}$.

3. 证明下列各式.

(1) $\begin{vmatrix} a^2 & (a+1)^2 & (a+2)^2 & (a+3)^2 \\ b^2 & (b+1)^2 & (b+2)^2 & (b+3)^2 \\ c^2 & (c+1)^2 & (c+2)^2 & (c+3)^2 \\ d^2 & (d+1)^2 & (d+2)^2 & (d+3)^2 \end{vmatrix}=0$;

(2) $D_n = \begin{vmatrix} x & b & b & \cdots & b \\ b & x & b & \cdots & b \\ \vdots & \vdots & \vdots & & \vdots \\ b & b & b & x & b \\ b & b & b & b & x \end{vmatrix} = [x+(n-1)b](x-b)^{n-1}$.

4. 解下列方程.

(1) $\begin{vmatrix} x^2 & 4 & 9 \\ x & 2 & 3 \\ 1 & 1 & 1 \end{vmatrix}=0$; (2) $\begin{vmatrix} 1 & 1 & 1 & 1 \\ 1 & x & 2 & 2 \\ 2 & 2 & x & 3 \\ 3 & 3 & 3 & x \end{vmatrix}=0$.

9.4 克拉默法则

前面介绍了 n 阶行列式的概念、性质与计算方法,本节讨论利用 n 阶行列式解线性方程组的克拉默法则.

设含有 n 个方程、n 个未知数的线性方程组为 $\begin{cases} a_{11}x_1 + a_{12}x_2 + \cdots + a_{1n}x_n = b_1 \\ a_{21}x_1 + a_{22}x_2 + \cdots + a_{2n}x_n = b_2 \\ \quad\vdots \\ a_{n1}x_1 + a_{n2}x_2 + \cdots + a_{nn}x_n = b_n \end{cases}$,由未

知数的系数构成的行列式 $D = \begin{vmatrix} a_{11} & a_{12} & \cdots & a_{1n} \\ a_{21} & a_{22} & \cdots & a_{2n} \\ \vdots & \vdots & & \vdots \\ a_{n1} & a_{n2} & \cdots & a_{nn} \end{vmatrix}$ 称为线性方程组的系数行列式.

与前面学过的二元、三元线性方程组类似,可以用 n 阶行列式来求解线性方程组,这

就是著名的克拉默法则.

定理 9.1(克拉默法则) 一个含有 n 个方程、n 个未知数的线性方程组,当它的系数行

列式 $D \neq 0$ 时,该方程组有唯一解 $\begin{cases} x_1 = \dfrac{D_1}{D} \\ x_2 = \dfrac{D_2}{D} \\ \vdots \\ x_n = \dfrac{D_n}{D} \end{cases}$. 其中,$D_j (j=1,2,\cdots,n)$ 是将系数行列式 D

中的第 j 列元素用方程组右端的常数 $b_1,b_2,\cdots,b_n$ 替换后得到的行列式.

克拉默法则表明,若非齐次线性方程组的系数行列式 $D \neq 0$,则该方程组一定有解,且解是唯一的. 反之,若非齐次线性方程组无解或解不唯一,则它的系数行列式 $D = 0$.

例 1 解线性方程组 $\begin{cases} x_1 - x_2 + x_3 - 2x_4 = 2 \\ 2x_1 - x_3 + 4x_4 = 4 \\ 3x_1 + 2x_2 + x_3 = -1 \\ -x_1 + 2x_2 - x_3 + 2x_4 = -4 \end{cases}$.

解 因为 $D = \begin{vmatrix} 1 & -1 & 1 & -2 \\ 2 & 0 & -1 & 4 \\ 3 & 2 & 1 & 0 \\ -1 & 2 & -1 & 2 \end{vmatrix} = -2 \neq 0$,

$D_1 = \begin{vmatrix} 2 & -1 & 1 & -2 \\ 4 & 0 & -1 & 4 \\ -1 & 2 & 1 & 0 \\ -4 & 2 & -1 & 2 \end{vmatrix} = -2$, $D_2 = \begin{vmatrix} 1 & 2 & 1 & -2 \\ 2 & 4 & -1 & 4 \\ 3 & -1 & 1 & 0 \\ -1 & -4 & -1 & 2 \end{vmatrix} = 4$,

$D_3 = \begin{vmatrix} 1 & -1 & 2 & -2 \\ 2 & 0 & 4 & 4 \\ 3 & 2 & -1 & 0 \\ -1 & 2 & -4 & 2 \end{vmatrix} = 0$, $D_4 = \begin{vmatrix} 1 & -1 & 1 & 2 \\ 2 & 0 & -1 & 4 \\ 3 & 2 & 1 & -1 \\ -1 & 2 & -1 & -4 \end{vmatrix} = -1$,

所以,原方程组有唯一解 $\begin{cases} x_1 = \dfrac{D_1}{D} = 1 \\ x_2 = \dfrac{D_2}{D} = -2 \\ x_3 = \dfrac{D_3}{D} = 0 \\ x_4 = \dfrac{D_4}{D} = \dfrac{1}{2} \end{cases}$.

定义 9.8 线性方程组右端的常数项 $b_1,b_2,\cdots,b_n$ 不全为 0 时,该方程组称为非齐

次线性方程组. 若 b_1，b_2，$\cdots$，b_n 全为 0 时，该方程组称为齐次线性方程组. 即

$$\begin{cases} a_{11}x_1 + a_{12}x_2 + \cdots + a_{1n}x_n = 0 \\ a_{21}x_1 + a_{22}x_2 + \cdots + a_{2n}x_n = 0 \\ \qquad\qquad\vdots \\ a_{n1}x_1 + a_{n2}x_2 + \cdots + a_{nn}x_n = 0 \end{cases}$$

对于齐次线性方程组，$x_1 = x_2 = \cdots = x_n = 0$ 一定是它的解，称为零解. 若存在一组不全为零的数满足方程组，则称之为非零解. 齐次线性方程组一定有零解，但不一定有非零解.

定理 9.2 齐次线性方程组 $\begin{cases} a_{11}x_1 + a_{12}x_2 + \cdots + a_{1n}x_n = 0 \\ a_{21}x_1 + a_{22}x_2 + \cdots + a_{2n}x_n = 0 \\ \qquad\qquad\vdots \\ a_{n1}x_1 + a_{n2}x_2 + \cdots + a_{nn}x_n = 0 \end{cases}$ 有非零解的充分必要条件

是它的系数行列式 $D = 0$.

例 2 判断齐次线性方程组 $\begin{cases} x_1 + 3x_2 - 4x_3 + 2x_4 = 0 \\ 3x_1 - x_2 + 2x_3 - x_4 = 0 \\ -2x_1 + 4x_2 - x_3 + 3x_4 = 0 \\ 3x_1 + 9x_2 - 7x_3 + 6x_4 = 0 \end{cases}$ 是否有非零解.

解 $D = \begin{vmatrix} 1 & 3 & -4 & 2 \\ 3 & -1 & 2 & -1 \\ -2 & 4 & -1 & 3 \\ 3 & 9 & -7 & 6 \end{vmatrix} \xlongequal[\substack{r_3 + 2r_1 \\ r_4 - 3r_1}]{r_2 - 3r_1} \begin{vmatrix} 1 & 3 & -4 & 2 \\ 0 & -10 & 14 & -7 \\ 0 & 10 & -9 & 7 \\ 0 & 0 & 5 & 0 \end{vmatrix}$

$\xlongequal{r_3 + r_2} \begin{vmatrix} 1 & 3 & -4 & 2 \\ 0 & -10 & 14 & -7 \\ 0 & 0 & 5 & 0 \\ 0 & 0 & 5 & 0 \end{vmatrix} = 0$

所以原方程组有非零解.

利用克拉默法则解线性方程组具有一定的局限性，它只能用来解方程个数与未知量个数相等，且系数行列式 $D \neq 0$ 的这类线性方程组，而且运算量很大，一般只有当未知量的个数 $n \leqslant 4$ 时，才便于应用此法则. 对于方程个数与未知量个数不相等或方程个数与未知量个数相等但系数行列式 $D = 0$ 的线性方程组是否有解，在有解的情况下如何求解，这些内容将在下章讨论.

■ 练习 9.4

1. 利用克拉默法则解下列方程组.

(1) $\begin{cases} x_1 + 2x_2 = 1 \\ 3x_1 + 5x_2 = 2 \end{cases}$；　(2) $\begin{cases} x_1 + 2x_2 - x_3 = 1 \\ 3x_1 - 2x_2 + x_3 = 0. \\ x_1 - x_2 - x_3 = 2 \end{cases}$

2. 当 λ 为何值时，方程组 $\begin{cases} x_1 + 2x_2 - 2x_3 = 0 \\ 2x_1 - x_2 + \lambda x_3 = 0 \\ 3x_1 + x_2 - x_3 = 0 \end{cases}$ 有非零解.

3. 当 k 为何值时，方程组 $\begin{cases} kx_1 + x_4 = 0 \\ x_1 + 2x_2 - x_4 = 0 \\ (k+2)x_1 - x_2 + 4x_4 = 0 \\ 2x_1 + x_2 + 3x_3 + kx_4 = 0 \end{cases}$ 有非零解.

本 章 小 结

行列式的概念是随着方程组的求解而发展起来的. 行列式的提出可以追溯到 17 世纪，最初的雏形由日本数学家关孝和与德国数学家戈特弗里德·莱布尼茨各自独立得出，时间大致相同. 他们的著作中已经使用行列式来确定线性方程组解的个数与形式. 18 世纪，行列式开始作为独立的数学概念被研究. 19 世纪以后，行列式理论得到了进一步的发展和完善. 无论是在线性代数、多项式理论，还是在微积分学中(比如说换元积分法中)，行列式作为基本的数学工具，都有着重要的应用.

阅读材料

综 合 练 习 9

一、填空题

1. $\begin{vmatrix} 2 & -3 \\ -1 & 5 \end{vmatrix} = $ _____.

2. $\begin{vmatrix} 0 & 2 & 1 \\ -1 & 0 & 3 \\ 1 & 4 & 0 \end{vmatrix} = $ _____.

3. $\begin{vmatrix} 1 & 0 & 0 & 1 \\ 0 & 1 & 1 & 0 \\ 0 & 1 & 1 & 0 \\ 1 & 0 & 0 & 1 \end{vmatrix} = $ _____.

4. 若 $\begin{vmatrix} a-2 & b-3 & 0 \\ 3-b & a-2 & 0 \\ 5 & 6 & -1 \end{vmatrix} = 0$，则 $a = $ _____，$b = $ _____.

5. 设 $f(x) = \begin{vmatrix} 2x & x & -1 \\ -1 & -x & 1 \\ 3 & 2 & -x \end{vmatrix}$，则 $f(x)$ 中 x^3 的系数为_____．

6. 设 $D = \begin{vmatrix} 1 & 2 & 3 \\ 4 & 5 & 6 \\ 7 & 8 & 9 \end{vmatrix}$，则余子式 $M_{23} =$_____，代数余子式 $A_{23} =$_____．

7. 设 $D = \begin{vmatrix} 1 & 2 & 3 & 4 \\ -2 & 1 & 7 & 0 \\ 3 & 2 & 2 & 5 \\ 1 & 1 & 1 & 1 \end{vmatrix}$，则 $A_{21} + A_{22} + A_{23} + A_{24} =$_____．

8. 若方程组 $\begin{cases} x_1 - x_2 - x_3 = 0 \\ x_1 + x_2 - x_3 = 0 \\ x_1 + x_2 + \lambda x_3 = 0 \end{cases}$ 有非零解，则 $\lambda =$_____．

二、单项选择题

1. 设 $\begin{vmatrix} a_1 & b_1 & c_1 \\ a_2 & b_2 & c_2 \\ a_3 & b_3 & c_3 \end{vmatrix} = 2$，则 $\begin{vmatrix} 2a_1 & 4a_1 - 3b_1 & c_1 \\ 2a_2 & 4a_2 - 3b_2 & c_2 \\ 2a_3 & 4a_3 - 3b_3 & c_3 \end{vmatrix} = (\quad)$．

A. 6   B. 2   C. -12 D. -48

2. 方程组 $\begin{cases} (k-1)x_1 + 2x_2 = 0 \\ 4x_1 + (k+1)x_2 = 0 \end{cases}$ 只有零解的充分必要条件为 $(\quad)$．

A. $k \neq 3$ B. $k \neq -3$ C. $k \neq \pm 3$ D. $k \neq \pm 1$

3. $\begin{vmatrix} 1 & 2 & 3 \\ 1 & 2 & 0 \\ 1 & 0 & 0 \end{vmatrix} = (\quad)$．

A. 6   B. -6 C. 0   D. -1

4. 设 $D = \begin{vmatrix} 1 & -2 & 3 & -4 \\ 0 & 5 & 7 & 0 \\ 0 & 0 & 2 & -5 \\ 0 & 0 & 0 & 3 \end{vmatrix}$，则 $A_{11} - 2A_{12} + 3A_{13} - 4A_{14} = (\quad)$．

A. 30   B. 15   C. 5   D. 0

5. $D = \begin{vmatrix} 1 & 1 & 1 \\ 1 & 3 & 5 \\ 1 & 9 & 25 \end{vmatrix} = (\quad)$．

A. 4   B. 8   C. 16   D. 64

三、解答题

1. 计算下列行列式的值.

(1) $\begin{vmatrix} 1 & 2 & -5 & 1 \\ -3 & 1 & 0 & -6 \\ 2 & 0 & -1 & 2 \\ 4 & 1 & -7 & 6 \end{vmatrix}$;　(2) $\begin{vmatrix} 3 & 2 & 1 & 1 \\ 0 & 4 & 0 & 2 \\ 2 & 0 & 1 & 1 \\ 0 & 1 & 0 & 2 \end{vmatrix}$;　(3) $\begin{vmatrix} 3 & 1 & 1 & 1 \\ 1 & 3 & 1 & 1 \\ 1 & 1 & 3 & 1 \\ 1 & 1 & 1 & 3 \end{vmatrix}$.

2. 计算 n 阶行列式 $D = \begin{vmatrix} 0 & 1 & 1 & \cdots & 1 \\ 1 & 0 & 1 & \cdots & 1 \\ 1 & 1 & 0 & \cdots & 1 \\ \vdots & \vdots & \vdots & & \vdots \\ 1 & 1 & 1 & \cdots & 0 \end{vmatrix}$ 的值.

3. 设 $D = \begin{vmatrix} 1 & -1 & 1 & 0 \\ 0 & 1 & -1 & 1 \\ 1 & 0 & 1 & -1 \\ 0 & 1 & 0 & 1 \end{vmatrix}$, 求 $A_{41} - 2A_{42} + A_{41} - 3A_{44}$.

4. 解方程组 $\begin{cases} x_1 + x_2 + x_3 = 1 \\ x_1 - x_2 - x_3 = -1 \\ x_1 + x_2 - x_3 = 2 \end{cases}$.

5. 当 λ 为何值时, 方程组 $\begin{cases} x_1 - x_2 + x_3 - x_4 = 0 \\ x_1 - 2x_2 - x_3 - 3x_4 = 0 \\ x_1 - 3x_2 - x_3 - x_4 = 0 \\ x_1 + x_2 + x_3 + \lambda x_4 = 0 \end{cases}$ 有非零解.

6. 若存在非零常数 c_1, c_2, 使得 $\begin{cases} a_{31} = c_1 a_{11} + c_2 a_{21} \\ a_{32} = c_1 a_{12} + c_2 a_{22} \\ a_{33} = c_1 a_{13} + c_2 a_{23} \end{cases}$. 求证: $\begin{vmatrix} a_{11} & a_{12} & a_{13} \\ a_{21} & a_{22} & a_{23} \\ a_{31} & a_{32} & a_{33} \end{vmatrix} = 0$.

习题参考答案

第 10 章　矩　阵

矩阵是解线性方程组的一个十分重要的数学工具，它在现代经济管理实际问题中经常出现，其应用非常广泛．本章将介绍矩阵的概念与运算，以及矩阵在经济活动中的应用．

10.1　矩阵的概念

10.1.1　矩阵的定义

案例 10.1　某商场销售 4 种商品 A，B，C，D，第四季度的销售量见表 10-1．

表 10-1　销　售　统　计

月份	销售量/件			
	商品 A	商品 B	商品 C	商品 D
10 月	15	20	16	21
11 月	23	30	18	32
12 月	40	15	20	27

将表中的实际背景去掉，抽象出数表 $\begin{bmatrix} 15 & 20 & 16 & 21 \\ 23 & 30 & 18 & 32 \\ 40 & 15 & 20 & 27 \end{bmatrix}$．数学上把这样的矩形数表称为矩阵．下面给出矩阵的一般定义．

定义 10.1　由 $m \times n$ 个数 $a_{ij}(i=1,2,\cdots,m; j=1,2,\cdots,n)$ 按一定顺序排列成的一个 m 行 n 列的矩形数表 $\begin{bmatrix} a_{11} & a_{12} & \cdots & a_{1n} \\ a_{21} & a_{22} & \cdots & a_{2n} \\ \vdots & \vdots & & \vdots \\ a_{m1} & a_{m2} & \cdots & a_{mn} \end{bmatrix}$ 称为 m 行 n 列矩阵，通常用大写英文字母表示，记作 A 或 $A_{m \times n}$，有时也记作 $A=(a_{ij})_{m \times n}(i=1,2,\cdots,m; j=1,2,\cdots,n)$．$a_{ij}$ 称为矩阵 A 的第 i 行第 j 列的元素，其中 i 称为行标，j 称为列标．

矩阵的元素还可以是多项式、函数等，本书主要讨论元素为实数的矩阵．矩阵符号既可以用圆括号表示，也可以用方括号表示，如 $\begin{bmatrix} 1 & 0 & 1 \\ -2 & 3 & 4 \end{bmatrix}$．必须注意，从形状上看，矩阵与行列式很相似，但它们是两个完全不同的概念．行列式是一个数，而矩阵是一个具有实际背景的数表．

10.1.2　几种特殊的矩阵

定义 10.2　只有一行的矩阵，称为行矩阵，又称行向量，即

$$A = \begin{bmatrix} a_1 & a_2 & \cdots & a_n \end{bmatrix}$$

例如，$A = \begin{bmatrix} 1 & -2 & 5 \end{bmatrix}$，$B = \begin{bmatrix} 1 & 0 & 2 & -3 \end{bmatrix}$.

定义 10.3　只有一列的矩阵，称为列矩阵，又称列向量，即

$$A = \begin{bmatrix} b_1 \\ b_2 \\ \vdots \\ b_n \end{bmatrix}$$

例如，$A = \begin{bmatrix} 1 \\ 2 \\ 3 \end{bmatrix}$，$B = \begin{bmatrix} 1 \\ 0 \\ 2 \\ -5 \end{bmatrix}$.

定义 10.4　所有元素均为零的矩阵称为零矩阵，记作 $O_{m \times n}$ 或 O.

例如，$O_{3 \times 3} = \begin{bmatrix} 0 & 0 & 0 \\ 0 & 0 & 0 \\ 0 & 0 & 0 \end{bmatrix}$，$O_{2 \times 4} = \begin{bmatrix} 0 & 0 & 0 & 0 \\ 0 & 0 & 0 & 0 \end{bmatrix}$.

零矩阵在矩阵中的作用相当于 0 在数中的作用.

定义 10.5　行数与列数都等于 n 的矩阵称为 n 阶方阵，简称方阵. n 阶方阵 A 也记作 A_n，即

$$A = \begin{bmatrix} a_{11} & a_{12} & \cdots & a_{1n} \\ a_{21} & a_{22} & \cdots & a_{2n} \\ \vdots & \vdots & & \vdots \\ a_{n1} & a_{n2} & \cdots & a_{nn} \end{bmatrix}$$

例如，$A = \begin{bmatrix} 2 & 1 & 2 \\ 1 & 0 & -1 \\ 1 & 1 & 0 \end{bmatrix}$，$B = \begin{bmatrix} 1 & 0 & 1 & 0 \\ 0 & 1 & 2 & -1 \\ -1 & 3 & 0 & -2 \\ 5 & 0 & 2 & 1 \end{bmatrix}$.

方阵的左上角至右下角的连线称为方阵的主对角线. 只有方阵才有主对角线.

定义 10.6　除主对角线上的元素外，其他元素均为零的方阵称为对角矩阵，即

$$A = \begin{bmatrix} a_{11} & 0 & \cdots & 0 \\ 0 & a_{22} & \cdots & 0 \\ \vdots & \vdots & & \vdots \\ 0 & 0 & \cdots & a_{nn} \end{bmatrix}$$

例如，$A = \begin{bmatrix} 2 & 0 & 0 \\ 0 & -3 & 0 \\ 0 & 0 & 4 \end{bmatrix}$，$B = \begin{bmatrix} 1 & 0 & 0 & 0 \\ 0 & 2 & 0 & 0 \\ 0 & 0 & -1 & 0 \\ 0 & 0 & 0 & 3 \end{bmatrix}$.

定义 10.7　主对角线上的元素均为 1 的对角矩阵称为单位矩阵，记作 E，即

$$E = \begin{bmatrix} 1 & 0 & \cdots & 0 \\ 0 & 1 & \cdots & 0 \\ \vdots & \vdots & & \vdots \\ 0 & 0 & \cdots & 1 \end{bmatrix}$$

例如，$E_3 = \begin{bmatrix} 1 & 0 & 0 \\ 0 & 1 & 0 \\ 0 & 0 & 1 \end{bmatrix}$，$E_4 = \begin{bmatrix} 1 & 0 & 0 & 0 \\ 0 & 1 & 0 & 0 \\ 0 & 0 & 1 & 0 \\ 0 & 0 & 0 & 1 \end{bmatrix}$.

10.1.3　矩阵的相等

定义 10.8　若行列相同的矩阵 $A = (a_{ij})_{m \times n}$ 与 $B = (b_{ij})_{m \times n}$ 对应位置上的元素都相等，即

$$a_{ij} = b_{ij} \quad (i = 1, 2, \cdots, m; j = 1, 2, \cdots, n)$$

则称矩阵 A 与 B 相等，记作 $A = B$.

■ 练习 10.1

1. 写出一个 3×4 的矩阵 $A = (a_{ij})_{3 \times 4}$，使其满足 $a_{ij} = i + j$ $(i = 1, 2, 3; j = 1, 2, 3, 4)$.

2. 设矩阵 $A = \begin{bmatrix} a+b & 2a-c \\ b+3d & a-b \end{bmatrix}$，如果 $A = E$，求 a, b, c, d 的值.

3. 设矩阵 $A = \begin{bmatrix} 1 & 1-a \\ b-2 & 3 \end{bmatrix}$，$B = \begin{bmatrix} c-1 & 2 \\ 1 & d+1 \end{bmatrix}$，且 $A = B$，求 a, b, c, d 的值.

4. 设矩阵 $A = \begin{bmatrix} 2a+3b & 2a-c-1 \\ 2b+c-1 & -a+b+c \end{bmatrix}$，且 $A = O$，求 a, b, c 的值.

5. 设矩阵 $A = \begin{bmatrix} x & -1 \\ 0 & 3 \\ 5 & y \end{bmatrix}$，$B = \begin{bmatrix} 7 & -1 \\ 0 & z \\ 5 & -3 \end{bmatrix}$，若 $A = B$，求 x, y, z 的值.

10.2　矩阵的运算

10.2.1　矩阵的加法与减法

案例 10.2　某运输公司分两次将某商品从 3 个产地运往 4 个销地，两次调运方案分别用矩阵 A 与矩阵 B 表示为

$$A = \begin{bmatrix} 2 & 3 & 0 & 5 \\ 1 & 4 & 3 & 3 \\ 0 & 2 & 5 & 1 \end{bmatrix}, \quad B = \begin{bmatrix} 3 & 2 & 1 & 4 \\ 2 & 3 & 4 & 2 \\ 7 & 1 & 6 & 2 \end{bmatrix}$$

求该公司两次从各产地运往各销地的商品运输量.

所求商品运输量等于两次调运方案之和，用矩阵表示为

$$A+B=\begin{bmatrix}2 & 3 & 0 & 5\\1 & 4 & 3 & 3\\0 & 2 & 5 & 1\end{bmatrix}+\begin{bmatrix}3 & 2 & 1 & 4\\2 & 3 & 4 & 2\\7 & 1 & 6 & 2\end{bmatrix}=\begin{bmatrix}2+3 & 3+2 & 0+1 & 5+4\\1+2 & 4+3 & 3+4 & 3+2\\0+7 & 2+1 & 5+6 & 1+2\end{bmatrix}$$

$$=\begin{bmatrix}5 & 5 & 1 & 9\\3 & 7 & 7 & 5\\7 & 3 & 11 & 3\end{bmatrix}$$

案例 10.2 说明，两个矩阵的和，就是把两个矩阵的所有对应元素相加，这就是矩阵的加法．

定义 10.9 设矩阵 $A=(a_{ij})_{m\times n}$，$B=(b_{ij})_{m\times n}$，则 $(a_{ij}+b_{ij})_{m\times n}$ 称为矩阵 A 与 B 的和，记作 $A+B$，即 $A+B=(a_{ij}+b_{ij})_{m\times n}$．$(a_{ij}-b_{ij})_{m\times n}$ 称为矩阵 A 与 B 的差，记作 $A-B$，即 $A-B=(a_{ij}-b_{ij})_{m\times n}$．

矩阵的加法满足以下性质：

(1) 交换律：$A+B=B+A$．

(2) 结合律：$(A+B)+C=A+(B+C)$．

(3) $A+O=A$．

例 1 已知 $A=\begin{bmatrix}1 & 3 & 2\\5 & 0 & -1\\0 & 4 & 2\end{bmatrix}$，$B=\begin{bmatrix}2 & 1 & 0\\4 & 1 & -2\\3 & 2 & 6\end{bmatrix}$，求：

(1) $A+B$； (2) $A-B$．

解 (1) $A+B=\begin{bmatrix}1 & 3 & 2\\5 & 0 & -1\\0 & 4 & 2\end{bmatrix}+\begin{bmatrix}2 & 1 & 0\\4 & 1 & -2\\3 & 2 & 6\end{bmatrix}=\begin{bmatrix}3 & 4 & 2\\9 & 1 & -3\\3 & 6 & 8\end{bmatrix}$

(2) $A-B=\begin{bmatrix}1 & 3 & 2\\5 & 0 & -1\\0 & 4 & 2\end{bmatrix}-\begin{bmatrix}2 & 1 & 0\\4 & 1 & -2\\3 & 2 & 6\end{bmatrix}=\begin{bmatrix}-1 & 2 & 2\\1 & -1 & 1\\-3 & 2 & -4\end{bmatrix}$

10.2.2 矩阵的数乘

案例 10.3 某公司将某商品从 3 个产地运往 4 个销地，调运方案为 $A=\begin{bmatrix}3 & 2 & 1 & 4\\2 & 3 & 4 & 2\\7 & 1 & 6 & 2\end{bmatrix}$．

若该运输公司第二次调运这种商品，且运输量是第一次的 2 倍，则第二次从各产地运往各

销地的商品运输量用矩阵表示为 $\begin{bmatrix}3\times2 & 2\times2 & 1\times2 & 4\times2\\2\times2 & 3\times2 & 4\times2 & 2\times2\\7\times2 & 1\times2 & 6\times2 & 2\times2\end{bmatrix}=\begin{bmatrix}6 & 4 & 2 & 8\\4 & 6 & 8 & 4\\14 & 2 & 12 & 4\end{bmatrix}$，这就是

数 2 与矩阵 A 的乘法．

定义 10.10 设矩阵 $A=(a_{ij})_{m\times n}(k\in\mathbf{R})$，称矩阵 $(ka_{ij})_{m\times n}$ 为数 k 与矩阵 A 的数乘运算，记作 kA，即 $kA=(ka_{ij})_{m\times n}$．

数乘运算满足以下性质（k，l 为常数）：

性质 1 $k(A+B)=kA+kB$.

性质 2 $(k+l)A=kA+lA$.

性质 3 $(kl)A=k(lA)$.

性质 4 $(-1)A=-A$.

例 2 设 $A=\begin{bmatrix} 1 & 0 \\ 2 & -1 \\ 3 & 4 \end{bmatrix}$，$B=\begin{bmatrix} -2 & 3 \\ 1 & 4 \\ 0 & 5 \end{bmatrix}$，求：

(1) $2A$；　　(2) $-3B$；　　(3) $2A-3B$.

解 (1) $2A=2\begin{bmatrix} 1 & 0 \\ 2 & -1 \\ 3 & 4 \end{bmatrix}=\begin{bmatrix} 2 & 0 \\ 4 & -2 \\ 6 & 8 \end{bmatrix}$

(2) $-3B=-3\begin{bmatrix} -2 & 3 \\ 1 & 4 \\ 0 & 5 \end{bmatrix}=\begin{bmatrix} 6 & -9 \\ -3 & -12 \\ 0 & -15 \end{bmatrix}$

(3) $2A-3B=2A+(-3B)=\begin{bmatrix} 2 & 0 \\ 4 & -2 \\ 6 & 8 \end{bmatrix}+\begin{bmatrix} 6 & -9 \\ -3 & -12 \\ 0 & -15 \end{bmatrix}=\begin{bmatrix} 8 & -9 \\ 1 & -14 \\ 6 & -7 \end{bmatrix}$

10.2.3 矩阵与矩阵的乘法

案例 10.4 某商场销售甲、乙、丙 3 种商品，2021 年和 2022 年的销售量见表 10-2，3 种商品的成本价和销售价见表 10-3，分别求商场在 2021 年、2022 年的成本总额与销售总额.

表 10-2　商品销售量

年度	销售量/件		
	甲商品	乙商品	丙商品
2021 年	1000	4000	3000
2022 年	700	3550	4000

表 10-3　商品成本价和销售价

商品	成本价/元	销售价/元
甲商品	3	3.5
乙商品	4	4.4
丙商品	6	6.8

3 种商品在 2021 年和 2022 年的销售量用矩阵 A 表示，3 种商品的成本价、销售价用矩阵 B 表示，即

$$A=\begin{bmatrix} 1000 & 4000 & 3000 \\ 700 & 3550 & 4000 \end{bmatrix}, \quad B=\begin{bmatrix} 3 & 3.5 \\ 4 & 4.4 \\ 6 & 6.8 \end{bmatrix}.$$

2021 年的成本总额为

$$1000\times3+4000\times4+3000\times6=37\,000\,（元）$$

2021 年的销售总额为

$$1000\times3.5+4000\times4.4+3000\times6.8=41\,500\,（元）$$

2022 年的成本总额为

$$700\times3+3550\times4+4000\times6=40\,300\,（元）$$

2022 年的销售总额为

$$700\times3.5+3550\times4.4+4000\times6.8=45\,270\,（元）$$

将 2021 年、2022 年的成本总额与销售总额列表显示,见表 10-4.

表 10-4 成本总额与销售总额

年度	成本总额/元	销售总额/元
2021 年	37 000	41 500
2022 年	40 300	45 270

用矩阵 C 表示上述结果,即 $C=\begin{bmatrix} 37\,000 & 41\,500 \\ 40\,300 & 45\,270 \end{bmatrix}$. 其中,矩阵 C 的第 i 行第 j 列处元素是矩阵 A 的第 i 行元素与矩阵 B 的第 j 列对应元素乘积之和. 我们计算成本总额与销售总额的过程就是矩阵 A 与矩阵 B 相乘的过程.

定义 10.11 设 $A=(a_{ij})_{m\times s}$,$B=(b_{ij})_{s\times n}$,则

$$AB=\begin{bmatrix} a_{11} & a_{12} & \cdots & a_{1s} \\ a_{21} & a_{22} & \cdots & a_{2s} \\ \vdots & \vdots & & \vdots \\ a_{m1} & a_{m2} & \cdots & a_{ms} \end{bmatrix}\begin{bmatrix} b_{11} & b_{12} & \cdots & b_{1n} \\ b_{21} & b_{22} & \cdots & b_{2n} \\ \vdots & \vdots & & \vdots \\ b_{s1} & b_{s2} & \cdots & b_{sn} \end{bmatrix}=\begin{bmatrix} c_{11} & c_{12} & \cdots & c_{1n} \\ c_{21} & c_{22} & \cdots & c_{2n} \\ \vdots & \vdots & & \vdots \\ c_{m1} & c_{m2} & \cdots & c_{mn} \end{bmatrix}=C$$

其中

$$c_{ij}=\begin{bmatrix} a_{i1} & a_{i2} & \cdots & a_{is} \end{bmatrix}\begin{bmatrix} b_{1j} \\ b_{2j} \\ \vdots \\ b_{sj} \end{bmatrix}=a_{i1}b_{1j}+a_{i2}b_{2j}+\cdots+a_{is}b_{sj}$$

$$(i=1,2,\cdots,m;\ j=1,2,\cdots,n)$$

例 3 设 $A=\begin{bmatrix} 1 & 0 & -1 & 2 \\ -1 & 1 & 3 & 0 \\ 0 & 5 & -1 & 4 \end{bmatrix}$,$B=\begin{bmatrix} 0 & 3 \\ 1 & 2 \\ 3 & 1 \\ -1 & 2 \end{bmatrix}$.

(1)计算 AB;(2)判断 BA 能否相乘.

解 (1) $AB = \begin{bmatrix} 1 & 0 & -1 & 2 \\ -1 & 1 & 3 & 0 \\ 0 & 5 & -1 & 4 \end{bmatrix} \begin{bmatrix} 0 & 3 \\ 1 & 2 \\ 3 & 1 \\ -1 & 2 \end{bmatrix}$

$$= \begin{bmatrix} 1\times0+0\times1+(-1)\times3+2\times(-1) & 1\times3+0\times2+(-1)\times1+2\times2 \\ (-1)\times0+1\times1+3\times3+0\times(-1) & (-1)\times3+1\times2+3\times1+0\times2 \\ 0\times0+5\times1+(-1)\times3+4\times(-1) & 0\times3+5\times2+(-1)\times1+4\times2 \end{bmatrix}$$

$$= \begin{bmatrix} -5 & 6 \\ 10 & 2 \\ -2 & 17 \end{bmatrix}$$

(2) 因为矩阵 B 是 4×2 矩阵，一行中有 2 个元素，而矩阵 A 是 3×4 矩阵，一列中有 3 个元素，根据两个矩阵相乘的定义，BA 是没有意义的，即不能相乘.

例 4 设 $A = \begin{bmatrix} 1 \\ 0 \\ 3 \\ 2 \end{bmatrix}$，$B = \begin{bmatrix} -2 & 3 & 5 & 1 \end{bmatrix}$，计算 AB，BA.

解 $AB = \begin{bmatrix} 1 \\ 0 \\ 3 \\ 2 \end{bmatrix} \begin{bmatrix} -2 & 3 & 5 & 1 \end{bmatrix} = \begin{bmatrix} 1\times(-2) & 1\times3 & 1\times5 & 1\times1 \\ 0\times(-2) & 0\times3 & 0\times5 & 0\times1 \\ 3\times(-2) & 3\times3 & 3\times5 & 3\times1 \\ 2\times(-2) & 2\times3 & 2\times5 & 2\times1 \end{bmatrix}$

$$= \begin{bmatrix} -2 & 3 & 5 & 1 \\ 0 & 0 & 0 & 0 \\ -6 & 9 & 15 & 3 \\ -4 & 6 & 10 & 2 \end{bmatrix}$$

$$BA = \begin{bmatrix} -2 & 3 & 5 & 1 \end{bmatrix} \begin{bmatrix} 1 \\ 0 \\ 3 \\ 2 \end{bmatrix} = (-2\times1+3\times0+5\times3+1\times2)$$

$$= (15) = 15$$

例 5 设 $A = \begin{bmatrix} 1 & 2 \\ 3 & 4 \end{bmatrix}$，$B = \begin{bmatrix} 2 & 1 \\ 1 & 2 \end{bmatrix}$，计算 AB，BA.

解 $$AB = \begin{bmatrix} 1 & 2 \\ 3 & 4 \end{bmatrix} \begin{bmatrix} 2 & 1 \\ 1 & 2 \end{bmatrix} = \begin{bmatrix} 4 & 5 \\ 10 & 11 \end{bmatrix}$$

$$BA = \begin{bmatrix} 2 & 1 \\ 1 & 2 \end{bmatrix} \begin{bmatrix} 1 & 2 \\ 3 & 4 \end{bmatrix} = \begin{bmatrix} 5 & 8 \\ 7 & 10 \end{bmatrix}$$

例 3~例 5 表明，一般情况下，矩阵的乘法不满足交换律，即 $AB \neq BA$. 但有例外，例如，$A = \begin{bmatrix} 3 & 0 \\ 0 & 3 \end{bmatrix}$，$B = \begin{bmatrix} 2 & -2 \\ -2 & 2 \end{bmatrix}$，就有 $AB = BA = \begin{bmatrix} 6 & -6 \\ -6 & 6 \end{bmatrix}$.

当 $AB \neq BA$ 时，称矩阵 A 与矩阵 B 不可交换. 当 $AB = BA$ 时，称矩阵 A 与矩阵 B 可以交换.

例 6 设 $A = \begin{bmatrix} 1 & 1 \\ -1 & -1 \end{bmatrix}$，$B = \begin{bmatrix} 1 & -1 \\ -1 & 1 \end{bmatrix}$，$C = \begin{bmatrix} -1 & 1 \\ 1 & -1 \end{bmatrix}$，计算 AB，AC.

解
$$AB = \begin{bmatrix} 1 & 1 \\ -1 & -1 \end{bmatrix} \begin{bmatrix} 1 & -1 \\ -1 & 1 \end{bmatrix} = \begin{bmatrix} 0 & 0 \\ 0 & 0 \end{bmatrix}$$

$$AC = \begin{bmatrix} 1 & 1 \\ -1 & -1 \end{bmatrix} \begin{bmatrix} -1 & 1 \\ 1 & -1 \end{bmatrix} = \begin{bmatrix} 0 & 0 \\ 0 & 0 \end{bmatrix}$$

由以上例子可以看出：

(1) 矩阵的乘法不满足交换律，即 $AB \neq BA$.

(2) 矩阵乘法不满足消去律，即由 $AB = AC$ 不能推出 $B = C$.

(3) 由 $AB = O$ 不能推出 $A = O$ 或 $B = O$.

(4) 平方差、完全平方差、完全平方和等公式对矩阵均不适用.

矩阵的乘法满足下列性质：

性质 1 （结合律）$(AB)C = A(BC)$.

性质 2 （分配律）$(A + B)C = AC + BC$，$A(B + C) = AB + AC$.

性质 3 $AE = EA = A$.

性质 4 $k(AB) = (kA)B = A(kB)$（k 为常数）.

10.2.4 方阵的行列式

定义 10.12 设 A 是一个 n 阶方阵，由 A 的元素按原次序不变所构成的行列式，称为方阵 A 的行列式，记作 $|A|$.

例如，方阵 $A = \begin{bmatrix} 1 & -2 & 0 \\ 2 & 1 & 1 \\ 1 & 0 & 3 \end{bmatrix}$ 的行列式为

$$|A| = \begin{vmatrix} 1 & -2 & 0 \\ 2 & 1 & 1 \\ 1 & 0 & 3 \end{vmatrix} = 13$$

单位矩阵 $E = \begin{bmatrix} 1 & 0 & 0 \\ 0 & 1 & 0 \\ 0 & 0 & 1 \end{bmatrix}$ 的行列式为

$$|E| = \begin{vmatrix} 1 & 0 & 0 \\ 0 & 1 & 0 \\ 0 & 0 & 1 \end{vmatrix} = 1$$

设 A，B 均为 n 阶方阵，则方阵的行列式满足下列性质：

性质 1 $|A^{\mathrm{T}}| = |A|$.

性质 2 $|kA| = k^n |A|$ （k 为常数）.

性质 3 $|AB| = |BA| = |A||B|$.

性质 4 $|E|=1$.

例 7 设 $A=\begin{bmatrix}1 & 3\\2 & -2\end{bmatrix}$，$B=\begin{bmatrix}2 & 5\\3 & 4\end{bmatrix}$，验证：$|AB|=|BA|=|A||B|$.

证明 因为

$$AB=\begin{bmatrix}1 & 3\\2 & -2\end{bmatrix}\begin{bmatrix}2 & 5\\3 & 4\end{bmatrix}=\begin{bmatrix}11 & 17\\-2 & 2\end{bmatrix},\ BA=\begin{bmatrix}2 & 5\\3 & 4\end{bmatrix}\begin{bmatrix}1 & 3\\2 & -2\end{bmatrix}=\begin{bmatrix}12 & -4\\11 & 1\end{bmatrix}$$

则

$$|AB|=\begin{vmatrix}11 & 17\\-2 & 2\end{vmatrix}=56,\ |BA|=\begin{vmatrix}12 & -4\\11 & 1\end{vmatrix}=56$$

$$|A||B|=\begin{vmatrix}1 & 3\\2 & -2\end{vmatrix}\begin{vmatrix}2 & 5\\3 & 4\end{vmatrix}=(-8)\times(-7)=56$$

故 $|AB|=|BA|=|A||B|$.

■ 练习 10.2

1. 设 $A=\begin{bmatrix}-2 & 0 & 3\\1 & -1 & 5\end{bmatrix}$，$B=\begin{bmatrix}3 & 1 & 2\\-2 & 3 & 0\end{bmatrix}$，求 $-2A$，$5B$，$A+B$，$A-B$，$A^{\mathrm{T}}+B^{\mathrm{T}}$.

2. 设 $A=\begin{bmatrix}1 & -1\\2 & 1\end{bmatrix}$，$B=\begin{bmatrix}2 & 0\\3 & 1\end{bmatrix}$，求 $2A-3B$，$AB-BA$，A^2-B^2，$A^{\mathrm{T}}B^{\mathrm{T}}$.

3. 计算下列矩阵的乘积.

(1) $\begin{bmatrix}-1 & 3 & 2\end{bmatrix}\begin{bmatrix}3\\0\\4\end{bmatrix}$；　(2) $\begin{bmatrix}2\\1\\3\end{bmatrix}\begin{bmatrix}-1 & 2\end{bmatrix}$；　(3) $\begin{bmatrix}5 & -1\\-2 & 0\\3 & 2\end{bmatrix}\begin{bmatrix}1 & 2\\-7 & 4\end{bmatrix}$.

4. 设 $A=\begin{bmatrix}3 & -1 & 2 & 0\\1 & 5 & 7 & 9\\2 & 4 & 6 & 8\end{bmatrix}$，$B=\begin{bmatrix}7 & 5 & -2 & 4\\5 & 1 & 9 & 7\\3 & 2 & -1 & 6\end{bmatrix}$，且满足 $A+\dfrac{1}{2}X=B$，求矩阵 X.

5. 设 $A=\begin{bmatrix}1 & -1\\2 & 0\\0 & 3\end{bmatrix}$，$B=\begin{bmatrix}2 & 1 & -2\\-1 & 3 & 0\end{bmatrix}$，求 $|AB|$，$|BA|$.

10.3　矩阵的初等变换与矩阵的秩

10.3.1　矩阵的初等变换

案例 10.5 某高校采用下面的方式得到学生的成绩：期末总评成绩＝平时出勤成绩＋平时作业成绩＋期末考试成绩. 其中，平时出勤成绩满分为 10 分，平时作业成绩满分为 20 分，期末考试卷面成绩满分为 100 分，期末考试成绩＝期末考试卷面成绩×70%. 我们记录了 4 名学生的考试成绩，分别用 A，B，C，D 表示 4 名学生(见表 10-5).

表 10-5 学生成绩发布表

成绩/分	学生 A	学生 B	学生 C	学生 D
平时出勤成绩	10	10	10	10
平时作业成绩	18	19	17	20
期末考试卷面成绩	80	70	90	80

上述表格中的数据可以用矩阵 $A = \begin{bmatrix} 10 & 10 & 10 & 10 \\ 18 & 19 & 17 & 20 \\ 80 & 70 & 90 & 80 \end{bmatrix}$ 表示. 要得到 4 名学生的总成

绩, 只需将矩阵 A 中第三行元素乘以 70%, 然后加到第一行, 再把第二行元素也加到第一

行, 即得到矩阵 $\begin{bmatrix} 84 & 78 & 90 & 86 \\ 18 & 19 & 17 & 20 \\ 80 & 70 & 90 & 80 \end{bmatrix}$, 此矩阵中第一行的元素就表示 4 名学生的期末总评成

绩. 上述计算过程就用到了矩阵的初等变换.

定义 10.13 对矩阵的行(列)作以下三种变换:

(1) 换法变换:把矩阵的两行(列)元素互换位置. 用 $r_i \leftrightarrow r_j$ 表示互换第 i 行和第 j 行, 用 $c_i \leftrightarrow c_j$ 表示互换第 i 列和第 j 列.

(2) 倍法变换:用一个非零常数 k 乘矩阵的某一行(列)的所有元素. 用 kr_i 表示乘以第 i 行, 用 kc_i 表示乘以第 i 列.

(3) 消法变换:把矩阵某一行(列)的所有元素都乘以 k 加到另一行(列)的对应元素上去. 用 $r_j + kr_i$ 表示第 i 行乘以 k 加到第 j 行, 用 $c_j + kc_i$ 表示第 i 列乘以 k 加到第 j 列.

以上 3 种对行的变换称为初等行变换, 对列的变换称为初等列变换, 统称初等变换.

定义 10.14 若矩阵 A 满足:

(1) 全为 0 的行都在下面;

(2) 每一行的首元素(左起第一个不为零的元素)下方的同列元素全为 0 或无元素;

(3) 下一行首元素所在的列必须位于上一行首元素所在列的右边.

则称矩阵 A 为行阶梯形矩阵.

例如, $A = \begin{bmatrix} 2 & 1 & 3 \\ 0 & 1 & 3 \\ 0 & 0 & 0 \end{bmatrix}$, $B = \begin{bmatrix} 1 & -2 & 1 & 0 & -2 \\ 0 & 0 & 3 & 5 & 1 \\ 0 & 0 & 0 & 0 & 0 \\ 0 & 0 & 0 & 0 & 0 \end{bmatrix}$ 均为行阶梯形矩阵.

定义 10.15 若阶梯形矩阵 A 满足:

(1) 非零行(不全为 0 的行)的首元素都是 1;

(2) 所有首元素所在的列, 除首元素外的其他元素都是 0.

则矩阵 A 称为行最简形矩阵.

例如，$A = \begin{bmatrix} 1 & 0 & 2 \\ 0 & 1 & 3 \\ 0 & 0 & 0 \end{bmatrix}$，$B = \begin{bmatrix} 1 & 3 & 0 & 0 & 1 \\ 0 & 0 & 1 & 0 & 3 \\ 0 & 0 & 0 & 1 & -2 \\ 0 & 0 & 0 & 0 & 0 \end{bmatrix}$ 均为行最简形矩阵.

利用矩阵的初等行变换，可把矩阵转化为行阶梯形矩阵或行最简形矩阵. 需要注意的是，初等变换前后的矩阵不相等，因此不能用等号，而用"→"表示.

下面以矩阵 $A = \begin{bmatrix} a_{11} & a_{12} & a_{13} & a_{14} & a_{15} \\ a_{21} & a_{22} & a_{23} & a_{24} & a_{25} \\ a_{31} & a_{32} & a_{33} & a_{34} & a_{35} \\ a_{41} & a_{42} & a_{43} & a_{44} & a_{45} \end{bmatrix}$ 为例，介绍如何利用初等变换把矩阵 A 转

化为行阶梯形矩阵，进而转化为行最简形矩阵.

假设元素 $a_{11} \neq 0$，从上向下转化.

首先从元素 a_{11} 的位置开始，利用行的消法变换，把 a_{11} 下面的元素都转化为 0，即

$$\rightarrow \begin{bmatrix} a_{11} & a_{12} & a_{13} & a_{14} & a_{15} \\ 0 & b_{22} & b_{23} & b_{24} & b_{25} \\ 0 & b_{32} & b_{33} & b_{34} & b_{35} \\ 0 & b_{42} & b_{43} & b_{44} & b_{45} \end{bmatrix}$$

然后从元素 b_{22} 位置开始，利用行的消法变换，把第二列中 b_{22} 下面的元素都转化为 0，即

$$\rightarrow \begin{bmatrix} a_{11} & a_{12} & a_{13} & a_{14} & a_{15} \\ 0 & b_{22} & b_{23} & b_{24} & b_{25} \\ 0 & 0 & c_{33} & c_{34} & c_{35} \\ 0 & 0 & c_{43} & c_{44} & c_{45} \end{bmatrix}$$

接着从元素 c_{33} 位置开始，利用行的消法变换，把第三列中 c_{33} 下面的元素都转化为 0，即

$$\rightarrow \begin{bmatrix} a_{11} & a_{12} & a_{13} & a_{14} & a_{15} \\ 0 & b_{22} & b_{23} & b_{24} & b_{25} \\ 0 & 0 & c_{33} & c_{34} & c_{35} \\ 0 & 0 & 0 & d_{44} & d_{45} \end{bmatrix}$$

这样，就把给定的矩阵 A 转化为行阶梯形矩阵. 如果要把 A 转化为行最简形矩阵，则继续进行初等行变换，从下向上转化.

首先从最下面的非零行首元素开始，利用行的消法变换，把其上面的元素都转化为 0，即

$$\rightarrow \begin{bmatrix} a_{11} & a_{12} & a_{13} & 0 & e_{15} \\ 0 & b_{22} & b_{23} & 0 & e_{25} \\ 0 & 0 & c_{33} & 0 & e_{35} \\ 0 & 0 & 0 & d_{44} & d_{45} \end{bmatrix}$$

然后从倒数第二个非零行首元素开始，利用行的消法变换，把其上面的元素都转化为 0，即

$$\rightarrow \begin{bmatrix} a_{11} & a_{12} & 0 & 0 & f_{15} \\ 0 & b_{22} & 0 & 0 & f_{25} \\ 0 & 0 & c_{33} & 0 & e_{35} \\ 0 & 0 & 0 & d_{44} & d_{45} \end{bmatrix}$$

接着从倒数第三个非零行首元素开始，利用行的消法变换，把其上面的元素都转化为 0，即

$$\rightarrow \begin{bmatrix} a_{11} & 0 & 0 & 0 & g_{15} \\ 0 & b_{22} & 0 & 0 & f_{25} \\ 0 & 0 & c_{33} & 0 & e_{35} \\ 0 & 0 & 0 & d_{44} & d_{45} \end{bmatrix}$$

最后各非零行分别乘以该行首元素的倒数，利用行的倍法变换，把矩阵 $\boldsymbol{A}$ 转化为行最简形矩阵，即

$$\rightarrow \begin{bmatrix} 1 & 0 & 0 & 0 & g'_{15} \\ 0 & 1 & 0 & 0 & f'_{25} \\ 0 & 0 & 1 & 0 & e'_{35} \\ 0 & 0 & 0 & 1 & d'_{45} \end{bmatrix}$$

注：(1) 若元素 $a_{11}=0$，则可以利用行的换法变换把该位置调换成非零元素. 若第一列元素全为 0，则从元素 a_{12} 的位置开始由上向下转化，以此类推.

(2) 在运算过程中，如果出现全为 0 的行，则利用行的换法变换把全为 0 的行调换到下面去.

(3) 把 a_{11} 位置上的元素先转化为 1 或 -1，再应用行的消法变换，这样可避免运算中出现分数，从而提高运算的准确性.

例 1　设矩阵 $\boldsymbol{A} = \begin{bmatrix} 1 & 3 & 1 & 0 \\ 2 & 7 & 0 & 2 \\ -1 & 1 & -4 & 3 \\ 3 & 0 & 9 & -6 \end{bmatrix}$，用初等变换把 $\boldsymbol{A}$ 转化为行阶梯形矩阵.

解　$\boldsymbol{A} = \begin{bmatrix} 1 & 3 & 1 & 0 \\ 2 & 7 & 0 & 2 \\ -1 & 1 & -4 & 3 \\ 3 & 0 & 9 & -6 \end{bmatrix} \xrightarrow[\substack{r_2-2r_1 \\ r_3+r_1 \\ r_4-3r_1}]{} \begin{bmatrix} 1 & 3 & 1 & 0 \\ 0 & 1 & -2 & 2 \\ 0 & 4 & -3 & 3 \\ 0 & -9 & 6 & -6 \end{bmatrix}$

$\xrightarrow[\substack{r_3-4r_2 \\ r_4+9r_2}]{} \begin{bmatrix} 1 & 3 & 1 & 0 \\ 0 & 1 & -2 & 2 \\ 0 & 0 & 5 & -5 \\ 0 & 0 & -12 & 12 \end{bmatrix} \xrightarrow[]{r_4+\frac{12}{5}r_3} \begin{bmatrix} 1 & 3 & 1 & 0 \\ 0 & 1 & -2 & 2 \\ 0 & 0 & 5 & -5 \\ 0 & 0 & 0 & 0 \end{bmatrix}$

例 2 利用初等变换，把行阶梯形矩阵 $B = \begin{bmatrix} 1 & 3 & 1 & 0 \\ 0 & 1 & -2 & 2 \\ 0 & 0 & 5 & -5 \\ 0 & 0 & 0 & 0 \end{bmatrix}$ 转化为行最简形矩阵.

解
$$B = \begin{bmatrix} 1 & 3 & 1 & 0 \\ 0 & 1 & -2 & 2 \\ 0 & 0 & 5 & -5 \\ 0 & 0 & 0 & 0 \end{bmatrix} \xrightarrow{\frac{1}{5}r_3} \begin{bmatrix} 1 & 3 & 1 & 0 \\ 0 & 1 & -2 & 2 \\ 0 & 0 & 1 & -1 \\ 0 & 0 & 0 & 0 \end{bmatrix}$$

$$\xrightarrow[r_1 - r_3]{r_2 + 2r_3} \begin{bmatrix} 1 & 3 & 0 & 1 \\ 0 & 1 & 0 & 0 \\ 0 & 0 & 1 & -1 \\ 0 & 0 & 0 & 0 \end{bmatrix} \xrightarrow{r_1 - 3r_2} \begin{bmatrix} 1 & 0 & 0 & 1 \\ 0 & 1 & 0 & 0 \\ 0 & 0 & 1 & -1 \\ 0 & 0 & 0 & 0 \end{bmatrix}$$

10.3.2 矩阵的秩

定义 10.16 将矩阵 A 转化为行阶梯形矩阵后所包含非零行的行数称为矩阵 A 的秩，记作 $R(A)$.

例 3 求矩阵 $A = \begin{bmatrix} 1 & -2 & 2 & -1 \\ 2 & -4 & 8 & 0 \\ -2 & 4 & -2 & 3 \\ 3 & -6 & 0 & -6 \end{bmatrix}$ 的秩.

解 因为
$$A = \begin{bmatrix} 1 & -2 & 2 & -1 \\ 2 & -4 & 8 & 0 \\ -2 & 4 & -2 & 3 \\ 3 & -6 & 0 & -6 \end{bmatrix} \xrightarrow[\substack{r_3 + 2r_1 \\ r_4 - 3r_1}]{r_2 - 2r_1} \begin{bmatrix} 1 & -2 & 2 & -1 \\ 0 & 0 & 4 & 2 \\ 0 & 0 & 2 & 1 \\ 0 & 0 & -6 & -3 \end{bmatrix}$$

$$\xrightarrow{r_2 \leftrightarrow r_3} \begin{bmatrix} 1 & -2 & 2 & -1 \\ 0 & 0 & 2 & 1 \\ 0 & 0 & 4 & 2 \\ 0 & 0 & -6 & -3 \end{bmatrix} \xrightarrow[r_4 + 3r_2]{r_3 - 2r_2} \begin{bmatrix} 1 & -2 & 2 & -1 \\ 0 & 0 & 2 & 1 \\ 0 & 0 & 0 & 0 \\ 0 & 0 & 0 & 0 \end{bmatrix}$$

所以 $R(A) = 2$.

■ **练习 10.3**

1. 用初等变换把下列矩阵转化为行阶梯形矩阵.

(1) $\begin{bmatrix} -2 & 1 & 1 \\ 1 & -2 & 1 \\ 1 & 1 & -2 \end{bmatrix}$； (2) $\begin{bmatrix} 2 & 2 & -1 & 6 \\ 1 & -2 & 4 & 3 \\ 5 & 8 & 1 & 18 \end{bmatrix}$； (3) $\begin{bmatrix} 1 & 2 & -1 & 4 \\ 2 & 4 & 3 & 5 \\ -1 & -2 & 6 & -7 \end{bmatrix}$.

2. 求下列矩阵的秩.

(1) $A = \begin{bmatrix} -5 & 6 & -3 \\ 3 & 1 & 11 \\ 4 & -2 & 8 \end{bmatrix}$；

(2) $A = \begin{bmatrix} 3 & 1 & 0 & 2 \\ 1 & -1 & 2 & -1 \\ 1 & 3 & -4 & 4 \end{bmatrix}$；

(3) $A = \begin{bmatrix} 1 & -2 & 3 & -1 \\ 3 & -1 & 5 & -3 \\ 2 & 1 & 2 & -2 \end{bmatrix}$.

3. 设矩阵 $A = \begin{bmatrix} 1 & -2 & 3k \\ -1 & 2k & -3 \\ k & -2 & 3 \end{bmatrix}$，当 k 为何值时，可使 $R(A) = 1$，$R(A) = 2$，$R(A) = 3$?

10.4　逆　矩　阵

10.4.1　逆矩阵的概念与性质

在矩阵的运算中，我们已经定义了矩阵的加法、减法、数乘与乘法，是否可以定义矩阵的除法呢? 在数的乘法中，a 除以 b 等于 a 乘以 b 的倒数，即 $a \div b = a \times b^{-1}$. 因此，除法实际上也可变为乘法，关键是数的倒数，当 $a \neq 0$ 时，存在 $a^{-1} = \dfrac{1}{a}$，使 $aa^{-1} = a^{-1}a = 1$. 类似地，可以在矩阵中定义"倒数"，也就是逆矩阵.

定义 10.17　设 A 是一个 n 阶方阵，如果存在 n 阶方阵 B，使得 $AB = BA = E$，则称方阵 A 是可逆的，且称 B 为 A 的逆矩阵，记作 $A^{-1} = B$.

例如，设矩阵 $A = \begin{bmatrix} 4 & 3 & 2 \\ 3 & 2 & 1 \\ 2 & 1 & 1 \end{bmatrix}$，$B = \begin{bmatrix} -1 & 1 & 1 \\ 1 & 0 & -2 \\ 1 & -2 & 1 \end{bmatrix}$，因为

$$AB = \begin{bmatrix} 4 & 3 & 2 \\ 3 & 2 & 1 \\ 2 & 1 & 1 \end{bmatrix} \begin{bmatrix} -1 & 1 & 1 \\ 1 & 0 & -2 \\ 1 & -2 & 1 \end{bmatrix} = \begin{bmatrix} 1 & 0 & 0 \\ 0 & 1 & 0 \\ 0 & 0 & 1 \end{bmatrix} = E$$

$$BA = \begin{bmatrix} -1 & 1 & 1 \\ 1 & 0 & -2 \\ 1 & -2 & 1 \end{bmatrix} \begin{bmatrix} 4 & 3 & 2 \\ 3 & 2 & 1 \\ 2 & 1 & 1 \end{bmatrix} = \begin{bmatrix} 1 & 0 & 0 \\ 0 & 1 & 0 \\ 0 & 0 & 1 \end{bmatrix} = E$$

所以，B 是 A 的逆矩阵. 当然，A 也是 B 的逆矩阵.

逆矩阵有以下性质：

性质 1　若矩阵 A 可逆，则 A^{-1} 可逆，且 $(A^{-1})^{-1} = A$.

性质 2　若矩阵 A 可逆，则 A^{T} 可逆，且 $(A^{\mathrm{T}})^{-1} = (A^{-1})^{\mathrm{T}}$.

性质 3　若矩阵 A 可逆，则 kA 可逆，且 $(kA)^{-1} = \dfrac{1}{k}A^{-1}$　$(k \neq 0)$.

性质 4　若矩阵 A，B 可逆，则 AB 可逆，且 $(AB)^{-1} = B^{-1}A^{-1}$.

性质 5　$E^{-1} = E$.

性质 6　$|A||A^{-1}| = |E| = 1$.

10.4.2 方阵的伴随矩阵

定义 10.18 设 A_{ij} 是 n 阶方阵 $A=(a_{ij})_{n\times n}$ 的行列式 $|A|$ 中元素 a_{ij} 的代数余子式，矩阵

$$A^* = \begin{bmatrix} A_{11} & A_{21} & \cdots & A_{n1} \\ A_{12} & A_{22} & \cdots & A_{n2} \\ \vdots & \vdots & & \vdots \\ A_{1n} & A_{2n} & \cdots & A_{nn} \end{bmatrix}$$

称为方阵 A 的伴随矩阵.

例 1 设 $A = \begin{bmatrix} 1 & 0 & 1 \\ -1 & 2 & 0 \\ 0 & 3 & 1 \end{bmatrix}$，求伴随矩阵 A^*.

解 因为

$$A_{11}=(-1)^{1+1}\begin{vmatrix} 2 & 0 \\ 3 & 1 \end{vmatrix}=2,\ A_{12}=(-1)^{1+2}\begin{vmatrix} -1 & 0 \\ 0 & 1 \end{vmatrix}=-1,\ A_{13}=(-1)^{1+3}\begin{vmatrix} -1 & 2 \\ 0 & 3 \end{vmatrix}=-3$$

$$A_{21}=(-1)^{2+1}\begin{vmatrix} 0 & 1 \\ 3 & 1 \end{vmatrix}=3,\ A_{22}=(-1)^{2+2}\begin{vmatrix} 1 & 1 \\ 0 & 1 \end{vmatrix}=1,\ A_{23}=(-1)^{2+3}\begin{vmatrix} 1 & 0 \\ 0 & 3 \end{vmatrix}=-3$$

$$A_{31}=(-1)^{3+1}\begin{vmatrix} 0 & 1 \\ 2 & 0 \end{vmatrix}=-2,\ A_{32}=(-1)^{3+2}\begin{vmatrix} 1 & 1 \\ -1 & 0 \end{vmatrix}=-1,\ A_{33}=(-1)^{3+3}\begin{vmatrix} 1 & 0 \\ -1 & 2 \end{vmatrix}=2$$

所以

$$A^* = \begin{bmatrix} A_{11} & A_{21} & A_{31} \\ A_{12} & A_{22} & A_{32} \\ A_{13} & A_{23} & A_{33} \end{bmatrix} = \begin{bmatrix} 2 & 3 & -2 \\ 1 & 1 & -1 \\ -3 & -3 & 2 \end{bmatrix}$$

10.4.3 逆矩阵的求法

1. 利用伴随矩阵

定理 10.1 n 阶方阵 A 可逆的充要条件是 $|A|\neq 0$，且 $A^{-1}=\dfrac{1}{|A|}A^*$，其中 A^* 为 A 的伴随矩阵.

例 2 利用伴随矩阵求 $A = \begin{bmatrix} -2 & -3 \\ 1 & 4 \end{bmatrix}$ 的逆矩阵.

解 因为 $|A|=-5\neq 0$，所以 A 可逆. 又

$$A^* = \begin{bmatrix} 4 & 3 \\ -1 & -2 \end{bmatrix}$$

故

$$A^{-1}=\frac{1}{|A|}A^* = -\frac{1}{5}\begin{bmatrix} 4 & 3 \\ -1 & -2 \end{bmatrix} = \begin{bmatrix} -\dfrac{4}{5} & -\dfrac{3}{5} \\ \dfrac{1}{5} & \dfrac{2}{5} \end{bmatrix}$$

2. 利用初等行变换

由 n 阶方阵 A 与 E 构造一个 $n \times 2n$ 矩阵 $(A \vdots E)$，对这个矩阵只作初等行变换，将 A 转化为单位矩阵时，则 E 就转化为了 A^{-1}. 若 A 不能转化为单位矩阵，则 A 不可逆.

例 3　设 $A = \begin{bmatrix} 1 & -4 & -3 \\ 1 & -5 & -3 \\ -1 & 6 & 4 \end{bmatrix}$，利用初等变换求逆矩阵 A^{-1}.

解　因为

$$(A \vdots E) = \begin{bmatrix} 1 & -4 & -3 & \vdots & 1 & 0 & 0 \\ 1 & -5 & -3 & \vdots & 0 & 1 & 0 \\ -1 & 6 & 4 & \vdots & 0 & 0 & 1 \end{bmatrix} \xrightarrow{\substack{r_2-r_1 \\ r_3+r_1}} \begin{bmatrix} 1 & -4 & -3 & \vdots & 1 & 0 & 0 \\ 0 & -1 & 0 & \vdots & -1 & 1 & 0 \\ 0 & 2 & 1 & \vdots & 1 & 0 & 1 \end{bmatrix}$$

$$\xrightarrow{(-1)r_2} \begin{bmatrix} 1 & -4 & -3 & \vdots & 1 & 0 & 0 \\ 0 & 1 & 0 & \vdots & 1 & -1 & 0 \\ 0 & 2 & 1 & \vdots & 1 & 0 & 1 \end{bmatrix} \xrightarrow{\substack{r_1+4r_2 \\ r_3-2r_2}} \begin{bmatrix} 1 & 0 & -3 & \vdots & 5 & -4 & 0 \\ 0 & 1 & 0 & \vdots & 1 & -1 & 0 \\ 0 & 0 & 1 & \vdots & -1 & 2 & 1 \end{bmatrix}$$

$$\xrightarrow{r_1+3r_3} \begin{bmatrix} 1 & 0 & 0 & \vdots & 2 & 2 & 3 \\ 0 & 1 & 0 & \vdots & 1 & -1 & 0 \\ 0 & 0 & 1 & \vdots & -1 & 2 & 1 \end{bmatrix} = (E \vdots A^{-1})$$

故

$$A^{-1} = \begin{bmatrix} 2 & 2 & 3 \\ 1 & -1 & 0 \\ -1 & 2 & 1 \end{bmatrix}$$

例 4　设 $A = \begin{bmatrix} 1 & -2 & -1 \\ 2 & -1 & 0 \\ 1 & 1 & 1 \end{bmatrix}$，利用初等变换求逆矩阵 A^{-1}.

解　因为

$$(A \vdots E) = \begin{bmatrix} 1 & -2 & -1 & \vdots & 1 & 0 & 0 \\ 2 & -1 & 0 & \vdots & 0 & 1 & 0 \\ 1 & 1 & 1 & \vdots & 0 & 0 & 1 \end{bmatrix} \xrightarrow{\substack{r_2-2r_1 \\ r_3-r_1}}$$

$$\begin{bmatrix} 1 & -2 & -1 & \vdots & 1 & 0 & 0 \\ 0 & 3 & 2 & \vdots & -2 & 1 & 0 \\ 0 & 3 & 2 & \vdots & -1 & 0 & 1 \end{bmatrix} \xrightarrow{r_3-r_2}$$

$$\begin{bmatrix} 1 & -2 & -1 & \vdots & 1 & 0 & 0 \\ 0 & 3 & 2 & \vdots & -2 & 1 & 0 \\ 0 & 0 & 0 & \vdots & 1 & -1 & 1 \end{bmatrix}$$

显然 A 不可能转化成单位矩阵 E，所以 A^{-1} 不存在.

■ 练习 10.4

1. 利用伴随矩阵求下列矩阵的逆矩阵.

(1) $A = \begin{bmatrix} 1 & 3 \\ 2 & 7 \end{bmatrix}$；　　　　(2) $A = \begin{bmatrix} -2 & 1 \\ -3 & 5 \end{bmatrix}$；　　　　(3) $A = \begin{bmatrix} 1 & 1 & 1 \\ 0 & 1 & 1 \\ 1 & 0 & 1 \end{bmatrix}$.

2．利用初等变换求下列矩阵的逆矩阵．

$(1)\ \boldsymbol{A} = \begin{bmatrix} 1 & -1 & 2 \\ 2 & -3 & 3 \\ 4 & -4 & 7 \end{bmatrix}$；$(2)\ \boldsymbol{A} = \begin{bmatrix} 2 & 2 & 3 \\ 1 & -1 & 0 \\ -1 & 2 & 1 \end{bmatrix}$；$(3)\ \boldsymbol{A} = \begin{bmatrix} 1 & -2 & 1 \\ 2 & 3 & 0 \\ 1 & 0 & 1 \end{bmatrix}$．

3．求下列矩阵的逆矩阵．

$(1)\ \boldsymbol{A} = \begin{bmatrix} 1 & 3 & -5 & 7 \\ 0 & 1 & 2 & -3 \\ 0 & 0 & 1 & 2 \\ 0 & 0 & 0 & 1 \end{bmatrix}$；$\qquad(2)\ \boldsymbol{A} = \begin{bmatrix} 1 & 1 & 0 & 0 \\ 1 & 2 & 0 & 0 \\ 0 & 0 & 2 & 3 \\ 0 & 0 & 1 & 2 \end{bmatrix}$；

$(3)\ \boldsymbol{A} = \begin{bmatrix} 0 & 0 & 2 & 7 \\ 0 & 0 & -1 & -2 \\ 4 & 3 & 0 & 0 \\ 1 & 2 & 0 & 0 \end{bmatrix}$．

4．设 $\boldsymbol{A} = \begin{bmatrix} 1 & 0 & 1 \\ 0 & 2 & 0 \\ 1 & 0 & 1 \end{bmatrix}$，且满足方程 $\boldsymbol{AX} + \boldsymbol{E} = \boldsymbol{A}^2 + \boldsymbol{X}$，求矩阵 $\boldsymbol{X}$．

5．设 $\boldsymbol{A}$ 为 n 阶方阵，满足 $\boldsymbol{A}^2 + 2\boldsymbol{A} - 3\boldsymbol{E} = \boldsymbol{O}$，判断 $\boldsymbol{A}$，$\boldsymbol{A} + 4\boldsymbol{E}$ 是否可逆．若可逆，求其逆矩阵．

本 章 小 结

本章主要介绍了矩阵的定义、矩阵的运算与性质、矩阵的初等变换、矩阵的秩、逆矩阵，这些都属于矩阵的基本理论，为下一章线性方程组的求解提供必备工具．

阅读材料

综 合 练 习 10

一、填空题

1．设 $\boldsymbol{A} = \begin{bmatrix} -1 & 2 & 0 \\ 1 & 0 & 3 \end{bmatrix}$，$\boldsymbol{B} = \begin{bmatrix} 2 & 0 & 3 \\ 0 & 2 & 0 \end{bmatrix}$，则 $\boldsymbol{A} - 2\boldsymbol{B} = $＿＿＿＿＿＿．

2．设 $\boldsymbol{A}$ 为三阶方阵，且 $|\boldsymbol{A}| = 5$，则 $|-2\boldsymbol{A}| = $＿＿＿＿＿＿．

3．设矩阵 $\boldsymbol{A} = \begin{bmatrix} 1 & 2 & 3 \\ 4 & 5 & 6 \\ 7 & 8 & 9 \end{bmatrix}$，则 $R(\boldsymbol{A}) = $＿＿＿＿＿＿．

4. 设矩阵 $A = \begin{bmatrix} 3 & 5 \\ -1 & -2 \end{bmatrix}$，则 A 的伴随矩阵 $A^* = $ _____.

5. 设矩阵 $A = \begin{bmatrix} 0 & 0 & 4 \\ 0 & 3 & 0 \\ 2 & 0 & 0 \end{bmatrix}$，则 $A^{-1} = $ _____.

6. 设矩阵 A 满足 $A^2 + A - 3E = O$，则 $(A - E)^{-1} = $ _____.

二、单项选择题

1. 设 $A_{3 \times m} \cdot B_{5 \times n} = C_{k \times 7}$，则 m，n，k 分别为（　　）.

A. 5，7，3　　　　　B. 3，5，7　　　　　C. 7，3，5　　　　　D. 3，7，5

2. 设 A 是 n 阶方阵，则 $|A| = 0$ 是 A 不可逆的（　　）.

A. 充分非必要条件　　　　　　　B. 必要非充分条件

C. 充分必要条件　　　　　　　　D. 无关条件

3. 设 A，B 都是 n 阶方阵，则下列各式必成立的是（　　）.

A. $|AB| = |BA|$　　　　　　　　　B. $AB = BA$

C. $A^T B^T = (AB)^T$　　　　　　　D. $(AB)^{-1} = A^{-1} B^{-1}$

4. 若 $A^2 = O$，则 $(E - A)^{-1} = $（　　）.

A. $E - A^{-1}$　　　　B. $E - A$　　　　C. $E + A^{-1}$　　　　D. $E + A$

5. 若 A 为三阶方阵，且 $AA^T = 4E$，则 $|A| = $（　　）.

A. ± 1　　　　　　B. ± 2　　　　　　C. ± 4　　　　　　D. ± 8

6. 若 $A = \begin{bmatrix} 1 & 3 & 5 \\ -1 & 1 & 2 \\ 1 & 7 & 12 \\ 0 & 8 & 14 \end{bmatrix}$，则 $R(A) = $（　　）.

A. 1　　　　　　　　B. 2　　　　　　　　C. 3　　　　　　　　D. 4

三、解答题

1. 设 $A = \begin{bmatrix} 1 & 0 & -1 \\ 2 & 3 & 1 \end{bmatrix}$，$B = \begin{bmatrix} -1 & 2 & 1 \\ 0 & 1 & -2 \end{bmatrix}$，求：

(1) $A - B$；　(2) $3A + 2B$.

2. 设 $A = \begin{bmatrix} 2 & -1 \\ 0 & 1 \\ 3 & 2 \end{bmatrix}$，$B = \begin{bmatrix} 0 & 3 & -1 \\ 1 & 2 & -1 \end{bmatrix}$，求 AB 和 BA.

3. 求下列矩阵的秩.

(1) $A = \begin{bmatrix} 1 & 2 & 3 & 4 \\ 1 & -2 & 4 & 5 \\ 1 & 10 & 1 & 2 \end{bmatrix}$；

(2) $A = \begin{bmatrix} 1 & 2 & 3 & 4 & 5 \\ -1 & -2 & -3 & -3 & -4 \\ 1 & 3 & 3 & 3 & 4 \\ 2 & 2 & 2 & 2 & 3 \end{bmatrix}$.

4. 设矩阵 $\boldsymbol{A} = \begin{bmatrix} 1 & 2 & -1 & 3 & 4 \\ 1 & 3 & 4 & 6 & 5 \\ 2 & 5 & 3 & 9 & k \end{bmatrix}$，若 $R(\boldsymbol{A}) = 2$，求 k 值.

5. 求矩阵 $\boldsymbol{A} = \begin{bmatrix} 2 & 2 & 3 \\ 1 & -1 & 0 \\ -1 & 2 & 1 \end{bmatrix}$ 的伴随矩阵 $\boldsymbol{A}^*$.

6. 求矩阵 $\boldsymbol{A} = \begin{bmatrix} 1 & 1 & 0 & 0 \\ 1 & 2 & 0 & 0 \\ 3 & 7 & 2 & 3 \\ 2 & 5 & 1 & 2 \end{bmatrix}$ 的逆矩阵.

7. 设 $\boldsymbol{A}$ 为 n 阶方阵，且满足 $\boldsymbol{A}^2 - 3\boldsymbol{A} - 4\boldsymbol{E} = \boldsymbol{O}$，证明 $\boldsymbol{A}$ 可逆，并求 $\boldsymbol{A}^{-1}$.

8. 某厂生产 5 种产品，1～3 月份的生产数量与产品单价见表 10 - 6，利用矩阵计算该厂各月份总产值.

表 10 - 6 5 种产品的生产数量与产品单价

产品名称	生产数量/件			产品单价/(元/件)
	1 月	2 月	3 月	
A	50	30	50	0.95
B	30	60	60	1.2
C	25	25	0	2.35
D	10	20	25	3
E	5	10	5	5.2

习题参考答案

第 11 章　线性方程组

线性方程组是经济数学的又一重要内容,它在线性系统的处理、网络理论、结构分析、最优化理论等方面都有着重要的作用. 在本章中,我们将介绍线性方程组解的判断、求解方法,以及在经济活动中的应用.

11.1　线性方程组解的判断

11.1.1　线性方程组的矩阵表示

n 元线性方程组 $\begin{cases} a_{11}x_1 + a_{12}x_2 + \cdots + a_{1n}x_n = b_1 \\ a_{21}x_1 + a_{22}x_2 + \cdots + a_{2n}x_n = b_2 \\ \vdots \\ a_{m1}x_1 + a_{m2}x_2 + \cdots + a_{mn}x_n = b_m \end{cases}$ 可以用矩阵表示,即

$$\begin{bmatrix} a_{11} & a_{12} & \cdots & a_{1n} \\ a_{21} & a_{22} & \cdots & a_{2n} \\ \vdots & \vdots & & \vdots \\ a_{m1} & a_{m2} & \cdots & a_{mn} \end{bmatrix} \begin{bmatrix} x_1 \\ x_2 \\ \vdots \\ x_n \end{bmatrix} = \begin{bmatrix} b_1 \\ b_2 \\ \vdots \\ b_m \end{bmatrix}$$

写成矩阵方程为

$$AX = b$$

其中,$A = \begin{bmatrix} a_{11} & a_{12} & \cdots & a_{1n} \\ a_{21} & a_{22} & \cdots & a_{2n} \\ \vdots & \vdots & & \vdots \\ a_{m1} & a_{m2} & \cdots & a_{mn} \end{bmatrix}$ 为线性方程组的系数矩阵;$X = \begin{bmatrix} x_1 \\ x_2 \\ \vdots \\ x_n \end{bmatrix}$ 为全体未知数构成的

列矩阵;$b = \begin{bmatrix} b_1 \\ b_2 \\ \vdots \\ b_m \end{bmatrix}$ 为线性方程组右端常数项构成的列矩阵.

在线性方程组的系数矩阵 A 的右边添加常数项列,所构成的矩阵 $(A \vdots b)$ 称为线性方程组的增广矩阵,记作 $\widetilde{A}$,即

$$\widetilde{A} = \begin{bmatrix} a_{11} & a_{12} & \cdots & a_{1n} & \vdots & b_1 \\ a_{21} & a_{22} & \cdots & a_{2n} & \vdots & b_2 \\ \vdots & \vdots & & \vdots & \vdots & \vdots \\ a_{m1} & a_{m2} & \cdots & a_{mn} & \vdots & b_m \end{bmatrix}$$

显然,线性方程组由它的增广矩阵 $\widetilde{A}$ 确定.因此,要讨论线性方程组只需讨论它的增广矩阵.

11.1.2 线性方程组解的判断

定理 11.1 线性方程组 $AX=b$ 有解的充分必要条件是 $R(\widetilde{A})=R(A)$.

定理 11.2 n 元线性方程组 $AX=b$ 有唯一解的充分必要条件是 $R(\widetilde{A})=R(A)=n$.

定理 11.3 n 元线性方程组 $AX=b$ 有无穷多组解的充分必要条件是 $R(\widetilde{A})=R(A)<n$.

以上定理表明,根据增广矩阵的秩 $R(\widetilde{A})$、系数矩阵的秩 $R(A)$、未知数的个数 n 之间的关系就可以判定线性方程组的解的情况.

对于非齐次线性方程组 $AX=b$,对增广矩阵 $\widetilde{A}$ 进行一系列初等变换,把它化为行阶梯形矩阵,$R(\widetilde{A})$ 就等于非零行的个数,$R(A)$ 等于去掉最后一列后的行阶梯形矩阵中非零行的个数.

对于齐次线性方程组 $AX=O$,它一定有解,所以一定有 $R(\widetilde{A})=R(A)$,故只需讨论系数矩阵 A 就可以了.

定理 11.4 n 元齐次线性方程组 $AX=O$ 有非零解的充分必要条件是 $R(A)<n$.

推论 11.1 对于齐次线性方程组 $AX=O$,若未知数的个数大于方程组中方程的个数,则该齐次线性方程组必有非零解.

例 1 判断线性方程组 $\begin{cases} x_1+2x_2-3x_3=-9 \\ 3x_1+8x_2-12x_3=-38 \\ -2x_1-5x_2+3x_3=10 \end{cases}$ 解的情况.

解
$$\widetilde{A}=\begin{bmatrix} 1 & 2 & -3 & \vdots & -9 \\ 3 & 8 & -12 & \vdots & -38 \\ -2 & -5 & 3 & \vdots & 10 \end{bmatrix} \xrightarrow[r_3+2r_1]{r_2-3r_1} \begin{bmatrix} 1 & 2 & -3 & \vdots & -9 \\ 0 & 2 & -3 & \vdots & -11 \\ 0 & -1 & -3 & \vdots & -8 \end{bmatrix}$$

$$\xrightarrow{r_2 \leftrightarrow r_3} \begin{bmatrix} 1 & 2 & -3 & \vdots & -9 \\ 0 & -1 & -3 & \vdots & -8 \\ 0 & 2 & -3 & \vdots & -11 \end{bmatrix} \xrightarrow{r_3+2r_2} \begin{bmatrix} 1 & 2 & -3 & \vdots & -9 \\ 0 & -1 & -3 & \vdots & -8 \\ 0 & 0 & -9 & \vdots & -27 \end{bmatrix}$$

因为 $R(\widetilde{A})=R(A)=3$,且未知数的个数 $n=3$,所以方程组有唯一解.

例 2 判断线性方程组 $\begin{cases} x_1-2x_2-x_3=2 \\ -x_1+2x_2+x_3+3x_4=-3 \\ 2x_1-x_2+2x_4=3 \\ 3x_1+3x_2+3x_3+3x_4=4 \end{cases}$ 解的情况.

解
$$\widetilde{A}=\begin{bmatrix} 1 & -2 & -1 & 0 & \vdots & 2 \\ -1 & 2 & 1 & 3 & \vdots & -3 \\ 2 & -1 & 0 & 2 & \vdots & 3 \\ 3 & 3 & 3 & 3 & \vdots & 4 \end{bmatrix} \xrightarrow[\substack{r_3-2r_1 \\ r_4-3r_1}]{r_2+r_1} \begin{bmatrix} 1 & -2 & -1 & 0 & \vdots & 2 \\ 0 & 0 & 0 & 3 & \vdots & -1 \\ 0 & 3 & 2 & 2 & \vdots & -1 \\ 0 & 9 & 6 & 3 & \vdots & -2 \end{bmatrix}$$

$$\xrightarrow{r_2+r_4}
\begin{bmatrix}
1 & -2 & -1 & 0 & \vdots & 2 \\
0 & 9 & 6 & 3 & \vdots & -2 \\
0 & 3 & 2 & 2 & \vdots & -1 \\
0 & 0 & 0 & 3 & \vdots & -1
\end{bmatrix}
\xrightarrow{r_2+r_3}
\begin{bmatrix}
1 & -2 & -1 & 0 & \vdots & 2 \\
0 & 3 & 2 & 2 & \vdots & -1 \\
0 & 9 & 6 & 3 & \vdots & -2 \\
0 & 0 & 0 & 3 & \vdots & -1
\end{bmatrix}$$

$$\xrightarrow{r_3-3r_2}
\begin{bmatrix}
1 & -2 & -1 & 0 & \vdots & 2 \\
0 & 3 & 2 & 2 & \vdots & -1 \\
0 & 0 & 0 & -3 & \vdots & 1 \\
0 & 0 & 0 & 3 & \vdots & -1
\end{bmatrix}
\xrightarrow{r_4+r_3}
\begin{bmatrix}
1 & -2 & -1 & 0 & & 2 \\
0 & 3 & 2 & 2 & & -1 \\
0 & 0 & 0 & -3 & & 1 \\
0 & 0 & 0 & 0 & & 0
\end{bmatrix}$$

因为 $R(\widetilde{A})=R(A)=3<n=4$，所以方程组有无穷多组解.

例 3 判断线性方程组 $\begin{cases} x_1+x_2+2x_3+x_4=5 \\ 2x_1+3x_2-x_3-2x_4=2 \\ 4x_1+5x_2+3x_3=7 \end{cases}$ 解的情况.

解 $\widetilde{A}=\begin{bmatrix} 1 & 1 & 2 & 1 & \vdots & 5 \\ 2 & 3 & -1 & -2 & \vdots & 2 \\ 4 & 5 & 3 & 0 & \vdots & 7 \end{bmatrix} \xrightarrow[r_3-4r_1]{r_2-2r_1} \begin{bmatrix} 1 & 1 & 2 & 1 & \vdots & 5 \\ 0 & 1 & -5 & -4 & \vdots & -8 \\ 0 & 1 & -5 & -4 & \vdots & -13 \end{bmatrix}$

$$\xrightarrow{r_3-r_2}
\begin{bmatrix}
1 & 1 & 2 & 1 & \vdots & 5 \\
0 & 1 & -5 & -4 & \vdots & -8 \\
0 & 0 & 0 & 0 & \vdots & -5
\end{bmatrix}.$$

因为 $R(\widetilde{A})=3$，$R(A)=2$，所以方程组无解.

例 4 判断齐次线性方程组 $\begin{cases} x_1+2x_2+3x_3=0 \\ 2x_1+5x_2+3x_3=0 \\ x_1+8x_3=0 \end{cases}$ 解的情况.

解 $A=\begin{bmatrix} 1 & 2 & 3 \\ 2 & 5 & 3 \\ 1 & 0 & 8 \end{bmatrix} \xrightarrow[r_3-r_1]{r_2-2r_1} \begin{bmatrix} 1 & 2 & 3 \\ 0 & 1 & -3 \\ 0 & -2 & 5 \end{bmatrix} \xrightarrow{r_3+2r_2} \begin{bmatrix} 1 & 2 & 3 \\ 0 & 1 & -3 \\ 0 & 0 & -1 \end{bmatrix}.$

因为 $R(A)=3=n$，所以方程组只有零解.

■ 练习 11.1

1. 判断下列非齐次线性方程组解的情况.

(1) $\begin{cases} x_1-2x_2+2x_3=1 \\ 2x_1-3x_2+x_3=2 \\ 3x_1+2x_2-3x_3=18 \end{cases}$;

(2) $\begin{cases} x_1+x_2+x_3=1 \\ x_1+5x_2+2x_3=4 \\ 9x_1+25x_2+4x_3=16 \\ 27x_1+125x_2+8x_3=64 \end{cases}$.

2. 判断下列齐次线性方程组解的情况.

(1) $\begin{cases} x_1 + x_2 + 2x_3 = 0 \\ x_1 + 2x_2 + x_3 = 0 \\ 2x_1 + x_2 + 4x_3 = 0 \end{cases}$;

(2) $\begin{cases} 2x_1 + 4x_2 - x_3 + x_4 = 0 \\ x_1 - 3x_2 + 2x_3 + 3x_4 = 0 \\ 3x_1 + x_2 + x_3 + 4x_4 = 0 \end{cases}$.

3. 当 λ 为何值时，非齐次线性方程组 $\begin{cases} \lambda x_1 + x_2 + x_3 = 1 \\ x_1 + \lambda x_2 + x_3 = \lambda \\ x_1 + x_2 + \lambda x_3 = \lambda^2 \end{cases}$

(1) 无解； (2) 有唯一解； (3) 有无穷多个解.

4. 当 λ 为何值时，齐次线性方程组 $\begin{cases} x_1 + x_2 + x_3 + x_4 = 0 \\ 2x_1 + 3x_2 + (\lambda + 2)x_3 - 4x_4 = 0 \\ 2x_2 - x_3 + 2x_4 = 0 \\ 3x_1 + 5x_2 + x_3 + (\lambda + 8)x_4 = 0 \end{cases}$ 有非零解.

11.2　线性方程组的矩阵求解

在第 9 章我们讨论了利用行列式解 n 元线性方程组，从中发现了克拉默法则在使用中的不足之处. 本节我们将进一步讨论线性方程组利用矩阵的通用求解方法——消元法.

案例 11.1　我国古代数学名著《九章算术》中有这样一道题："今有上禾三秉，中禾二秉，下禾一秉，实三十九斗；上禾二秉，中禾三秉，下禾一秉，实三十四斗；上禾一秉，中禾二秉，下禾三秉，实二十六斗. 问上、中、下禾实一秉各几何"

设上禾、中禾、下禾分别为 x_1, x_2, x_3 斗，列出线性方程组：

$$\begin{cases} 3x_1 + 2x_2 + x_3 = 39 \\ 2x_1 + 3x_2 + x_3 = 34 \\ x_1 + 2x_2 + 3x_3 = 26 \end{cases}$$

把方程组的消元求解过程与增广矩阵的初等行变换过程对照，如图 11-1 所示.

显然，利用消元法解线性方程组的过程，就是利用初等行变换把线性方程组的增广矩阵 $\widetilde{A}$ 化为行最简形矩阵的过程，具体如下：

设 n 元线性方程组 $\begin{cases} a_{11}x_1 + a_{12}x_2 + \cdots + a_{1n}x_n = b_1 \\ a_{21}x_1 + a_{22}x_2 + \cdots + a_{2n}x_n = b_2 \\ \vdots \\ a_{m1}x_1 + a_{m2}x_2 + \cdots + a_{mn}x_n = b_m \end{cases}$ ，它的矩阵形式为 $AX = b$.

(1) 对增广矩阵 $\widetilde{A} = (A \vdots b)$ 进行一系列的初等行变换，把它化为行阶梯形矩阵，进而化成行最简形矩阵.

(2) 根据增广矩阵的秩 $R(\widetilde{A})$、系数矩阵的秩 $R(A)$、未知数的个数 n 之间的关系，判断出线性方程组的解的情况.

消元求解过程	初等行变换过程

$$\begin{cases}3x_1+2x_2+x_3=39\\2x_1+3x_2+x_3=34\\x_1+2x_2+3x_3=26\end{cases}$$ 第 1 个方程与第 3 个方程互换 $\longrightarrow$

$$\tilde{A}=\begin{bmatrix}3 & 2 & 1 & 39\\2 & 3 & 1 & 34\\1 & 2 & 3 & 26\end{bmatrix}\xrightarrow{r_1\leftrightarrow r_3}$$

$$\begin{cases}x_1+2x_2+3x_3=26\\2x_1+3x_2+x_3=34\\3x_1+2x_2+x_3=39\end{cases}$$ 第 1 个方程乘(−2)加到第 2 个方程
第 1 个方程乘(−3)加到第 3 个方程 $\longrightarrow$

$$\begin{bmatrix}1 & 2 & 3 & 26\\2 & 3 & 1 & 34\\3 & 2 & 1 & 39\end{bmatrix}\begin{array}{c}r_2+(-2)r_1\\ \xrightarrow{\quad}\\ r_2+(-3)r_1\end{array}$$

$$\begin{cases}x_1+2x_2+3x_3=26\\-x_2-5x_3=-18\\-4x_2-8x_3=-39\end{cases}$$ 第 2 个方程乘(−4)加到第 3 个方程 $\longrightarrow$

$$\begin{bmatrix}1 & 2 & 3 & 26\\0 & -1 & -5 & 18\\0 & -4 & -8 & 39\end{bmatrix}\xrightarrow{r_3+(-4)r_2}$$

$$\begin{cases}x_1+2x_2+3x_3=26\\-x_2-5x_3=-18\\12x_3=33\end{cases}$$ 第 3 个方程乘以 $\frac{1}{12}$ $\longrightarrow$

$$\begin{bmatrix}1 & 2 & 3 & 26\\0 & -1 & -5 & -18\\0 & 0 & 12 & 33\end{bmatrix}\xrightarrow{\frac{1}{12}r_3}$$

$$\begin{cases}x_1+2x_2+3x_3=26\\-x_2-5x_3=-18\\x_3=\dfrac{11}{4}\end{cases}$$ 第 3 个方程乘 5 加到第 2 个方程
第 3 个方程乘 −3 加到第 1 个方程 $\longrightarrow$

$$\begin{bmatrix}1 & 2 & 3 & 26\\0 & -1 & -5 & -18\\0 & 0 & 1 & \frac{11}{4}\end{bmatrix}\begin{array}{c}r_2+5r_3\\ \xrightarrow{\quad}\\ r_1+(-3)r_3\end{array}$$

$$\begin{cases}x_1+2x_2=\dfrac{71}{4}\\-x_2=-\dfrac{17}{4}\\x_3=\dfrac{11}{4}\end{cases}$$ 第 2 个方程乘以(−1) $\longrightarrow$

$$\begin{bmatrix}1 & 2 & 0 & \frac{71}{4}\\0 & -1 & 0 & -\frac{17}{4}\\0 & 0 & 1 & \frac{11}{4}\end{bmatrix}\xrightarrow{(-1)r_2}$$

$$\begin{cases}x_1+2x_2=\dfrac{71}{4}\\x_2=\dfrac{17}{4}\\x_3=\dfrac{11}{4}\end{cases}$$ 第 2 个方程乘以(−1)加到第 1 个方程 $\longrightarrow$

$$\begin{bmatrix}1 & 2 & 0 & \frac{71}{4}\\0 & 1 & 0 & \frac{17}{4}\\0 & 0 & 1 & \frac{11}{4}\end{bmatrix}\xrightarrow{r_1+(-2)r_2}$$

$$\begin{cases}x_1=\dfrac{37}{4}\\x_2=\dfrac{17}{4}\\x_3=\dfrac{11}{4}\end{cases}$$ (方程组的解)

$$\begin{bmatrix}1 & 0 & 0 & \frac{37}{4}\\0 & 1 & 0 & \frac{17}{4}\\0 & 0 & 1 & \frac{11}{4}\end{bmatrix}$$ (行最简形矩阵)

图 11−1

例 1 解线性方程组 $\begin{cases}x_1+x_2+2x_3=5\\2x_1+3x_2-x_3=2\\4x_1+5x_2+4x_3=7\\7x_1+9x_2+5x_3=14\end{cases}$.

解 $\tilde{A}=\begin{bmatrix}1 & 1 & 2 & 5\\2 & 3 & -1 & 2\\4 & 5 & 4 & 7\\7 & 9 & 5 & 14\end{bmatrix}\begin{array}{c}r_2-2r_1\\ r_3-4r_1\\ \xrightarrow{\quad}\\ r_4-7r_1\end{array}\begin{bmatrix}1 & 1 & 2 & 5\\0 & 1 & -5 & -8\\0 & 1 & -4 & -13\\0 & 2 & -9 & -21\end{bmatrix}\begin{array}{c}r_3-r_2\\ \xrightarrow{\quad}\\ r_4-2r_2\end{array}\begin{bmatrix}1 & 1 & 2 & 5\\0 & 1 & -5 & -8\\0 & 0 & 1 & -5\\0 & 0 & 1 & -5\end{bmatrix}$

$$\xrightarrow{r_4-r_3}\begin{bmatrix}1 & 1 & 2 & \vdots & 5\\0 & 1 & -5 & \vdots & -8\\0 & 0 & 1 & \vdots & -5\\0 & 0 & 0 & \vdots & 0\end{bmatrix}\xrightarrow[r_1-2r_3]{r_2+5r_3}\begin{bmatrix}1 & 1 & 0 & \vdots & 15\\0 & 1 & 0 & \vdots & -33\\0 & 0 & 1 & \vdots & -5\\0 & 0 & 0 & \vdots & 0\end{bmatrix}\xrightarrow{r_1-r_2}\begin{bmatrix}1 & 0 & 0 & \vdots & 48\\0 & 1 & 0 & \vdots & -33\\0 & 0 & 1 & \vdots & -5\\0 & 0 & 0 & \vdots & 0\end{bmatrix}$$

因为 $R(\widetilde{A})=R(A)=3=n$，所以原方程组有唯一解为 $\begin{cases}x_1=48\\x_2=-33\\x_3=-5\end{cases}$.

例 2　解线性方程组 $\begin{cases}2x_1+x_2+x_3-x_4-2x_5=2\\x_1-x_2+2x_3+x_4-x_5=4\\x_1-3x_2+4x_3+3x_4-x_5=8\end{cases}$.

解　$\widetilde{A}=\begin{bmatrix}2 & 1 & 1 & -1 & -2 & \vdots & 2\\1 & -1 & 2 & 1 & -1 & \vdots & 4\\1 & -3 & 4 & 3 & -1 & \vdots & 8\end{bmatrix}\xrightarrow{r_1\leftrightarrow r_2}\begin{bmatrix}1 & -1 & 2 & 1 & -1 & \vdots & 4\\2 & 1 & 1 & -1 & -2 & \vdots & 2\\1 & -3 & 4 & 3 & -1 & \vdots & 8\end{bmatrix}$

$\xrightarrow[r_3-r_1]{r_2-2r_1}\begin{bmatrix}1 & -1 & 2 & 1 & -1 & \vdots & 4\\0 & 3 & -3 & -3 & 0 & \vdots & -6\\0 & -2 & 2 & 2 & 0 & \vdots & 4\end{bmatrix}\xrightarrow{\frac{1}{3}r_2}\begin{bmatrix}1 & -1 & 2 & 1 & -1 & \vdots & 4\\0 & 1 & -1 & -1 & 0 & \vdots & -2\\0 & -2 & 2 & 2 & 0 & \vdots & 4\end{bmatrix}$

$\xrightarrow{r_3+2r_2}\begin{bmatrix}1 & -1 & 2 & 1 & -1 & \vdots & 4\\0 & 1 & -1 & -1 & 0 & \vdots & -2\\0 & 0 & 0 & 0 & 0 & \vdots & 0\end{bmatrix}\xrightarrow{r_1+r_2}\begin{bmatrix}1 & 0 & 1 & 0 & -1 & \vdots & 2\\0 & 1 & -1 & -1 & 0 & \vdots & -2\\0 & 0 & 0 & 0 & 0 & \vdots & 0\end{bmatrix}$

因为 $R(\widetilde{A})=R(A)=2<n=5$，所以原方程组有无穷多组解.

原方程组的同解方程组为 $\begin{cases}x_1+x_3-x_5=2\\x_2-x_3-x_4=-2\end{cases}$，即 $\begin{cases}x_1=2-x_3+x_5\\x_2=-2+x_3+x_4\end{cases}$.

令 $x_3=c_1$，$x_4=c_2$，$x_5=c_3$.

则原方程组的通解为 $\begin{cases}x_1=2-c_1+c_3\\x_2=-2+c_1+c_2\\x_3=c_1\\x_4=c_2\\x_5=c_3\end{cases}$　（其中 c_1，c_2，c_3 为任意常数）.

例 3　解齐次线性方程组 $\begin{cases}x_1+5x_2-x_3-x_4=0\\x_1-2x_2+x_3+3x_4=0\\3x_1+8x_2-x_3+x_4=0\\x_1-9x_2+3x_3+7x_4=0\end{cases}$.

解　$\widetilde{A}=\begin{bmatrix}1 & 5 & -1 & -1\\1 & -2 & 1 & 3\\3 & 8 & -1 & 1\\1 & -9 & 3 & 7\end{bmatrix}\xrightarrow[\substack{r_2-3r_1\\r_4-r_1}]{r_2-r_1}\begin{bmatrix}1 & 5 & -1 & -1\\0 & -7 & 2 & 4\\0 & -7 & 2 & 4\\0 & -14 & 4 & 8\end{bmatrix}$

$$\xrightarrow[r_4-2r_2]{r_3-r_2}
\begin{bmatrix}
1 & 5 & -1 & -1 \\
0 & -7 & 2 & 4 \\
0 & 0 & 0 & 0 \\
0 & 0 & 0 & 0
\end{bmatrix}
\xrightarrow{-\frac{1}{7}r_2}
\begin{bmatrix}
1 & 5 & -1 & -1 \\
0 & 1 & -\dfrac{2}{7} & -\dfrac{4}{7} \\
0 & 0 & 0 & 0 \\
0 & 0 & 0 & 0
\end{bmatrix}$$

$$\xrightarrow{r_1-5r_2}
\begin{bmatrix}
1 & 0 & \dfrac{3}{7} & \dfrac{13}{7} \\
0 & 1 & -\dfrac{2}{7} & -\dfrac{4}{7} \\
0 & 0 & 0 & 0 \\
0 & 0 & 0 & 0
\end{bmatrix}$$

因为 $R(\boldsymbol{A})=2<n=4$，所以原方程组有无穷多组非零解.

原方程组的同解方程组为 $\begin{cases} x_1+\dfrac{3}{7}x_3+\dfrac{13}{7}x_4=0 \\ x_2-\dfrac{2}{7}x_3-\dfrac{4}{7}x_4=0 \end{cases}$，即 $\begin{cases} x_1=-\dfrac{3}{7}x_3-\dfrac{13}{7}x_4 \\ x_2=\dfrac{2}{7}x_3+\dfrac{4}{7}x_4 \end{cases}$.

令 $x_3=c_1$，$x_4=c_2$.

则原方程组的通解为 $\begin{cases} x_1=-\dfrac{3}{7}c_1-\dfrac{13}{7}c_2 \\ x_2=\dfrac{2}{7}c_1+\dfrac{4}{7}c_2 \\ x_3=c_1 \\ x_4=c_2 \end{cases}$（其中 c_1，c_2 为任意常数）.

■ 练习 11.2

1. 利用消元法解下列线性方程组.

(1) $\begin{cases} 4x_1+2x_2-x_3=2 \\ 3x_1-x_2+2x_3=10 \\ 11x_1+3x_2=8 \end{cases}$；

(2) $\begin{cases} 2x_1+3x_2+x_3=4 \\ x_1-2x_2+4x_3=-5 \\ 3x_1+8x_2-2x_3=13 \\ 4x_1-x_2+9x_3=-6 \end{cases}$；

(3) $\begin{cases} x_1-2x_2+x_3+x_4=0 \\ x_1-2x_2+x_3-x_4=0 \\ x_1-2x_2+x_3+5x_4=0 \end{cases}$；

(4) $\begin{cases} x_1+x_2+2x_3-x_4=0 \\ 2x_1+x_2+x_3-x_4=0 \\ 2x_1+2x_2+x_3+2x_4=0 \end{cases}$.

2. 当 λ 为何值时，齐次线性方程组 $\begin{cases} x_1+2x_2+(\lambda+3)x_3=0 \\ (\lambda-1)x_1+x_2+\lambda x_3=0 \\ \lambda x_1+(\lambda+3)x_2+3(\lambda+1)x_3=0 \end{cases}$ 有非零解.

3. 设非齐次线性方程组 $\begin{cases} -2x_1+x_2+x_3=-2 \\ x_1-2x_2+x_3=\lambda \\ x_1+x_2-2x_3=\lambda^2 \end{cases}$，当 λ 为何值时，方程组有解，并求

出解.

4. 证明：线性方程组 $\begin{cases} x_1 - x_2 = a_1 \\ x_2 - x_3 = a_2 \\ x_3 - x_4 = a_3 \\ x_4 - x_5 = a_4 \\ x_5 - x_1 = a_5 \end{cases}$ 有解的充分必要条件是 $\sum\limits_{i=1}^{5} a_i = 0$.

本 章 小 结

线性方程组是各个方程关于未知量均为一次的方程组. 线性方程组的求解方法主要有以下两种：

（1）克拉默法则. 用克拉默法则求解方程组有两个前提，一是方程的个数等于未知量的个数，二是系数行列式不等于零. 用克拉默法则求解方程组，相当于用逆矩阵的方法求解线性方程组，它建立了线性方程组的解与其系数和常数间的关系，但由于求解时要计算 $n+1$ 个 n 阶行列式，其工作量常常很大，所以克拉默法则常用于理论证明，很少用于具体求解.

（2）矩阵消元法. 将线性方程组的增广矩阵通过行的初等变换化为行最简形矩阵，则以行最简形矩阵为增广矩阵的线性方程组与原方程组同解. 当方程组有解时，将其中单位列向量对应的未知量取为非自由未知量，其余的未知量取为自由未知量，即可找出线性方程组的解.

阅读材料

综 合 练 习 11

一、填空题

1. 当 $k =$ _____ 时，$\begin{cases} (k-1)x + ky = 0 \\ -4x + (k-1)y = 0 \end{cases}$ 有非零解.

2. 三元齐次线性方程组 $\begin{cases} x_1 - x_3 = 0 \\ x_2 = 0 \end{cases}$ 的解为 _____.

3. 设齐次线性方程组 $\begin{cases} (15-2a)x_1 + 11x_2 + 10x_3 = 0 \\ (11-3a)x_1 + 17x_2 + 16x_3 = 0 \\ (7-a)x_1 + 14x_2 + 13x_3 = 0 \end{cases}$ 有非零解，则 $a =$ _____.

4. 若线性方程组 $AX = b$ 的增广矩阵经初等行变换化为 $\begin{bmatrix} 1 & 2 & 0 & \vdots & 1 \\ 0 & 0 & 1 & \vdots & 2 \end{bmatrix}$，则此线性方程组的解为_____.

5. 若线性方程组 $AX = b$ 的增广矩阵经初等行变换化为 $\begin{bmatrix} 1 & 2 & 3 & \vdots & 4 \\ 0 & 0 & 1 & \vdots & 2 \\ 0 & 0 & \lambda & \vdots & 4 \end{bmatrix}$，则当 $\lambda =$ _____时，此线性方程组有无穷多组解.

二、单项选择题

1. 设 A 是 10×8 矩阵，$R(A) = r$，则齐次线性方程组 $AX = O$ 有非零解的充要条件是（   ）.

A. $r < 8$ B. $8 \leqslant r \leqslant 10$ C. $r < 10$ D. $|A| = 0$

2. 设线性方程组 $AX = b$，A 是 $m \times n$ 矩阵，若 $m < n$，则（   ）.

A. $AX = b$ 必有无穷多解   B. $AX = b$ 必有非零解

C. $AX = O$ 必有无穷多解   D. $AX = O$ 只有零解

3. 若线性方程组 $AX = b$ 的增广矩阵经初等行变换化为 $\tilde{A} = \begin{bmatrix} 2 & 0 & 2 & \vdots & 3 \\ 0 & \lambda & \lambda & \vdots & 1 \\ 0 & 0 & 0 & \vdots & \lambda \end{bmatrix}$，则此线性方程组（   ）.

A. 可能有无穷多解   B. 一定有无穷多解

C. 可能无解   D. 一定无解

4. 若线性方程组 $AX = b$ 的增广矩阵经初等行变换化为 $\begin{bmatrix} 1 & 2 & 3 & \vdots & 4 \\ 0 & \lambda & \lambda & \vdots & \lambda \\ 0 & 0 & \lambda^2 - 1 & \vdots & \lambda - 2 \end{bmatrix}$，则当 $\lambda = $（   ）时，此线性方程组有唯一解.

A. -1 B. 0 C. 1 D. 2

5. 设 A 为 n 阶方阵，方程组 $AX = O$ 有非零解，则（   ）.

A. $AX = O$ 有无穷个非零解   B. $AX = O$ 仅有一个非零解

C. $AX = O$ 仅有两个非零解   D. $AX = O$ 仅有 n 个非零解

三、解答题

1. 解下列非齐次线性方程组.

(1) $\begin{cases} x_1 + 2x_2 + 3x_3 + 4x_4 = 5 \\ 2x_1 + 4x_2 + 4x_3 + 6x_4 = 8 \\ -x_1 - 2x_2 - x_3 - 2x_4 = -3 \end{cases}$;

(2) $\begin{cases} x - 2x_2 + 3x_3 - 4x_4 = 4 \\ x_2 - x_3 + x_4 = -3 \\ x_1 + 3x_2 + x_4 = 1 \\ -7x_2 + 3x_3 + x_4 = -3 \end{cases}$.

2. 解下列齐次线性方程组.

(1) $\begin{cases} 2x_1+3x_2+3x_4=0 \\ x_1+x_2-x_3=0 \\ 3x_2+2x_3+5x_4=0 \\ -x_1+x_2+2x_3+3x_4=0 \end{cases}$;　(2) $\begin{cases} x_1+3x_2-2x_3+2x_4-x_5=0 \\ -2x_1-5x_2+x_3-5x_4+3x_5=0 \\ 3x_1+7x_2-x_3+x_4-3x_5=0 \\ -x_1-4x_2+5x_3-x_4=0 \end{cases}$.

3. 设线性方程组 $\begin{cases} x_1+2x_3=\lambda \\ 2x_2-x_3=\lambda^2 \\ 2x_1+\lambda^2 x_3=4 \end{cases}$ ，讨论：当 λ 为何值时，方程组无解、有唯一解、有无

穷多解．

4. 设线性方程组 $\begin{cases} x_1+x_3=2 \\ x_1+2x_2-x_3=0 \\ 2x_1+x_2-ax_3=b \end{cases}$ ，讨论：当 a,b 为何值时，方程组无解、有唯一

解、有无穷多解．

5. 某物流公司有三辆汽车，若三辆汽车同时运送一批货物，一天共运 164 吨；若第一辆汽车运 2 天，第二辆汽车运 3 天，共运货物 244 吨；若第一辆汽车运 1 天，第二辆汽车运 2 天，第三辆汽车运 3 天，共运货物 352 吨．求每辆汽车每天可运货物多少吨？

习题参考答案

第 12 章　　线性规划初步

　　线性规划是运筹学的一个重要分支,是我们进行科学管理的一种数学方法,它的特点是以定量分析为主来研究管理问题,在经济管理中实现优化和统筹协调,其实践性很强,应用非常广泛.

12.1　线性规划问题的数学模型

12.1.1　线性规划问题的数学模型

　　案例 12.1(资金分配问题)　2008 年 5 月 12 日,我国汶川发生特大地震,灾后重建是当务之急. 某企业打算对中小学教学楼的重建提供支援,预算投入资金不超过 1500 万元. 根据实际情况,要求投入中学建设的资金不少于投入小学建设资金的 1.5 倍,初步估算中学教学楼的平均造价为每平方米 1.4 万元,小学教学楼的平均造价为每平方米 0.8 万元,并且对两者的建设面积都不低于 1000 平方米. 请你帮该企业计算一下,如何分配这笔资金能使得教学楼重建后的面积最大?最大面积为多少?

　　设中学教学楼的建设面积为 x_1 平方米,小学教学楼的建设面积为 x_2 平方米. 显然,所设变量 x_1,x_2 同时受到资金与建设面积的约束.

　　设建设总面积为 S 平方米,则有线性函数 $S = x_1 + x_2$. 本案例的数学模型为求一组变量 x_1,x_2 的值,使其满足约束条件

$$\begin{cases} 1.4x_1 + 0.8x_2 \leqslant 1500 \\ 1.4x_1 \geqslant 1.5 \times 0.8x_2 \\ x_1 \geqslant 1000 \\ x_2 \geqslant 1000 \end{cases}$$

并使函数 $S = x_1 + x_2$ 取得最大值.

　　案例 12.2(货运安排问题)　粮库 A_1、A_2 分别向粮店 B_1、B_2、B_3 调运粮食,各粮店的需求量分别为 12 吨、15 吨、30 吨. 各粮库运往各粮店每吨粮食的运费与各粮库的供应量如表 12-1 所示.

表 12-1　各粮库运往各粮店的运费与粮库供产量表

粮库名称	运费(元/吨)			供应量/吨
	粮店 B_1	粮店 B_2	粮店 B_3	
粮库 A_1	18	25	20	26
粮库 A_2	21	22	24	31

问如何安排运输计划，可使总运费最少？

设从粮库 $A_i(i=1,2)$ 运到粮店 $B_j(j=1,2,3)$ 的粮食为 x_{ij} 吨. 显然，所设变量 x_{ij} 同时受到供应量与需求量的约束. 并且要求所有的 $x_{ij} \geq 0(i=1,2;j=1,2,3)$.

设总运费为 S 元，则有线性函数 $S=18x_{11}+25x_{12}+20x_{13}+21x_{21}+22x_{22}+24x_{23}$. 本案例的数学模型为求一组变量 $x_{ij}(i=1,2;j=1,2,3)$，使其满足约束条件

$$\begin{cases} x_{11}+x_{12}+x_{13}=26 \\ x_{21}+x_{22}+x_{23}=31 \\ x_{11}+x_{21}=12 \\ x_{12}+x_{22}=15 \\ x_{13}+x_{23}=30 \\ x_{ij} \geq 0 \quad (i=1,2;j=1,2,3) \end{cases}$$

并使函数 $S=18x_{11}+25x_{12}+20x_{13}+21x_{21}+22x_{22}+24x_{23}$ 取得最小值.

以上两个案例都是线性规划问题，下面给出定义.

定义 12.1 求一组变量(称为决策变量)$(x_1,x_2,\cdots,x_n)$ 在满足若干线性等式或线性不等式的条件(称为约束条件)下，使线性函数(称为目标函数)取得最值，这样的问题称为线性规划问题. 其数学模型的一般形式为

$$\max S=c_1x_1+c_2x_2+\cdots+c_nx_n \quad (\text{或 } \min S)$$

$$\text{s. t.} \begin{cases} a_{11}x_1+a_{12}x_2+\cdots+a_{1n}x_n \leq b_1 \quad (\text{或}=b_1,\text{或} \geq b_1) \\ a_{21}x_1+a_{22}x_2+\cdots+a_{2n}x_n \leq b_2 \quad (\text{或}=b_2,\text{或} \geq b_2) \\ \qquad\qquad\vdots \\ a_{m1}x_1+a_{m2}x_2+\cdots+a_{mn}x_n \leq b_m \quad (\text{或}=b_m,\text{或} \geq b_m) \\ x_j \geq 0 \quad (j=1,2,\cdots,n) \end{cases}$$

其中，$c_j,a_{ij},b_j(i=1,2,\cdots,m;j=1,2,\cdots,n)$ 均为常数，一般要求 $b_j \geq 0$. "s. t."(subject to)表示"约束于". 约束条件中，通常包含 $x_j \geq 0 (j=1,2,\cdots,n)$.

12.1.2　建立线性规划问题数学模型的一般步骤

利用线性规划去解决实际问题，首先将实际问题进行抽象描述，转化为数学形式，即建立数学模型，一般步骤如下：

(1)分析实际问题的背景，收集有关数据，将影响该问题的各项主要因素作为决策变量，并设为未知数.

(2)研究问题的规律，找出决策变量间需要满足的数量关系，写成约束条件. 这些约束条件都是一些关于决策变量的线性等式或线性不等式.

(3)明确问题想要达到的目标，并将这一目标与决策变量的数量关系写成函数形式，即目标函数. 目标函数是关于决策变量的线性函数.

例 某食品厂生产 A_1、A_2 两种食品，A_1 每箱获利 30 元，A_2 每箱获利 45 元. 机器设备能提供的最大机时数为：准备材料 5 小时、烹调 4 小时、包装 2 小时. 生产过程包含三道工序：准备材料、烹调、包装. 每道工序的平均加工时间如表 12-2 所示.

表 12 – 2　每道工序的平均加工时间表

食品名称	每道工序平均加工时间/分		
	准备材料	烹调	包装
A₁	2	3	4
A₂	1	2	5

问两种食品各生产多少箱可获得最大利润?

解　设 A_1、A_2 分别生产 x_1、x_2 箱,利润为 S 元,依题意建立数学模型如下:

$$\max S = 30x_1 + 45x_2$$

$$\text{s. t.} \begin{cases} 2x_1 + x_2 \leqslant 5 \times 60 \\ 3x_1 + 2x_2 \leqslant 4 \times 60 \\ 4x_1 + 5x_2 \leqslant 2 \times 60 \\ x_1 \geqslant 0, \ x_2 \geqslant 0 \end{cases}$$

12.1.3　线性规划问题中的几个基本概念

定义 12.2　满足全部约束条件的一组决策变量称为线性规划问题的一个可行解.

定义 12.3　全部可行解的集合称为可行解集(可行解域).

定义 12.4　使目标函数取得所需最值的可行解称为最优解,此时的目标函数值称为最优值.

■ 练习 12.1

1. 两个工厂 A_1,A_2 生产同一种产品,月产量分别为 30 吨和 20 吨,将产品运送至 B_1,B_2,B_3 三个用户,各用户的需求量分别为 10 吨、15 吨和 25 吨.各工厂到各用户的运费如表 12 – 3 所示.

表 12 – 3　各工厂到各用户的运费表

工厂名称	运费/(元/吨)		
	用户 B₁	用户 B₂	用户 B₃
工厂 A₁	100	140	110
工厂 A₂	160	150	190

问如何安排运输方案使总运费最小,试建立数学模型.

2. 某厂有 A_1,A_2 两种产品,生产每吨产品的用煤量、用电量、用工量与每吨产品所获利润如表 12 – 4 所示,现有的煤、电、劳力资源如表 12 – 5 所示.

表 12 – 4　单位产品消耗与获利表

产品名称	用煤量/吨	用电量/千瓦·时	用工量/人·天	利润/(万元/吨)
产品 A₁	4	9	3	0.7
产品 A₂	5	4	10	1.2

表 12 - 5　现有的煤、电、劳力资源表

资源名称	煤	电	劳力
资源数量	300/吨	210/千瓦·时	360/人·天

问利用现有资源，两种产品各生产多少吨获利最大，试建立数学模型.

3. 某生产出口产品的企业有 A_1，A_2 两个车间协作生产 B_1，B_2，B_3，B_4 四种产品. 每件产品在两个车间先后加工所需设备台时数与车间设备每日的生产能力如表 12 - 6 所示，每件产品的外汇收入如表 12 - 7 所示.

表 12 - 6　产品加工所需设备台时数与车间设备生产能力表

车间名称	产品加工所需设备/[(台·时)/件]				车间设备生产能力/[(台·时/日)]
	产品 B_1	产品 B_2	产品 B_3	产品 B_4	
车间 A_1	8	12	12	20	4000
车间 A_2	10	10	20	20	3800

表 12 - 7　产品外汇收入表

产品名称	产品 B_1	产品 B_2	产品 B_3	产品 B_4
外汇收入/(美元/件)	4	12	8	20

问四种产品各生产多少件所获外汇收入最多，试建立数学模型.

12.2　线性规划问题的图解法

12.2.1　图解法

案例 12.3　用图解法求解线性规划问题：

$$\max S = 2x_1 + x_2$$

$$\text{s.t.} \begin{cases} x_1 + x_2 \leqslant 5 \\ x_1 - x_2 \leqslant 3 \\ x_1 \geqslant 0,\ x_2 \geqslant 0 \end{cases}$$

以 x_1 为横坐标、x_2 为纵坐标建立平面直角坐标系，在该坐标系中分别作出直线 $x_1 + x_2 = 5$，$x_1 - x_2 = 3$.

这两条直线与两坐标轴围成一个凸多边形区域 $OABC$，如图 12 - 1 中阴影部分. 区域中任意一点的坐标 (x_1, x_2) 都满足所有约束条件，因此都是可行解. 凸多边形区域 $OABC$ 称为可行解域，简称可行域，记作 D.

为了在可行域 D 中找出使目标函数 $S = 2x_1 + x_2$ 取得最大值的最优解，令 S 取两个不同的常数，不妨令 $S = 0$、$S = 2$，然后作直线 $2x_1 + x_2 = 0$、$2x_1 + x_2 = 2$. 因为在这样的直线上，不同的点具有相等的函数值，故称为等值线，它是一族平行线.

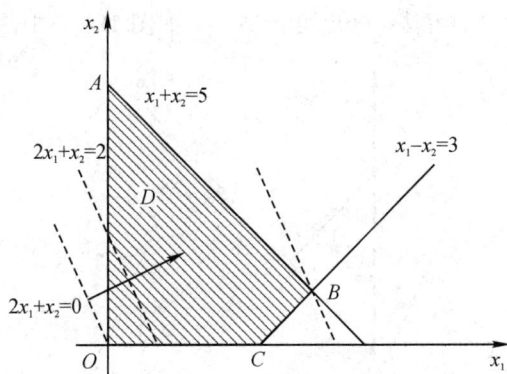

图 12-1

由两条等值线的位置可知，在可行域 D 上，S 的值越大，等值线越远离原点；S 的值越小，等值线越靠近原点．因为是求目标函数 S 的最大值，故在可行域 D 上沿远离原点的方向平移等值线．

显然，当移动到 B 点时，等值线距离原点最远，此时 S 的值最大．B 点的坐标既满足所有约束条件，又使得目标函数取得最大值．因此，B 点的坐标就是最优解，把 B 点的坐标代入目标函数 S 即可得到最优值 $\max S$．

B 点是直线 $x_1+x_2=5$ 与 $x_1-x_2=3$ 的交点，由 $\begin{cases} x_1+x_2=5 \\ x_1-x_2=3 \end{cases}$ 解出 B 点的坐标为 $(4, 1)$．

于是，该线性规划问题的最优解为 $x_1=4$，$x_2=1$．

代入目标函数 $S=2x_1+x_2$，得最优值为 $\max S=2\times4+1=9$．

若将本案例的目标函数改为 $\max S=2x_1+2x_2$，把等值线平移到可行域 D 上，我们发现距离原点最远的等值线与可行域 D 中的 AB 边重合，如图 12-2 所示．故 AB 边上每一点的坐标都是最优解，并且其对应的最大值都是 $\max S=10$．

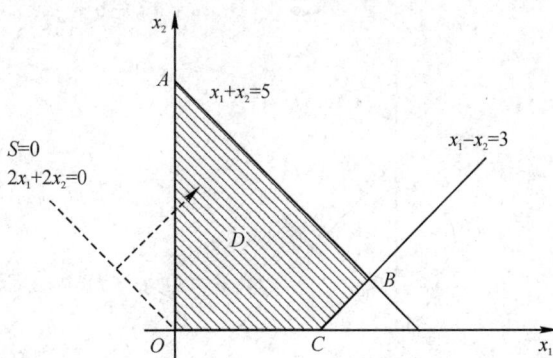

图 12-2

案例 12.4 用图解法求解线性规划问题：

$$\max S=2x_1+x_2$$

$$\text{s. t.} \begin{cases} -x_1+x_2\leqslant1 \\ x_1+x_2\geqslant5 \\ x_1\geqslant0, \ x_2\geqslant0 \end{cases}$$

解法类似案例 12.3 中的解法，画出可行域 D，如图 12-3 中阴影部分．

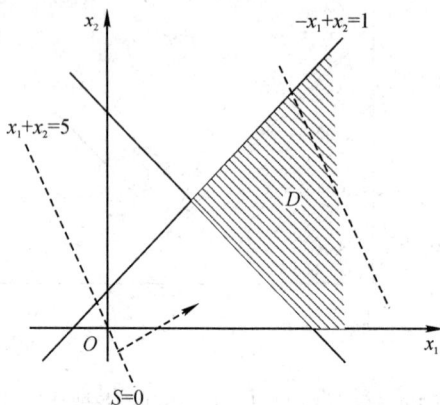

图 12-3

分别令 $S=0$、$S=2$，作等值线 $2x_1+x_2=0$、$2x_1+x_2=1$．由两条等值线的位置可知，S 的值越大，等值线越远离原点．因为是求目标函数 S 的最大值，故在可行域 D 上，把等值线 $2x_1+x_2=0$ 沿远离原点的方向平移．

因为可行域 D 无上界，等值线可以平移到距离原点无穷远处，在可行域 D 上找不到一点，使得过该点的等值线离原点最远，故该线性规划问题无最优解．

若将本案例的目标函数改为 $\min S=2x_1+x_2$，因为是求目标函数 S 的最小值，而在可行域上，等值线越靠近原点，S 的值越小．所以，在可行域 D 上沿靠近原点的方向平移等值线．显然，当移动到 P 点时，等值线距离原点最近，S 的值最小，如图 12-4 所示．P 点的坐标既满足所有约束条件，又使得目标函数取得最小值．因此，P 点的坐标就是最优解，把 P 点的坐标代入目标函数 S 即得到最优值．由 $\begin{cases} -x_1+x_2=1 \\ x_1+x_2=5 \end{cases}$ 解出 $P(2,3)$．

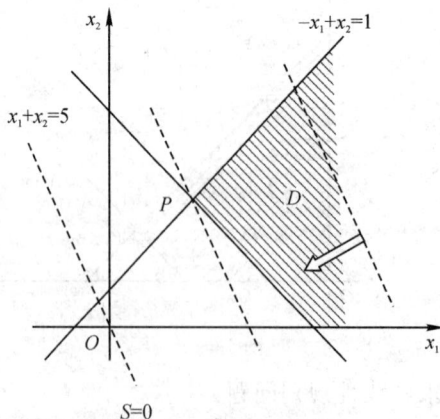

图 12-4

故最优解为 $x_1=2$，$x_2=3$．

代入目标函数 $S=2x_1+x_2$，得最优值为 $\min S=2\times2+3=7$．

案例 12.5 用图解法求解线性规划问题：

$$\min S = 3x_1 - 2x_2$$

$$\text{s. t.} \begin{cases} -x_1 + x_2 \geqslant 1 \\ x_1 + x_2 \leqslant 1 \\ x_1 \geqslant 0, \ x_2 \geqslant 0 \end{cases}$$

在平面直角坐标系 $x_1 O x_2$ 中作直线 $-x_1 + x_2 = 1$，$x_1 + x_2 = 1$，$x_1 = 0$，$x_2 = 0$，如图 12 - 5 所示.

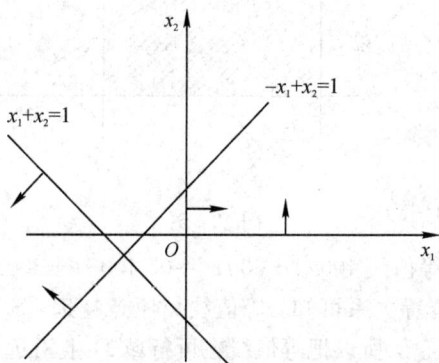

图 12 - 5

显然，同时满足所有约束条件的点不存在，所以没有可行解，当然也没有最优解.

通过以上案例，下面给出利用图解法求解线性规划问题的一般步骤.

12.2.2 图解法的求解步骤

图解法的求解步骤如下：

(1) 建立平面直角坐标系 $x_1 O x_2$，并通过作图寻找可行域 D.

(2) 令 S 分别取两个不同的常数，作出两条等值线，并判断 S 的大小与等值线离原点的远近关系，以此确定目标函数值 S 的变化与等值线位置的变化之间的关系.

(3) 在可行域 D 上平移等值线，找出最优解，或判定无解.

(4) 若有最优解，求出最优解和最优值.

例 某公司准备用 3700 元购进甲、乙两种商品，要求甲商品不超过 5 件，乙商品不超过 4 件. 已知甲、乙两种商品每件的购进价分别为 500 元和 600 元，每件可获得的利润分别为 400 元和 300 元. 问如何安排购进方案使公司获得利润最大？

解 设购进甲商品 x_1 件，购进乙商品 x_2 件，获得利润 S 元. 则所求线性规划问题的数学模型如下：

$$\max S = 400x_1 + 300x_2$$

$$\text{s. t.} \begin{cases} x_1 \leqslant 5 \\ x_2 \leqslant 4 \\ 500x_1 + 600x_2 \leqslant 3700 \\ x_1 \geqslant 0, \ x_2 \geqslant 0 \end{cases}$$

建立坐标系 x_1Ox_2，作直线 $x_1=5$，$x_2=4$，$500x_1+600x_2=3700$，得到可行域 D，如图 12-6 所示.

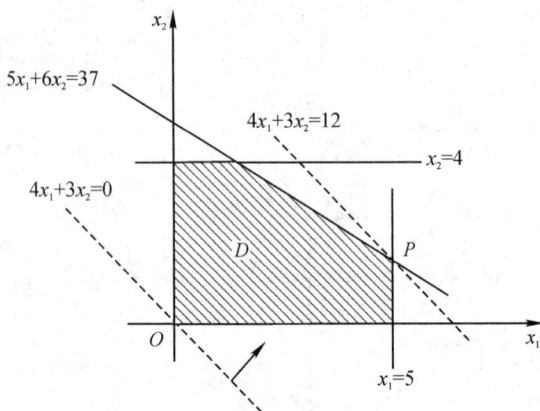

图 12-6

令 $S=0$、$S=1200$，得等值线 $400x_1+300x_2=0$、$400x_1+300x_2=1200$，即 $4x_1+3x_2=0$、$4x_1+3x_2=12$. 由二者的位置关系可知，等值线离原点越远，S 越大.

因为规划目标为求最大值，所以把等值线在可行域 D 上沿远离原点的方向平移. 当移动到可行域 D 上的 P 点时，目标函数 S 的值最大. 由 $\begin{cases} 5x_1+6x_2=37 \\ x_1=5 \end{cases}$，解得 P 点的坐标为 $(5,2)$.

故最优解为 $x_1=5$，$x_2=2$.

最优值为 $\max S=400\times5+300\times2=2600$（元）.

即购进甲商品 5 件、乙商品 2 件时，公司获利最大，最大利润为 2600 元.

■ 练习 12.2

1. 确定下列线性规划问题的可行域.

(1) $\max S=3x_1+5x_2$

$$\text{s.t.} \begin{cases} 2x_1-x_2\geqslant-2 \\ 2x_1-x_2\leqslant2 \\ x_1+x_2\geqslant6 \\ x_1\geqslant0,\ x_2\geqslant0 \end{cases};$$

(2) $\max S=x_1+3x_2$

$$\text{s.t.} \begin{cases} 2x_1-x_2\geqslant-2 \\ x_1+x_2\leqslant-2 \\ x_1\geqslant0,\ x_2\geqslant0 \end{cases}.$$

2. 利用图解法求解下列线性规划问题.

(1) $\max S=2x_1+3x_2$

$$\text{s.t.} \begin{cases} x_1+x_2\leqslant6 \\ x_1\leqslant4 \\ x_2\leqslant3 \\ x_1\geqslant0,\ x_2\geqslant0 \end{cases};$$

(2) $\max S=2x_1+2x_2$

$$\text{s.t.} \begin{cases} x_1+x_2\leqslant6 \\ x_1\leqslant4 \\ x_2\leqslant3 \\ x_1\geqslant0,\ x_2\geqslant0 \end{cases}.$$

3. 某运输公司为甲、乙两个工厂装运货物. 甲工厂的货物每箱重 40 千克，体积为 2 立方米. 乙工厂的货物每箱重 50 千克，体积为 3 立方米. 该运输公司运送甲、乙工厂的货物每箱收费分别为 22 元和 30 元. 若运输公司的运货车每次装运重量不能超过 37 000 千克，体积不能超过 2000 立方米，求使得运输公司总收入最大的运送方案.

12.3 线性规划问题的标准形

12.3.1 线性规划问题的标准形

线性规划问题的标准形为

$$\max S = c_1 x_1 + c_2 x_2 + \cdots + c_n x_n$$

$$\text{s. t.} \begin{cases} a_{11} x_1 + a_{12} x_2 + \cdots + a_{1n} x_n = b_1 \\ a_{21} x_1 + a_{22} x_2 + \cdots + a_{2n} x_n = b_2 \\ \quad\quad\quad\quad\quad \vdots \\ a_{m1} x_1 + a_{m2} x_2 + \cdots + a_{mn} x_n = b_m \\ x_j \geqslant 0 \quad (j = 1, 2, \cdots, n) \end{cases}$$

其矩阵形式为

$$\max S = \boldsymbol{CX}$$

$$\text{s. t.} \begin{cases} \boldsymbol{AX} = \boldsymbol{b} \\ \boldsymbol{X} \geqslant 0 \end{cases}$$

其中，$\boldsymbol{C} = \begin{bmatrix} c_1 & c_2 & \cdots & c_n \end{bmatrix}$ 表示决策变量在目标函数中的系数行向量.

$$\boldsymbol{A} = \begin{bmatrix} a_{11} & a_{12} & \cdots & a_{1n} \\ a_{21} & a_{22} & \cdots & a_{2n} \\ \vdots & \vdots & & \vdots \\ a_{m1} & a_{m2} & \cdots & a_{mn} \end{bmatrix}$$ 称为约束方程组的系数矩阵.

用 $\boldsymbol{P}_j = \begin{bmatrix} a_{1j} \\ a_{2j} \\ \vdots \\ a_{mj} \end{bmatrix}$ $(j = 1, 2, \cdots, n)$ 表示 $\boldsymbol{A}$ 的第 j 列，则 $\boldsymbol{A} = \begin{bmatrix} \boldsymbol{P}_1 & \boldsymbol{P}_2 & \cdots & \boldsymbol{P}_n \end{bmatrix}$.

$$\boldsymbol{X} = \begin{bmatrix} x_1 \\ x_2 \\ \vdots \\ x_n \end{bmatrix}$$ 表示解向量，$$\boldsymbol{b} = \begin{bmatrix} b_1 \\ b_2 \\ \vdots \\ b_m \end{bmatrix}$$ 表示常数列向量.

12.3.2 化标准形的方法

将线性规划问题的一般形式化为标准形式，有以下四种情况：

(1) 若问题是求最小值 $\min S = \boldsymbol{CX}$，可将两边都乘以 (-1)，令 $S' = -S$，转化为求最大值 $\max S' = -\boldsymbol{CX}$.

例如，$\min S = x_1 + 3x_2 - 4x_3$，两边都乘以 (-1)，转化为 $\max S' = -x_1 - 3x_2 + 4x_3$.

(2) 若约束条件中含有"$\leqslant$"，则可在该约束条件的左端加上一个非负变量（松弛变量，在约束条件中均有非负限制，它们在目标函数 S 中的系数均为 0），把"$\leqslant$"转化为"$=$". 若约束条件中含有"$\geqslant$",则可在该约束条件的左端减去一个非负变量,把"$\leqslant$"转化为"$=$".

例如,$2x_1-x_2+3x_3\leqslant 5$,则引入松弛变量 x_4,转化为 $2x_1-x_2+3x_3+x_4=5$.

$2x_1-x_2+3x_3\geqslant 5$,则引入松弛变量 x_4,转化为 $2x_1-x_2+3x_3-x_4=5$.

(3)若约束条件右端的常数含有负数,则可在该约束条件两边同时乘以(-1),把负数变为正数.

例如,$x_1+2x_2-3x_3=-5$,两边乘以(-1),转化为 $-x_1-2x_2+3x_3=5$.

(4)若约束条件中的决策变量 x_k 没有非负限制,称为自由变量,则可以引入两个非负变量 x_k',x_k'',令 $x_k=x_k'-x_k''$,代入约束条件和目标函数,从而使全部决策变量均满足非负约束.

例 1 将线性规划问题化为标准形.

$$\max S=5x_1-3x_2-x_3$$

$$\text{s.t.}\begin{cases} x_1+3x_3\leqslant 6 \\ 2x_1+x_2-x_3\geqslant 1 \\ x_1-x_2+x_3=3 \\ 3x_1-2x_2+5x_3\leqslant 7 \\ x_j\geqslant 0 \quad (j=1,2,3) \end{cases}$$

解 引入松弛变量 $x_4\geqslant 0$,第一个约束条件化为

$$x_1+3x_3+x_4=6$$

引入松弛变量 $x_5\geqslant 0$,第二个约束条件化为

$$2x_1+x_2-x_3-x_5=1$$

引入松弛变量 $x_6\geqslant 0$,第四个约束条件化为

$$3x_1-2x_2+5x_3+x_6=7$$

则原规划问题的标准形为

$$\max S=5x_1-3x_2-x_3$$

$$\text{s.t.}\begin{cases} x_1+3x_3+x_4=6 \\ 2x_1+x_2-x_3-x_5=1 \\ x_1-x_2+x_3=3 \\ 3x_1-2x_2+5x_3+x_6=7 \\ x_j\geqslant 0 \quad (j=1,2,3,4,5,6) \end{cases}$$

例 2 将线性规划问题化为标准形.

$$\min S=x_1+3x_2-4x_3$$

$$\text{s.t.}\begin{cases} x_1+2x_3\leqslant 3 \\ 2x_1+x_2-x_3\geqslant 4 \\ x_1\geqslant 0,\ x_2\geqslant 0 \end{cases}$$

解 令 $S'=-S$,则目标函数化为

$$\max S'=-x_1-3x_2+4x_3$$

引入松弛变量 $x_4\geqslant 0$,第一个约束条件化为

$$x_1+2x_3+x_4=3$$

引入松弛变量 $x_5\geqslant 0$,第二个约束条件化为

$$2x_1+x_2-x_3-x_5=4$$

引入变量 $x_3' \geqslant 0$，$x_3'' \geqslant 0$，令 $x_3 = x_3' - x_3''$，代入目标函数和约束条件，则原规划问题的标准形式为

$$\max S' = -x_1 - 3x_2 + 4(x_3' - x_3'')$$

$$\text{s.t.} \begin{cases} x_1 + 2(x_3' - x_3'') + x_4 = 3 \\ 2x_1 + x_2 - (x_3' - x_3'') - x_5 = 4 \\ x_j \geqslant 0 \ (j = 1, 2, 4, 5) \\ x_3' \geqslant 0 \\ x_3'' \geqslant 0 \end{cases}.$$

■ 练习 12.3

1. 将下列线性规划问题化为标准形.

(1) $\max S = 2x_1 + x_2 - 3x_3$

$$\text{s.t.} \begin{cases} x_1 - 2x_2 \geqslant 3 \\ x_1 + x_2 + x_3 \leqslant 4 \\ x_i \geqslant 0 \ (i = 1, 2, 3) \end{cases};$$

(2) $\min S = 3x_1 - x_2 - 2x_3$

$$\text{s.t.} \begin{cases} 3x_1 + 2x_2 \geqslant 1 \\ x_1 - x_2 + 2x_3 \leqslant 5 \\ x_i \geqslant 0 \ (i = 1, 2, 3) \end{cases}$$

2. 某工厂用 A_1、A_2 两种原料生产 B_1、B_2、B_3 三种产品，生产每吨成品所需原料数量与现有原料数量如表 12-8 所示，每吨成品可获得的利润如表 12-9 所示.

表 12-8　单位成品所需原料数量与现有原料数量表

原料名称	生产每吨成品所需原料数/吨			现有原料数/吨
	成品 B_1	成品 B_2	成品 B_3	
原料 A_1	2	1	0	30
原料 A_2	0	2	4	50

表 12-9　单位成品利润表

成品名称	成品 B_1	成品 B_2	成品 B_3
利润/(万元/吨)	3	2	0.5

问：在现有条件下，如何安排生产才能使该厂获得利润最大？

本 章 小 结

线性规划来源于人们的社会生产实践，它既涉及对各种生产经营问题进行创造性的科学研究，又涉及实际管理问题的探讨. 从系统的观点出发，以整个系统最佳的方式来解决该系统各部门之间的利害冲突，寻求最优方案. 特别注重定性与定量相结合，运用数学方法解决系统的各种不确定性问题. 但要注意，图解法只适用于两个决策变量的线性规划问题，由它得到的一些结论可适用于更多变量的线性规划问题.

阅读材料

综合练习 12

1. 用图解法求解下列线性规划问题.

(1) $\max S = 2x_1 + 15x_2$

s. t. $\begin{cases} 2x_1 + 3x_2 \leqslant 600 \\ 2x_1 + x_2 \leqslant 400 \\ x_i \geqslant 0 \quad (i = 1, 2) \end{cases}$;

(2) $\min S = 2x_1 + 3x_2$

s. t. $\begin{cases} 3x_1 + 6x_2 \geqslant 45 \\ 5x_1 + 6x_2 \geqslant 55 \\ x_i \geqslant 0 \quad (i = 1, 2) \end{cases}$.

2. 将下列线性规划问题化为标准形.

(1) $\max S = 2x_1 - x_2 + x_3$

s. t. $\begin{cases} 3x_1 + x_2 + x_3 \leqslant 60 \\ x_1 - x_2 + 2x_3 \leqslant 10 \\ x_1 + x_2 - x_3 \leqslant 20 \\ x_i \geqslant 0 \quad (i = 1, 2, 3) \end{cases}$;

(2) $\min S = x_1 - 2x_2 + x_3$

s. t. $\begin{cases} x_1 + x_2 - 2x_3 \leqslant 10 \\ 2x_1 - x_2 + 4x_3 \leqslant 8 \\ -x_1 + 2x_2 - 4x_3 \leqslant 4 \\ x_i \geqslant 0 \quad (i = 1, 2, 3) \end{cases}$.

3. 建筑公司承揽工程，工期要求立即同时施工. 已知每天每座建筑物需占用的各工种技工数与公司各工种技工总数如表 12-10 所示，承建每种建筑物的利润如表 12-11 所示. 问三种建筑物各承建几座获利最多？（只列数学模型，不计算）

表 12-10　各工种技工数量表

工种名称	每天每座建筑物所需技工数量/人			专业技工总数/人
	建筑物 1	建筑物 2	建筑物 3	
管道工	2	1	0	20
泥工	6	1	2	30
木工	2	3	4	100

表 12-11　利　润　表

建筑物名称	建筑物 1	建筑物 2	建筑物 3
利润/（万元/座）	10	40	60

习题参考答案

第 13 章　Mathematica 数学软件的应用

借助数学软件等工具，利用计算机进行科学计算和统计分析，可省去烦琐的计算过程，更直接地揭示数学问题的本质. 学习数学软件的方法不是死记硬背一大堆命令或函数名，而是在了解软件基本功能的基础上，利用例题和软件的帮助系统，动手做几个实例，先学会修改已有例题的命令和程序，解决简单问题，熟悉和掌握软件的特点，再进一步自主编程，解决较复杂的问题，从而不断地提高自己应用软件解决问题的能力. 本章将简要介绍 Mathematica 数学软件的应用.

13.1　常用数学软件简介

数学软件由算法标准程序发展而来，大致形成于 20 世纪 70 年代初期. 随着几大数学软件工程的开展，如美国的 NATS 工程，人们探索了产生高质量数学软件的方式、方法和技术. 经过长期积累，已有丰富的、涉及广泛数学领域的数学软件. 某些领域，如数值代数、常微分方程方面的数学软件已日臻完善. 其他领域也有重要进展，如偏微分方程和积分方程等. 这些数学软件已成为算法研究、科学计算和应用软件开发的有力工具.

著名的数学软件有 MathType、MATLAB、Mathematica、Maple、MathCAD、SCILAB、Sage、Microsoft Mathematics 等.

数学软件基本分为如下 3 类：

（1）数值计算的软件，如 MATLAB、SCILAB 等.

（2）统计软件，如 SAS、Minitab、SPSS、R 等.

（3）符号运算软件，如 Maple、Mathematica、Maxima、MathCAD、Microsoft Mathematics 等. 这类软件不像前两类软件那样只能计算数值，它可以对符号表达的公式、方程进行推导和化简，求出微分、积分的表达式.

Mathematica 和 MATLAB、Maple 并称为三大数学软件. Mathematica 是一款科学计算软件，很好地结合了数值和符号计算引擎、图形系统、编程语言、文本系统，以及与其他应用程序的高级连接，其很多功能在相应领域内处于世界领先地位. 1988 年 Mathematica 发布，它的发布标志着现代科技计算的开始，对如何在科技和其他领域运用计算机产生了深刻的影响.

Mathematica 的最新资讯可以登录官方网站 https：//www. wolfram. com/mathematica 进行查询.

13.2　Mathematica 基础知识

1. Mathematica 的启动与退出

假设在 Windows 下已安装好 Mathematica.

启动 Mathematica 的方法：在【开始】菜单的【程序】中单击【Mathematica】，打开如图 13-1 所示的【Notebook】主窗口，系统暂时将其命名为"Untitled-1"，用户保存时可重新命名．在【Notebook】窗口中，可以输入命令用于计算．

退出 Mathematica 的方法：与其他 Windows 程序一样，可以使用关闭按钮或者组合键【Alt】+【F4】，或菜单命令【File】→【Exit】．

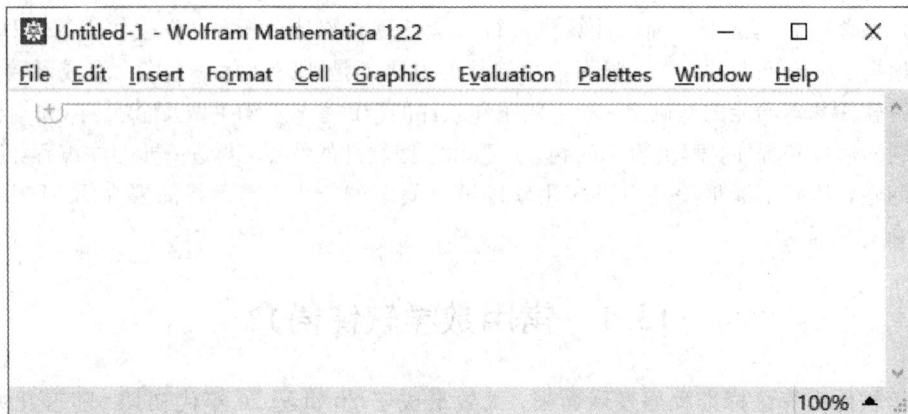

图 13-1

2. 输入命令

进入 Mathematica 后，就可以输入命令．系统在解释和执行命令时，将对输入命令进行编号，即在输入命令前面加上"In[num]:="的信息（"num"代表输入命令的序号），在输出结果前加上提示符"Out[num]="．注意：输入命令并不是以回车符（Enter）结束，而是可以一次输入多行命令．执行命令一般使用【Shift】+【Enter】键，或数字键盘中的【Enter】键．

Mathematica 中的输入、输出都是在【Notebook】中进行的．每一次输入和输出作为单元（cell）出现，所有的资料，包括文本和图形都被组成有序的单元，通过定制，可以改变单元的字体、大小，放大、缩小图形，还可以利用鼠标单击右部的标志线选择一个或一组单元，进行单元的操作．退出 Mathematica 时系统会询问是否保存本次工作．

任何时候都可以在输入表达式里输入百分号"％"（用于表示上一次计算的结果），以便使用前面的计算结果构造新的计算．

例如：

In[1]:=x^2+2x*y+5x*y^2

In[2]:=％*(x^2+y)

注：％％表示倒数第二个计算结果；％n 表示第 n 个计算结果．

3. 使用帮助系统

在使用 Mathematica 的过程中，常常需要了解一个命令的详细用法，或者想知道是否有完成某一任务的函数，此时可借助帮助系统来实现．

1）运算区的查询

在运算区内输入相应的命令，可以查询内部函数（操作）的有关信息．

常见查询命令的输入方式如下：

（1）？Name：查询 Name 的有关信息.

（2）？？Name：查询 Name 的详细信息.

（3）？L＊：查询以 L 开头的所有函数（操作）的全名.

例如，？Log 语句用于查询函数 Log[x] 的有关信息.

2）Windows 格式的在线查询

在 Mathematica 的工作窗口中，通过【Help】→【Help Browser】或【Shift】＋【F1】激活
【Mathematica Help Browser】帮助系统，如图 13－2 所示.

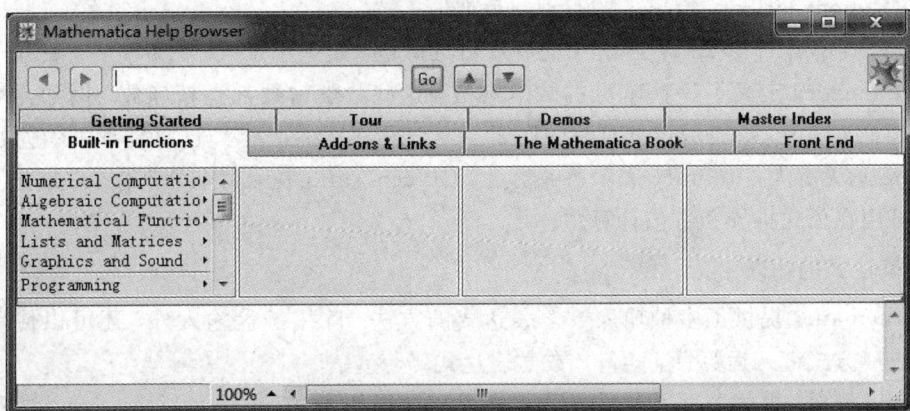

图 13－2

【Mathematica Help Browser】中主要的帮助信息解析如下：

【Build-in Functions】：查询 Mathematica 中所有内部命令与函数的使用方法.

【Add-ons ＆ Links】：查询 Mathematica 的函数库命令与函数的用法.

【The Mathematica Book】：Mathematica 的完整手册.

【Getting Started/Demos】：初学者使用说明与范例.

【Tour】：漫游 Mathematica.

【Front End】：菜单命令的快捷键、二维格式等.

【Master Index】：用索引的方法查询 Mathematica 关键词.

选择搜索主题的类别后输入关键词，再单击【Go】按钮开始搜索主题，或者在最左边的
选项列表中选择搜索主题类别后，逐渐缩小查询范围进行搜索.

4. 数据类型和常数

在 Mathematica 中，基本的数值类型有 4 种：整数、有理数、实数和复数.

如果计算机的内存足够大，则 Mathematica 可以表示任意长度的精确实数，而不受所
用的计算机字长的影响. 整数与整数的计算结果仍是精确的整数或有理数.

在 Mathematica 中允许使用分数，也就是用有理数表示化简过的分数. 当两个整数相
除而又不能整除时，系统就用有理数来表示. 实数是用浮点数表示的. 在 Mathematica 中，
实数的有效位可取任意位数，表示具有任意精确度的近似实数，当然在计算的时候也可以
控制实数的精度. 实数有两种表示方法：一种是用小数点的形式表示的；另一种是用指数

的形式表示的. 实数也可以与整数、有理数进行混合运算,其运算结果还是实数. 复数由实部和虚部组成. 实部和虚部可以用整数、实数、有理数表示. 在 Mathematica 中,用 i 表示虚数单位.

一般情况下,在输出行 Out[n]中,系统根据输入行 In[n]的数字类型对计算结果做出相应处理. 如果有特殊要求,就要进行数据类型转换. Mathematica 提供了以下几个函数以达到转换的目的:

(1) N[x]:将 x 转换成近似实数.

(2) N[x, n]:将 x 转换成近似实数,精度为 n.

(3) Rationalize[x]:给出 x 的有理数近似值.

(4) Rationalize[x, dx]:给出 x 的有理数近似值,误差小于 dx.

Mathematica 定义了一些常见的数学常数,这些数学常数都是精确数. 例如:Pi 表示圆周率 3.141 59…,E 表示自然对数的底 2.718 28…,Degree 表示 π/180,i 表示虚数单位,Infinity 表示无穷大,-infinity 表示负无穷大,Golden Ratio 表示黄金分割数 1.618 03…. 数学常数可用在公式推导和数值计算中.

5. 表达式的输入

Mathematica 提供了多种输入数学表达式的方法. 除用键盘输入外,还可以使用工具箱或者快捷方式键入运算符、矩阵、数学表达式.

Mathematica 提供了两种格式的数学表达式,形如 $x/(2+3x)+y/(x-w)$ 的称为一维格式,形如 $\dfrac{x}{2+3x}+\dfrac{y}{x-w}$ 的称为二维格式. 可以使用快捷方式输入二维格式,也可用基本输入工具栏输入二维格式. 另外,从【File】菜单中激活【Palettes】→【BasicInput】工具栏,并且使用工具栏可以输入更复杂的数学表达式.

6. 变量

Mathematica 中的内建函数和命令都是以大写字母开始的标识符,为了不与它们混淆,一般用户自定义的变量应以小写字母开始,后跟数字和字母的组合,其长度不限. 另外,在 Mathematica 中,变量是区分大小写的.

在 Mathematica 中,用等号"="为变量赋值,如图 13-3 所示. 同一个变量可以表示一个数值、一个数组、一个表达式,甚至一个图形.

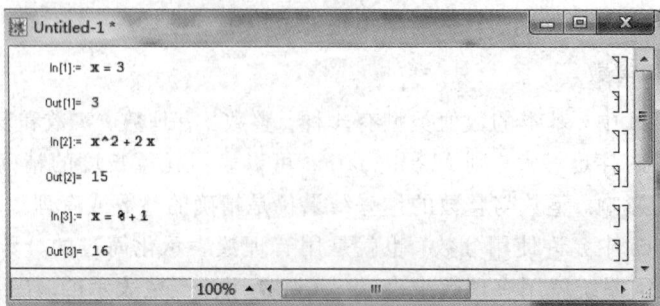

图 13-3

对于已定义的变量，为了防止变量值的混淆，可以随时用"=."清除它的值，如果变量本身也要清除，则用函数 Clear[x].

13.3　用 Mathematica 数学软件作函数图像、求极限

13.3.1　定义函数、画函数图像

Mathematica 中的函数是一个具有独立功能的程序模块，可以直接被调用. 同时每一函数还可以包括一个或多个参数，也可以没有参数. 参数的数据类型也比较复杂.

函数的定义分为立即定义和延迟定义两种.

立即定义函数的格式为 f[x_]=expr. 其中：f 为函数名，x 为自变量，expr 是表达式. 执行时系统会把 expr 中的 x 都换为 f 的自变量 x(注意不是 x_). 函数的自变量具有局部性，即只对所在的函数起作用，其他全局定义的同名变量的值不会改变.

对于定义的函数，我们可以求函数值，也可以绘制它的图形. 使用命令 Clear[f]可清除掉已定义的函数(如图 13-4 所示)，使用 Remove[f]可从系统中删除已定义的函数.

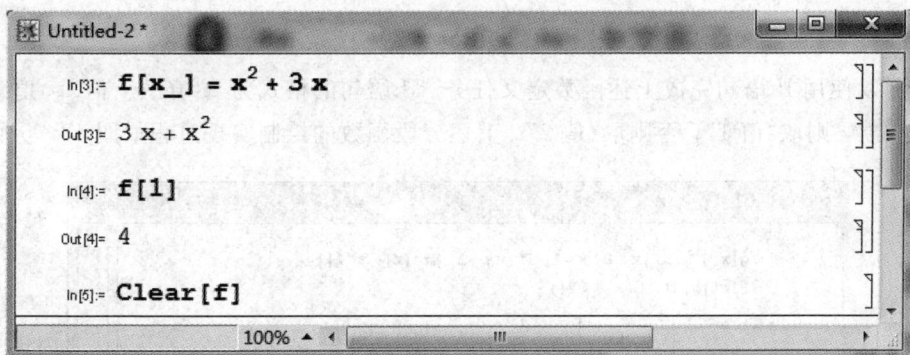

图 13-4

使用 f[x_, y_, z_, …]=expr 可以定义多变量函数.

延迟定义函数在定义方法上与立即定义的区别为"="与":=". 延迟定义函数的格式为 f[x_]:=expr. 其他操作基本相同. 立即定义函数在输入函数后立即定义函数并将其存放在内存中，可直接调用. 延迟定义只是在调用函数时才真正定义函数.

如果要定义

$$f(x)=\begin{cases}x-1, & x>0 \\ x^2, & -1<x\leqslant0 \\ \sin x, & x\leqslant-1\end{cases}$$

这样的分段函数，要根据 x 的不同值给出不同的表达式. 一种方法是使用条件运算符，基本格式为 f[x_]:=expr/; condition. 当 condition 条件满足时才把 expr 赋给 f.

在直角坐标系中绘制一元函数图形时可使用如下基本命令：

Plot[f, {x, xmin, xmax}, option->value]

用户可根据绘制的细节要求设置选项值. 上述分段函数的绘制实现过程如图 13-5 所示, 其中 && 为逻辑运算符, 表示"并且".

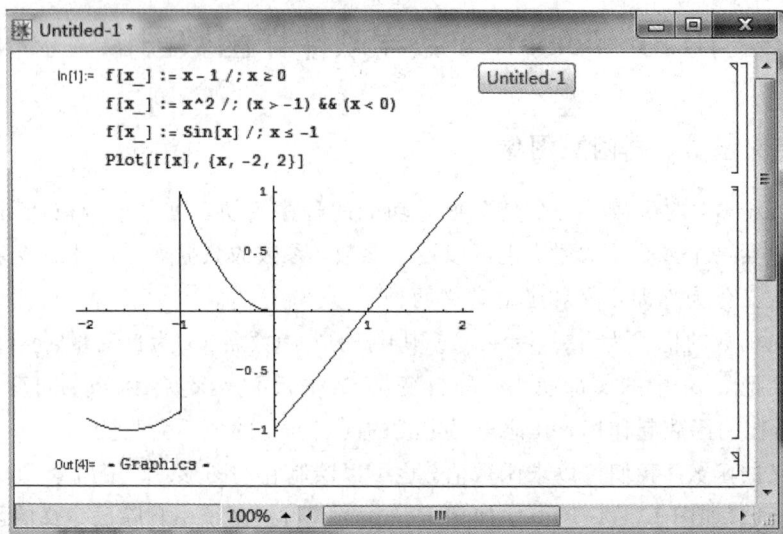

图 13-5

也可以使用 If 语句完成上述函数定义任务. If 语句的格式为 If[条件, 值 1, 值 2], 如果条件成立, 则取"值 1", 否则取"值 2". 上述分段函数的绘制实现过程如图 13-6 所示.

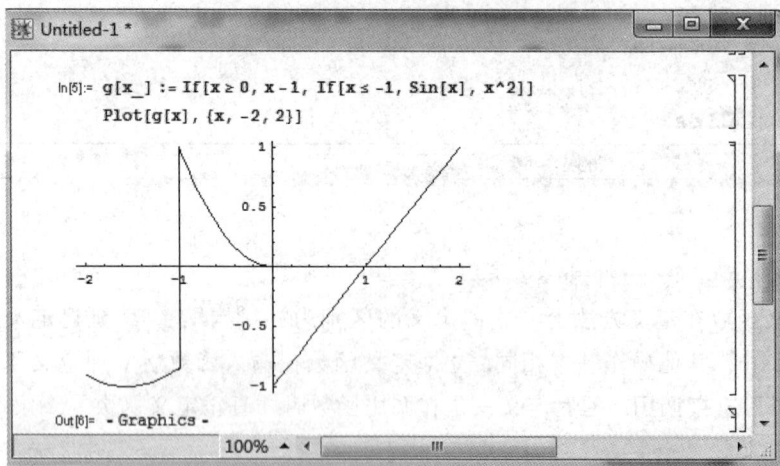

图 13-6

13.3.2　求极限

在 Mathematica 中, 用于计算极限的命令是内建函数 Limit[], 其形式有以下几种:

(1) Limit[expr, x—>x0]: 求当 x 趋向于 x0 时 expr 的极限.

(2) Limit[expr, x—>x0, Direction—>1]: 求当 x 趋向于 x0 时 expr 的左极限.

（3）Limit［expr，x—>x0，Direction—>－1］：求当 x 趋向于 x0 时 expr 的右极限. 趋向的点可以是常数，也可以是正无穷或负无穷.

例如，使用内建函数 Limit［］求极限 $\lim\limits_{x\to\infty}\dfrac{\sqrt{x^2+2}}{3x-6}$、$\lim\limits_{x\to0}\dfrac{\sin^2 x}{x^2}$、$\lim\limits_{x\to0^+}\dfrac{\ln x}{x}$ 的方法. 如图 13-7 所示.

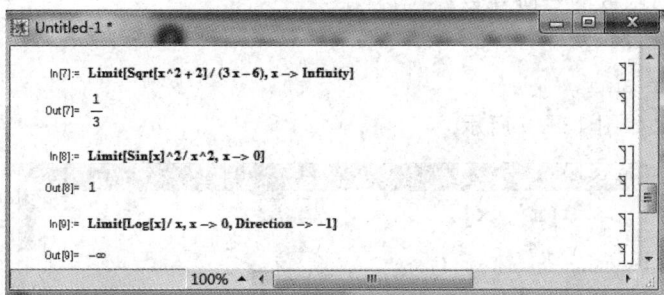

图 13-7

13.4　用 Mathematica 数学软件计算导数与全微分

用 Mathematica 计算函数的导数或全微分是非常方便的.

13.4.1　计算导数

在 Mathematica 中，用于计算导数的命令是内建函数 D［］. D［］的具体语法可以在帮助系统中查看，如图 13-8 所示. D［］的形式有以下几种：

（1）$D[f, x]$：求函数 f 对 x 的一阶导数.

（2）$D[f, \{x, n\}]$：求函数 f 对 x 的 n 阶导数.

（3）$D[f, x, y]$：求函数 f 先对 x 后对 y 的导数.

（4）$D[f, \{x_1, x_2, \cdots\}\}]$：以列表形式求出函数 f 分别对 x_1，x_2，…的导数.

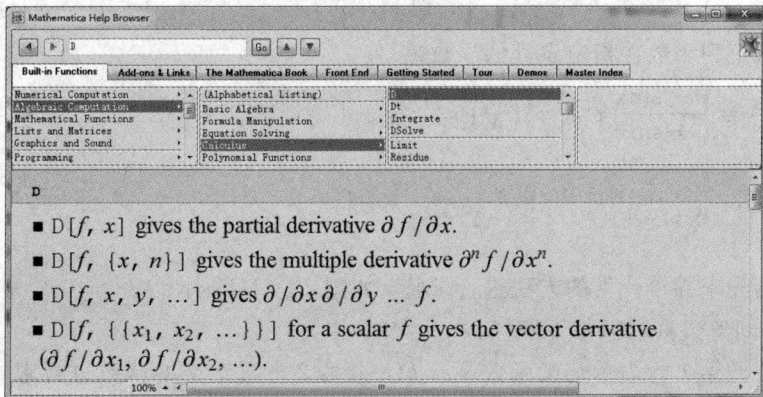

图 13-8

在一定范围内，也可使用微积分中的撇号（撇号为计算机键盘上的单引号）标记来定义导函数，其使用方法为：若 $f(x)$ 为一元函数，则 $f'(x)$ 表示求 $f(x)$ 的一阶导数，$f'(x_0)$ 表示求函数 $f(x)$ 在 $x=x_0$ 处的导数值. 同样，$f''(x)$ 表示求 $f(x)$ 的二阶导数，$f'''(x)$ 表示求 $f(x)$ 的三阶导数.

下面给出一些使用内建函数 D[] 求函数导数的例题.

例 1 求下列函数的一阶导数.

(1) $f(x)=x^5$；

(2) $f(x)=x^2\sin x$.

解 所求结果如图 13-9 所示.

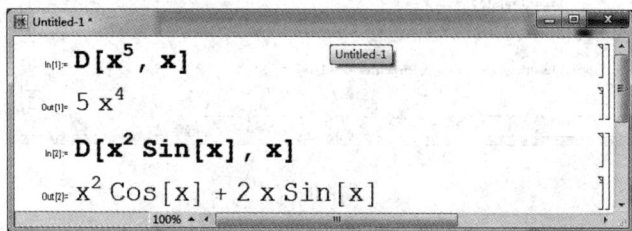

图 13-9

例 2 求下列函数的二阶导数.

(1) $f(x)=x^5$；

(2) $f(x)=x^2\sin x$.

解 所求结果如图 13-10 所示.

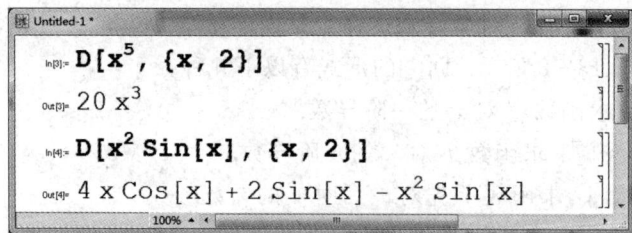

图 13-10

例 3 求下列函数在指定点处的导数值.

(1) $f(x)=\dfrac{x-\sin x}{x+\sin x}$，求 $f'\left(\dfrac{\pi}{2}\right)$；

(2) $y=\dfrac{1+t^3}{5-\dfrac{1}{t^2}}$，求 $y'\,|_{t=1}$ 和 $y'\,|_{t=a}$.

解 使用先求导再代值的方法进行求解，如图 13-11 所示.

这里对图 13-11(b) 做如下解释：

输入命令的第 1 行表示定义函数 $y=f(t)$；第 2 行对定义的函数进行求导，得到导函数，但是语句以分号结束，表示该语句只执行但不输出结果；第 3 行将刚刚求出的导函数定义为新函数 $\mathrm{d}f(t)$，同样不输出结果；第 4 行和第 5 行表示计算函数 $\mathrm{d}f(t)$ 的两个函数值

d$f(1)$ 和 d$f(a)$；由于导函数 d$f(a)$ 的形式比较复杂，第 6 行使用内建函数 Simplify[ ] 对其进行化简.

使用内建函数 D[]还可以求得多元函数的偏导数，甚至是高阶偏导数.

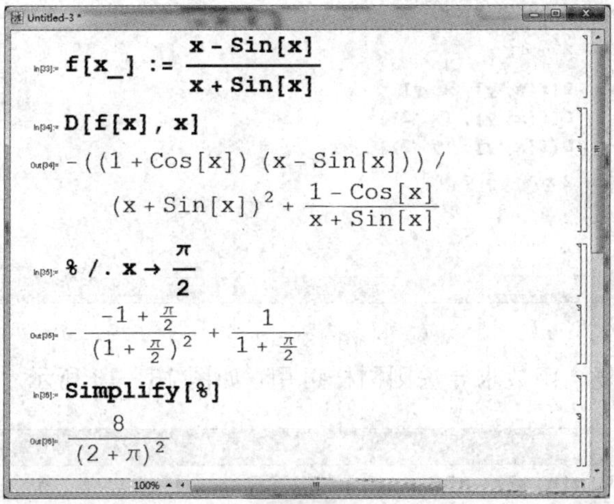

(a)

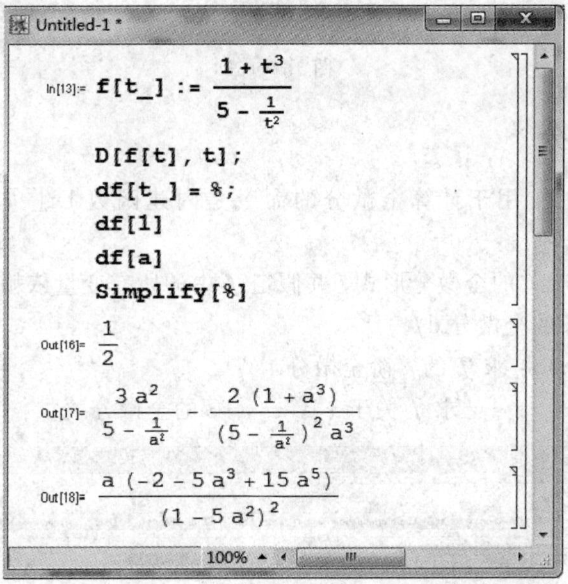

(b)

图 13 - 11

例 4　设二元函数 $f(x, y) = x^2 y + y^2$，求 f 对 x, y 的一阶偏导数和二阶偏导数.

解　所求结果如图 13 - 12 所示.

这里对图 13 - 12 做如下解释：

第一部分的输入命令中，第 1 行是定义二元函数；第 2 行、第 3 行是求该函数分别对两个自变量的偏导数. 第二部分的输入命令表示分别求该函数先 x 后 y 的混合偏导数、对自变量 x 的二阶偏导数及对自变量 y 的二阶偏导数.

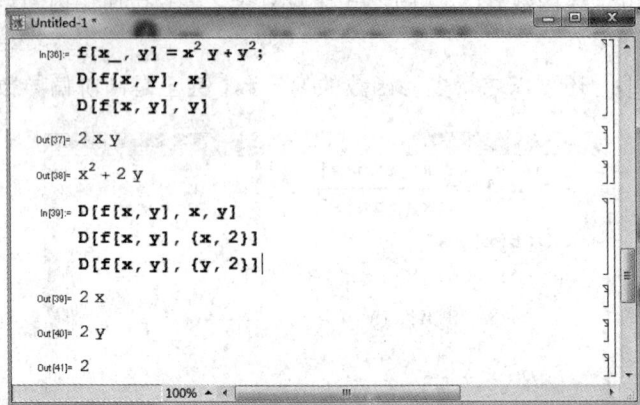

图 13 - 12

内建函数 D[ ] 对复合函数求导法则同样可用,如图 13 - 13 所示.

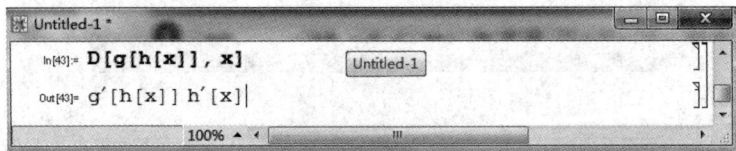

图 13 - 13

13.4.2 计算全微分

在 Mathematica 中,用于计算全微分的命令是内建函数 $Dt[\ ]$,如图 13 - 14 所示. $Dt[\ ]$ 的形式有以下几种:

(1) $Dt[f, x]$:求 f 的全微分形式,并假定 f 中的所有变量依赖 x.

(2) $Dt[f]$:求 f 的全微分 df.

(3) $Dt[f, \{x, n\}]$:求 f 的 n 阶全微分.

(4) $Dt[f, x_1, x_2, \cdots]$:求 f 关于 $x_1, x_2, \cdots$ 的全微分.

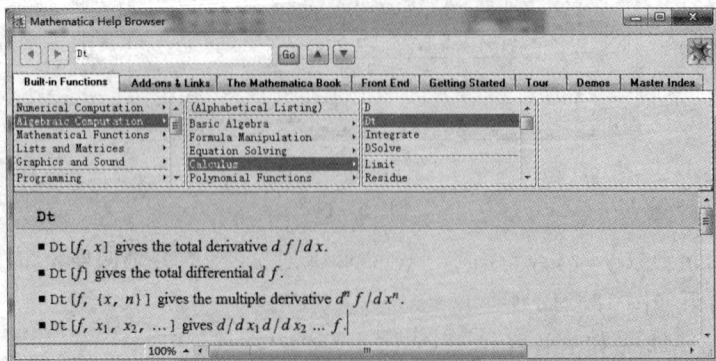

图 13 - 14

例 5 求函数 $x^2 + y^2$ 的偏微分和全微分.

解　所求结果如图 13 - 15 所示.

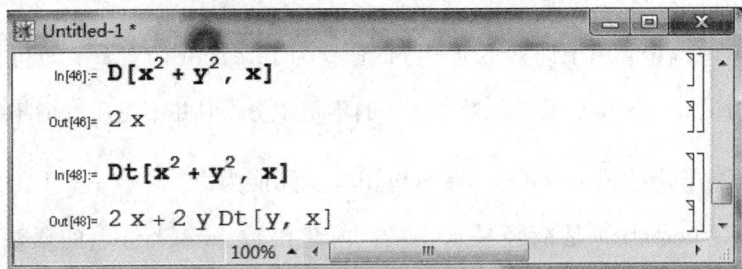

图 13 - 15

可以看出，第一种情况 y 与 x 没有关系，即 x^2+y^2 中有两个没有关系的自变量 y 与 x；第二种情况 y 是关于 x 的函数.

例 6　在多项式函数 x^2+xy^3+yz 中，若 z 是常数，求该函数的全微分.

解　所求结果如图 13 - 16 所示.

说明：在 Mathematica 中，可以使用空格键表示乘法，如图 13 - 16 中的"x≠y³". 如果相乘的两部分前面是数字、后面是变量，则在输入过程中 Mathematica 会自动在两部分之间添加空格用以表示相乘，如图 13 - 17 所示.

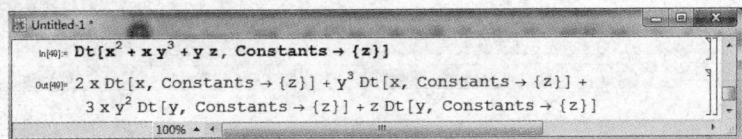

图 13 - 16

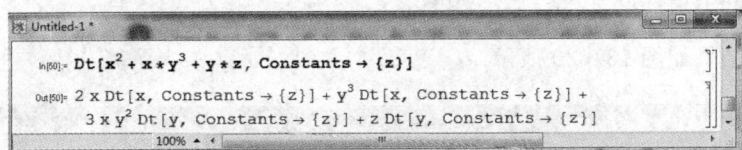

图 13 - 17

例 7　在多项式函数 $x^2+xy+yz$ 中，若 y 是 x 的函数，求该函数的全微分.

解　所求结果如图 13 - 18 所示.

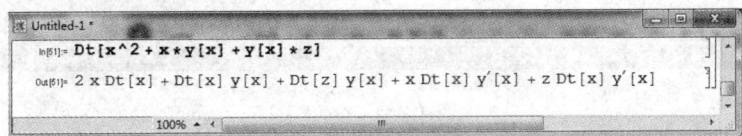

图 13 - 18

13.5　用 Mathematica 数学软件计算积分

Mathematica 具有强大的计算不定积分和定积分的功能.

13.5.1 计算不定积分

在 Mathematica 中，用于计算不定积分的命令为 Integrate$[f, x]$. 也可在工具栏中直接输入不定积分式 $\int f(x)\mathrm{d}x$ 来求函数 $f(x)$ 的不定积分. 但并不是所有的不定积分都能求出的，例如求不定积分 $\int \sin\sin x\,\mathrm{d}x$，Mathematica 就无能为力. 对于一些手工计算相当复杂的不定积分，Mathematica 是能轻易求得的. 内建函数 Integrate[] 的语法如图 13 - 19 所示.

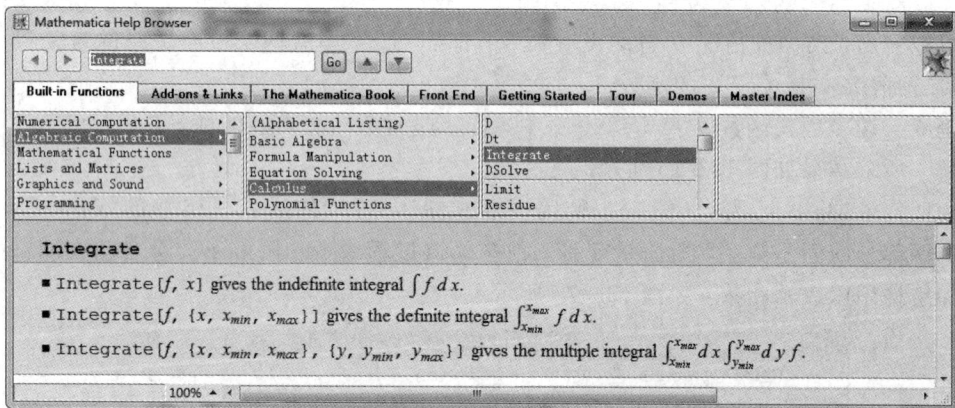

图 13 - 19

例 1　计算不定积分 $\int \dfrac{u\sqrt{1+u^2}}{2+11u^2}\mathrm{d}u$.

解　所求结果如图 13 - 20 所示.

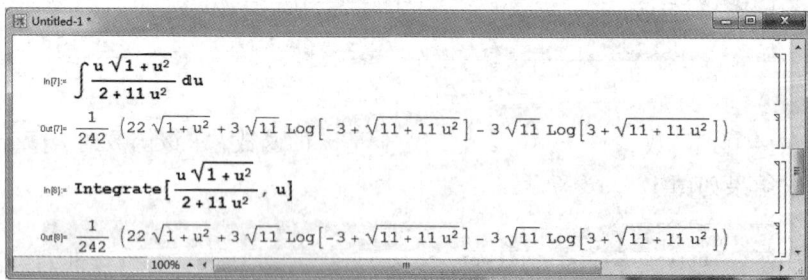

图 13 - 20

积分变量的形式也可以是一函数.

例 2　计算不定积分 $\int \sin[\sin(x)]\mathrm{d}\sin(x)$.

解　所求结果如图 13 - 21 所示.

图 13 - 21 中，第一个积分被顺利地计算出来，而第二个积分由于无法计算，该软件做原样输出处理.

图 13 – 21

对于在函数中出现的除积分变量外的变量，统统当作常数处理. 请看下面的例子.

例 3　计算不定积分 $\int (ax^2 + bx + c)\mathrm{d}x$.

解　所求结果如图 13 – 22 所示.

在上述计算过程中，Mathematica 将积分变量除 x 以外的其他所有变量作为常数对待，这与数学中常常将 a，b，c 作为常数对待无关. 如图 13 – 23 所示，在此计算过程中，Mathematica 将 y 作为常数对待.

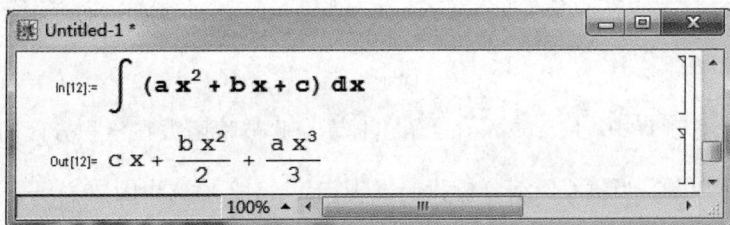

图 13 – 22

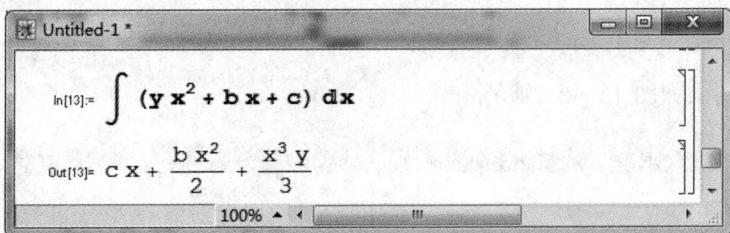

图 13 – 23

13.5.2　计算定积分

在 Mathematica 中，用于计算定积分的命令也是内建函数 Integrate[ ]，但要在命令中加入积分上、下限，即 Integrate$[f, \{x, x_{min}, x_{max}\}]$（见图 13 – 19），也可在工具栏中直接输入定积分.

例 4　计算定积分 $\displaystyle\int_{-1}^{2} x^2 \mathrm{e}^{ax}\mathrm{d}x$.

解　所求结果如图 13 – 24 所示.

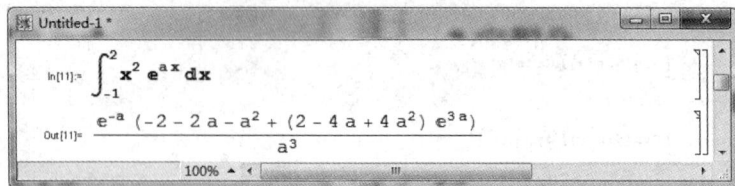

图 13 - 24

例 5　计算定积分 $\displaystyle\int_{-2}^{4}\frac{1}{(x-2)^2}\mathrm{d}x$.

解　所求结果如图 13 - 25 所示.

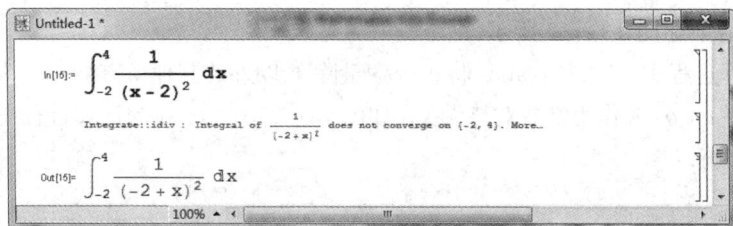

图 13 - 25

在例 5 的计算过程中，Mathematica 给出提示，此被积函数在该积分区间内不连续，所以该广义积分不收敛. 当然，仔细分析我们发现，点 $x=2$ 是被积函数 $\dfrac{1}{(x-2)^2}$ 的一个无穷间断点，所以产生了上述结果.

内建函数 Integrate[] 也可以用来计算无穷限的广义积分.

例 6　计算定积分 $\displaystyle\int_{1}^{+\infty}\frac{1}{x^4}\mathrm{d}x$.

解　所求结果如图 13 - 26 所示.

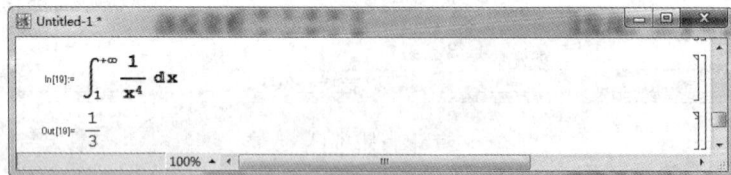

图 13 - 26

如果广义积分的敛散性与某个符号的取值有关，内建函数 Integrate[] 也能给出不同情况下的积分结果.

例 7　计算定积分 $\displaystyle\int_{1}^{+\infty}\frac{1}{x^p}\mathrm{d}x$.

解　所求结果如图 13 - 27 所示.

例 7 的计算过程中，对 p 的取值进行了分类讨论. 如果 $p>1$，则该积分收敛，积分结

果为 $\dfrac{1}{p-1}$；如果 $p \leqslant 1$，则该广义积分发散，保持原样输出.

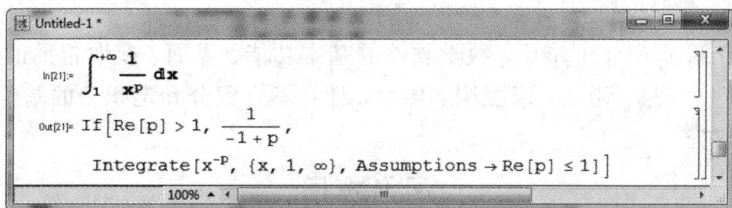

图 13 - 27

在 Integrate 中可添加参数 Assumptions，它的含义是添加假定条件.

例如例 7 中，只要用 Assumptions→$\{$Re$[$p$]>1\}$，就可以得到收敛情况的解，如图 13 - 28 所示.

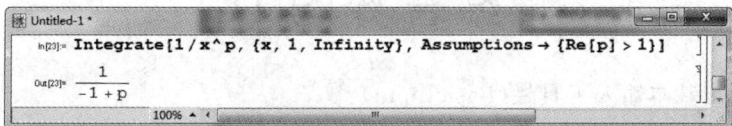

图 13 - 28

13.5.3　计算数值积分

在 Mathematica 中，数值积分是求解定积分的另一种有效方法，它可以给出一个近似解. 特别是对于用 Integrate 命令无法求出的定积分，数值积分则发挥了巨大作用.

在 Mathematica 中，用于计算数值积分的命令是内建函数 NIntegrate[ ]（注意：字母"N"和"I"都是大写），它的语法与 Integrate[ ]非常接近. 其具体形式如下：

（1）NIntegrate[f, $\{x, a, b\}$]：求[a, b]上 f 的数值积分.

（2）NIntegrate[f, $\{x, a, x_1, x_2, \cdots, b\}$]：以 $x_1, x_2, \cdots$为分割求[a, b]上的数值积分.

（3）NIntegrate[f, $\{x, a, b\}$, MaxRecursion$->n$]：求数值积分时指定迭代次数是 n.

下面求 sin(sin(x)) 在[$0, \pi$]上的积分值. 由于函数 sin(sin(x))的不定积分求不出，因此使用 Integrate 命令无法得到具体结果，但可以用 NIntegrate 求出数值积分，如图 13 - 29 所示.

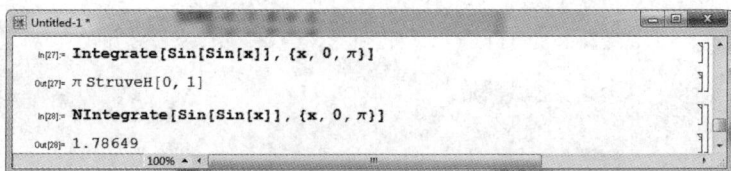

图 13 - 29

本 章 小 结

本章主要介绍了 Mathematica 数学软件的基本功能、界面、获取帮助的方法以及使用 Mathematica 定义变量、函数，求极限、导数，计算不定积分和定积分的基本输入语法，并对结果进行了解释.

阅读材料

综 合 练 习 13

1. 如何调出基本输入工具栏(BasicInput)？

2. 如何调出帮助系统(Help Browser)？

3. 计算 3^{100}.

4. 定义变量 x，将它赋值为 4，并计算 x^2+2x 的值.

5. 画出函数 $\sin x$ 在区间 $[0, 2\pi]$ 上的函数图像.

6. 计算极限 $\lim\limits_{x \to 0} \dfrac{1-\cos x}{x^2}$.

7. 已知函数 $f(x) = x\sin x$，求其导数.

8. 求不定积分 $\displaystyle\int \dfrac{x^3}{1+x^4}\mathrm{d}x$.

9. 求定积分 $\displaystyle\int_0^1 \mathrm{e}^{\sqrt{x}}\mathrm{d}x$.

习题参考答案

附录一 泊 松 分 布 表

$$P(X \leqslant x) = \sum_{k=0}^{x} \frac{\lambda^k}{k!} e^{-\lambda}$$

x	λ								
	0.1	0.2	0.3	0.4	0.5	0.6	0.7	0.8	0.9
0	0.904 8	0.818 7	0.740 8	0.673 0	0.606 5	0.548 8	0.496 6	0.449 3	0.406 6
1	0.995 3	0.982 5	0.963 1	0.938 4	0.909 8	0.878 1	0.844 2	0.808 8	0.772 5
2	0.999 8	0.998 9	0.996 4	0.992 1	0.985 6	0.976 9	0.965 9	0.952 6	0.937 1
3	1.000 0	0.999 9	0.999 7	0.999 2	0.998 2	0.996 6	0.994 2	0.990 9	0.986 5
4		1.000 0	1.000 0	0.999 9	0.999 8	0.999 6	0.999 2	0.998 6	0.997 7
5				1.000 0	1.000 0	1.000 0	0.999 9	0.999 8	0.999 7
6							1.000 0	1.000 0	1.000 0

x	λ								
	1.0	1.5	2.0	2.5	3.0	3.5	4.0	4.5	5.0
0	0.367 9	0.223 1	0.135 3	0.082 1	0.049 8	0.030 2	0.018 3	0.011 1	0.006 7
1	0.735 8	0.557 8	0.406 0	0.287 3	0.199 1	0.135 9	0.091 6	0.061 1	0.040 4
2	0.919 7	0.808 8	0.676 7	0.543 8	0.423 2	0.320 8	0.238 1	0.173 6	0.124 7
3	0.981 0	0.934 4	0.857 1	0.757 6	0.647 2	0.536 6	0.433 5	0.342 3	0.265 0
4	0.996 3	0.981 4	0.947 3	0.891 2	0.815 3	0.725 4	0.628 8	0.532 1	0.440 5
5	0.999 4	0.995 5	0.983 4	0.958 0	0.916 1	0.857 6	0.785 1	0.702 9	0.616 0
6	0.999 9	0.999 1	0.995 5	0.985 8	0.966 5	0.934 7	0.889 3	0.831 1	0.762 2
7	1.000 0	0.999 8	0.998 9	0.995 8	0.988 1	0.973 3	0.948 9	0.913 4	0.866 6
8		1.000 0	0.999 8	0.998 9	0.996 2	0.990 1	0.978 6	0.959 7	0.931 9
9			1.000 0	0.999 7	0.998 9	0.996 7	0.991 9	0.982 9	0.968 2
10				0.999 9	0.999 7	0.999 0	0.997 2	0.993 3	0.986 3
11				1.000 0	0.999 9	0.999 7	0.999 1	0.997 6	0.994 5
12					1.000 0	0.999 9	0.999 7	0.999 2	0.998 0

231

续表一

x	λ								
	5.5	6.0	6.5	7.0	7.5	8.0	8.5	9.0	9.5
0	0.004 1	0.002 5	0.001 5	0.000 9	0.000 6	0.000 3	0.000 2	0.000 1	0.000 1
1	0.026 6	0.017 4	0.011 3	0.007 3	0.004 7	0.003 0	0.001 9	0.001 2	0.000 8
2	0.088 4	0.062 0	0.043 0	0.029 6	0.020 3	0.013 8	0.009 3	0.006 2	0.004 2
3	0.201 7	0.151 2	0.111 8	0.081 8	0.059 1	0.042 4	0.030 1	0.021 2	0.014 9
4	0.357 5	0.285 1	0.223 7	0.173 0	0.132 1	0.099 6	0.074 4	0.055 0	0.040 3
5	0.528 9	0.445 7	0.369 0	0.300 7	0.241 4	0.191 2	0.149 6	0.115 7	0.088 5
6	0.686 0	0.606 3	0.526 5	0.449 7	0.378 2	0.313 4	0.256 2	0.206 8	0.164 9
7	0.809 5	0.744 0	0.672 8	0.598 7	0.524 6	0.453 0	0.385 6	0.323 9	0.268 7
8	0.894 4	0.847 2	0.791 6	0.729 1	0.662 0	0.592 5	0.523 1	0.455 7	0.391 8
9	0.946 2	0.916 1	0.877 4	0.830 5	0.776 4	0.716 6	0.653 0	0.587 4	0.521 8
10	0.974 7	0.957 4	0.933 2	0.901 5	0.862 2	0.815 9	0.763 4	0.706 0	0.645 3
11	0.989 0	0.979 9	0.966 1	0.946 6	0.920 8	0.888 1	0.848 7	0.803 0	0.752 0
12	0.995 5	0.991 2	0.984 0	0.973 0	0.957 3	0.936 2	0.909 1	0.875 8	0.836 4
13	0.998 3	0.996 4	0.992 9	0.987 2	0.978 4	0.965 8	0.948 6	0.926 1	0.898 1
14	0.999 4	0.998 6	0.997 0	0.994 3	0.989 7	0.982 7	0.972 6	0.958 5	0.940 0
15	0.999 8	0.999 5	0.998 8	0.997 6	0.995 4	0.991 8	0.986 2	0.978 0	0.966 5
16	0.999 9	0.999 8	0.999 6	0.999 0	0.998 0	0.996 3	0.993 4	0.988 9	0.982 3
17	1.000 0	0.999 9	0.999 8	0.999 6	0.999 2	0.998 4	0.997 0	0.994 7	0.991 1
18		1.000 0	0.999 9	0.999 9	0.999 7	0.999 4	0.998 7	0.997 6	0.995 7
19			1.000 0	1.000 0	0.999 9	0.999 7	0.999 5	0.998 9	0.998 0
20					1.000 0	0.999 9	0.999 8	0.999 6	0.999 1

x	λ								
	10.0	11.0	12.0	13.0	14.0	15.0	16.0	17.0	18.0
0	0.000 0	0.000 0	0.000 0						
1	0.000 5	0.000 2	0.000 1	0.000 0	0.000 0				
2	0.002 8	0.001 2	0.000 5	0.000 2	0.000 1	0.000 0	0.000 0		
3	0.010 3	0.004 9	0.002 3	0.001 0	0.000 5	0.000 2	0.000 1	0.000 0	0.000 0
4	0.029 3	0.015 1	0.007 6	0.003 7	0.001 8	0.000 9	0.000 4	0.000 2	0.000 1
5	0.067 1	0.037 5	0.020 3	0.010 7	0.005 5	0.002 8	0.001 4	0.000 7	0.000 3
6	0.130 1	0.078 6	0.045 8	0.025 9	0.014 2	0.007 6	0.004 0	0.002 1	0.001 0

续表二

x	λ								
	10.0	11.0	12.0	13.0	14.0	15.0	16.0	17.0	18.0
7	0.220 2	0.143 2	0.089 5	0.054 0	0.031 6	0.018 0	0.010 0	0.005 4	0.002 9
8	0.332 8	0.232 0	0.155 0	0.099 8	0.062 1	0.037 4	0.022 0	0.012 6	0.007 1
9	0.457 9	0.340 5	0.242 4	0.165 8	0.109 4	0.069 9	0.043 3	0.026 1	0.015 4
10	0.583 0	0.459 9	0.347 2	0.251 7	0.175 7	0.118 5	0.077 4	0.049 1	0.030 4
11	0.696 8	0.579 3	0.461 6	0.353 2	0.260 0	0.184 8	0.127 0	0.084 7	0.054 9
12	0.791 6	0.688 7	0.576 0	0.463 1	0.358 5	0.267 6	0.193 1	0.135 0	0.091 7
13	0.864 5	0.781 3	0.681 5	0.573 0	0.464 4	0.363 2	0.274 5	0.200 9	0.142 6
14	0.916 5	0.854 0	0.772 0	0.675 1	0.570 4	0.465 7	0.367 5	0.280 8	0.208 1
15	0.951 3	0.907 4	0.844 4	0.763 6	0.669 4	0.568 1	0.466 7	0.371 5	0.286 7
16	0.973 0	0.944 1	0.898 7	0.835 5	0.755 9	0.664 1	0.566 0	0.467 7	0.375 0
17	0.985 7	0.967 8	0.937 0	0.890 5	0.827 2	0.748 9	0.659 3	0.564 0	0.468 6
18	0.992 8	0.982 3	0.962 6	0.930 2	0.882 6	0.819 5	0.742 3	0.655 0	0.562 2
19	0.996 5	0.990 7	0.978 7	0.957 3	0.923 5	0.875 2	0.812 2	0.736 3	0.650 9
20	0.998 4	0.995 3	0.988 4	0.975 0	0.952 1	0.917 0	0.868 2	0.805 5	0.730 7
21	0.999 3	0.997 7	0.993 9	0.985 9	0.971 2	0.946 9	0.910 8	0.861 5	0.799 1
22	0.999 7	0.999 0	0.997 0	0.992 4	0.983 3	0.967 3	0.941 8	0.904 7	0.855 1
23	0.999 9	0.999 5	0.998 5	0.996 0	0.990 7	0.980 5	0.963 3	0.936 7	0.898 9
24	1.000 0	0.999 8	0.999 3	0.998 0	0.995 0	0.988 8	0.977 7	0.959 4	0.931 7
25		0.999 9	0.999 7	0.999 0	0.997 4	0.993 8	0.986 9	0.974 8	0.955 4
26		1.000 0	0.999 9	0.999 5	0.998 7	0.996 7	0.992 5	0.984 8	0.971 8
27			0.999 9	0.999 8	0.999 4	0.998 3	0.995 9	0.991 2	0.982 7
28			1.000 0	0.999 9	0.999 7	0.999 1	0.997 8	0.995 0	0.989 7
29				1.000 0	0.999 9	0.999 6	0.998 9	0.997 3	0.994 1
30					0.999 9	0.999 8	0.999 4	0.998 6	0.996 7
31					1.000 0	0.999 9	0.999 7	0.999 3	0.998 2
32						1.000 0	0.999 9	0.999 6	0.999 0
33							0.999 9	0.999 8	0.999 5
34							1.000 0	0.999 9	0.999 8
35								1.000 0	0.999 9
36									0.999 9
37									1.000 0

附录二 标准正态分布函数表

$$\Phi(x) = P(X \leqslant x) = \int_{-\infty}^{x} \frac{1}{\sqrt{2\pi}} e^{-\frac{t^2}{2}} dt$$

x	0.00	0.01	0.02	0.03	0.04	0.05	0.06	0.07	0.08	0.09
0.0	0.500 0	0.504 0	0.508 0	0.512 0	0.516 0	0.519 9	0.523 9	0.527 9	0.531 9	0.535 9
0.1	0.539 8	0.543 8	0.547 8	0.551 7	0.555 7	0.559 6	0.563 6	0.567 5	0.571 4	0.575 3
0.2	0.579 3	0.583 2	0.587 1	0.591 0	0.594 8	0.598 7	0.602 6	0.606 4	0.610 3	0.614 1
0.3	0.617 9	0.621 7	0.625 5	0.629 3	0.633 1	0.636 8	0.640 6	0.644 3	0.648 0	0.651 7
0.4	0.655 1	0.659 1	0.662 8	0.666 4	0.670 0	0.673 6	0.677 2	0.680 8	0.684 4	0.687 9
0.5	0.691 5	0.695 0	0.698 5	0.701 9	0.705 4	0.708 8	0.712 3	0.715 7	0.719 0	0.722 4
0.6	0.725 7	0.729 1	0.732 4	0.735 7	0.738 9	0.742 2	0.745 4	0.748 6	0.751 7	0.754 9
0.7	0.758 0	0.761 1	0.764 2	0.767 3	0.770 3	0.773 4	0.776 4	0.779 4	0.782 3	0.785 2
0.8	0.788 1	0.791 0	0.793 9	0.796 7	0.799 5	0.802 3	0.805 1	0.807 8	0.810 6	0.813 3
0.9	0.815 9	0.818 6	0.821 2	0.823 8	0.826 4	0.828 9	0.831 5	0.834 0	0.836 5	0.838 9
1.0	0.841 3	0.843 8	0.846 1	0.848 5	0.850 8	0.853 1	0.855 4	0.857 7	0.859 9	0.862 1
1.1	0.864 3	0.866 5	0.868 6	0.870 8	0.872 9	0.874 9	0.877 0	0.879 0	0.881 0	0.883 0
1.2	0.884 9	0.886 9	0.888 8	0.890 7	0.892 5	0.894 4	0.896 2	0.898 0	0.899 7	0.901 5
1.3	0.903 2	0.904 9	0.906 6	0.908 2	0.909 9	0.911 5	0.913 1	0.914 7	0.916 2	0.917 7
1.4	0.919 2	0.920 7	0.922 2	0.923 6	0.925 1	0.926 5	0.927 8	0.929 2	0.930 6	0.931 9
1.5	0.933 2	0.934 5	0.935 7	0.937 0	0.938 2	0.939 4	0.940 6	0.941 8	0.943 0	0.944 1
1.6	0.945 2	0.946 3	0.947 4	0.948 4	0.949 5	0.950 5	0.951 5	0.952 5	0.953 5	0.954 5
1.7	0.955 4	0.956 4	0.957 2	0.958 2	0.959 1	0.959 9	0.960 8	0.961 6	0.962 5	0.963 3
1.8	0.964 1	0.964 8	0.965 6	0.966 4	0.967 1	0.967 8	0.968 6	0.969 3	0.970 0	0.970 6
1.9	0.971 3	0.971 9	0.972 6	0.973 2	0.973 8	0.974 4	0.975 0	0.975 6	0.976 2	0.976 7
2.0	0.977 2	0.977 8	0.978 3	0.978 8	0.979 3	0.979 8	0.980 3	0.980 8	0.981 2	0.981 7
2.1	0.982 1	0.982 6	0.983 0	0.983 4	0.983 8	0.984 2	0.984 6	0.985 0	0.985 4	0.985 7
2.2	0.986 1	0.986 4	0.986 8	0.987 1	0.987 4	0.987 8	0.988 1	0.988 4	0.988 7	0.989 0
2.3	0.989 3	0.989 6	0.989 8	0.990 1	0.990 4	0.990 6	0.990 9	0.991 1	0.991 3	0.991 6

续表

x	0.00	0.01	0.02	0.03	0.04	0.05	0.06	0.07	0.08	0.09
2.4	0.991 8	0.992 0	0.992 2	0.992 5	0.992 7	0.992 9	0.993 1	0.993 2	0.993 4	0.993 6
2.5	0.993 8	0.994 0	0.994 1	0.994 3	0.994 5	0.994 6	0.994 8	0.994 9	0.995 1	0.995 2
2.6	0.995 3	0.995 5	0.995 6	0.995 7	0.995 9	0.996 0	0.996 1	0.996 2	0.996 3	0.996 4
2.7	0.996 5	0.996 6	0.996 7	0.996 8	0.996 9	0.997 0	0.997 1	0.997 2	0.997 3	0.997 4
2.8	0.997 4	0.997 5	0.997 6	0.997 7	0.997 7	0.997 8	0.997 9	0.997 9	0.998 0	0.998 1
2.9	0.998 1	0.998 2	0.998 2	0.998 3	0.998 4	0.998 4	0.998 5	0.998 5	0.998 6	0.998 6
3.0	0.998 7	0.999 0	0.999 3	0.999 5	0.999 7	0.999 8	0.999 8	0.999 9	0.999 9	0.999 9
3.0	0.998 7	0.998 7	0.998 7	0.998 8	0.998 8	0.998 9	0.998 9	0.998 9	0.999 0	0.999 0
3.1	0.999 0	0.999 1	0.999 1	0.999 1	0.999 2	0.999 2	0.999 2	0.999 2	0.999 3	0.999 3
3.2	0.999 3	0.999 3	0.999 4	0.999 4	0.999 4	0.999 4	0.999 4	0.999 5	0.999 5	0.999 5
3.3	0.999 5	0.999 5	0.999 5	0.999 6	0.999 6	0.999 6	0.999 6	0.999 6	0.999 6	0.999 7
3.4	0.999 7	0.999 7	0.999 7	0.999 7	0.999 7	0.999 7	0.999 7	0.999 7	0.999 7	0.999 8

附录三　t 分 布 表

$$P(t(n) > t_\alpha(n)) = \alpha$$

n	α						
	0.20	0.15	0.10	0.05	0.025	0.01	0.005
1	1.376	1.963	3.077 7	6.313 8	12.706 2	31.820 7	63.657 4
2	1.061	1.386	1.885 6	2.920 0	4.302 7	6.964 6	9.924 8
3	0.978	1.250	1.637 7	2.353 4	3.182 4	4.540 7	5.840 9
4	0.941	1.190	1.533 2	2.131 8	2.776 4	3.746 9	4.604 1
5	0.920	1.156	1.475 9	2.015 0	2.570 6	3.364 9	4.032 2
6	0.906	1.134	1.439 8	1.943 2	2.446 9	3.142 7	3.707 4
7	0.896	1.119	1.414 9	1.894 6	2.364 6	2.998 0	3.499 5
8	0.889	1.108	1.396 8	1.859 5	2.306 0	2.896 5	3.355 4
9	0.883	1.100	1.383 0	1.833 1	2.262 2	2.821 4	3.249 8
10	0.879	1.093	1.372 2	1.812 5	2.228 1	2.763 8	3.169 3
11	0.876	1.088	1.363 4	1.795 9	2.201 0	2.718 1	3.105 8
12	0.873	1.083	1.356 2	1.782 3	2.178 8	2.681 0	3.054 5
13	0.870	1.079	1.350 2	1.770 9	2.160 4	2.650 3	3.012 3
14	0.868	1.076	1.345 0	1.761 3	2.144 8	2.624 5	2.976 8
15	0.866	1.074	1.340 6	1.753 1	2.131 5	2.602 5	2.946 7
16	0.865	1.071	1.336 8	1.745 9	2.119 9	2.583 5	2.920 8
17	0.863	1.069	1.333 4	1.739 6	2.109 8	2.566 9	2.898 2
18	0.862	1.067	1.330 4	1.734 1	2.100 9	2.552 4	2.878 4
19	0.861	1.066	1.327 7	1.729 1	2.093 0	2.539 5	2.860 9
20	0.860	1.064	1.325 3	1.724 7	2.086 0	2.528 0	2.845 3
21	0.859	1.063	1.323 2	1.720 7	2.079 6	2.517 7	2.831 4
22	0.858	1.061	1.321 2	1.717 1	2.073 9	2.508 3	2.818 8
23	0.858	1.060	1.319 5	1.713 9	2.068 7	2.499 9	2.807 3
24	0.857	1.059	1.317 8	1.710 9	2.063 9	2.492 2	2.796 9
25	0.856	1.058	1.316 3	1.708 1	2.059 5	2.485 1	2.787 4
26	0.856	1.058	1.315 0	1.705 6	2.055 5	2.478 6	2.778 7

续表

n	α						
	0.20	0.15	0.10	0.05	0.025	0.01	0.005
27	0.855	1.057	1.313 7	1.703 3	2.051 8	2.472 7	2.770 7
28	0.855	1.056	1.312 5	1.701 1	2.048 4	2.467 1	2.763 3
29	0.854	1.055	1.311 4	1.699 1	2.045 2	2.462 0	2.756 4
30	0.854 0	1.055 0	1.310 4	1.697 3	2.042 3	2.457 3	2.750 0
31	0.853 5	1.054 1	1.309 5	1.695 5	2.039 5	2.452 8	2.744 0
32	0.853 1	1.053 6	1.308 6	1.693 9	2.036 9	2.448 7	2.738 5
33	0.852 7	1.053 1	1.307 7	1.692 4	2.034 5	2.444 8	2.733 3
34	0.852 4	1.052 6	1.307 0	1.690 9	2.032 2	2.441 1	2.728 4
35	0.852 1	1.052 1	1.306 2	1.689 6	2.030 1	2.437 7	2.723 8
36	0.851 8	1.051 6	1.305 5	1.688 3	2.028 1	2.434 5	2.719 5
37	0.851 5	1.051 2	1.304 9	1.687 1	2.026 2	2.131 4	2.715 4
38	0.851 2	1.050 8	1.304 2	1.686 0	2.024 4	2.428 6	2.711 6
39	0.851 0	1.050 4	1.303 6	1.684 9	2.022 7	2.425 8	2.707 9
40	0.850 7	1.050 1	1.303 1	1.683 9	2.021 1	2.423 3	2.704 5
41	0.850 5	1.049 8	1.302 5	1.682 9	2.019 5	2.420 8	2.701 2
42	0.850 3	1.049 4	1.302 0	1.682 0	2.018 1	2.418 5	2.698 1
43	0.850 1	1.049 1	1.301 6	1.681 1	2.016 7	2.416 3	2.695 1
44	0.849 9	1.048 8	1.301 1	1.680 2	2.015 4	2.414 1	2.692 3
45	0.849 7	1.048 5	1.300 6	1.679 4	2.014 1	2.412 1	2.689 6

附录四 χ^2 分 布 表

$$P(\chi^2(n) > \chi_a^2(n)) = \alpha$$

n	α									
	0.995	0.99	0.975	0.95	0.90	0.10	0.05	0.025	0.01	0.005
1	0.000	0.000	0.001	0.004	0.016	2.706	3.843	5.025	6.637	7.882
2	0.010	0.020	0.051	0.103	0.211	4.605	5.992	7.378	9.210	10.597
3	0.072	0.115	0.216	0.352	0.584	6.251	7.815	9.348	11.344	12.837
4	0.207	0.297	0.484	0.711	1.064	7.779	9.488	11.143	13.277	14.860
5	0.412	0.554	0.831	1.145	1.610	9.236	11.070	12.832	15.085	16.748
6	0.676	0.872	1.237	1.635	2.204	10.645	12.592	14.440	16.812	18.548
7	0.989	1.239	1.690	2.167	2.833	12.017	14.067	16.012	18.474	20.276
8	1.344	1.646	2.180	2.733	3.490	13.362	15.507	17.534	20.090	21.954
9	1.735	2.088	2.700	3.325	4.168	14.684	16.919	19.022	21.665	23.587
10	2.156	2.558	3.247	3.940	4.865	15.987	18.307	20.483	23.209	25.188
11	2.603	3.053	3.816	4.575	5.578	17.275	19.675	21.920	24.724	26.755
12	3.074	3.571	4.404	5.226	6.304	18.549	21.026	23.337	26.217	28.300
13	3.565	4.107	5.009	5.892	7.041	19.812	22.362	24.735	27.687	29.817
14	4.075	4.660	5.629	6.571	7.790	21.064	23.685	26.119	29.141	31.319
15	4.600	5.229	6.262	7.260	8.547	22.307	24.996	27.488	30.577	32.799
16	5.142	5.812	6.908	7.962	9.312	23.542	26.296	28.845	32.000	34.267
17	5.697	6.407	7.564	8.682	10.085	24.769	27.587	30.190	33.408	35.716
18	6.265	7.015	8.231	9.390	10.865	25.989	28.869	31.526	34.805	37.156
19	6.843	7.632	8.906	10.117	11.651	27.203	30.143	32.852	36.190	38.580
20	7.434	8.260	9.591	10.851	12.443	28.412	31.410	34.170	37.566	39.997
21	8.033	8.897	10.283	11.591	13.240	29.615	32.670	35.478	38.930	41.399
22	8.643	9.542	10.982	12.338	14.042	30.813	33.924	36.781	40.289	42.796
23	9.260	10.195	11.688	13.090	14.848	32.007	35.172	38.075	41.637	44.179
24	9.886	10.856	12.401	13.848	15.659	33.196	36.415	39.364	42.980	45.558
25	10.519	11.523	13.120	14.611	16.473	34.381	37.652	40.646	44.313	46.925
26	11.160	12.198	13.844	15.379	17.292	35.563	38.885	41.923	45.642	48.290

续表

n	α									
	0.995	0.99	0.975	0.95	0.90	0.10	0.05	0.025	0.01	0.005
27	11.807	12.878	14.573	16.151	18.114	36.741	40.113	43.194	46.962	49.642
28	12.461	13.565	15.308	16.928	18.939	37.916	41.337	44.461	48.278	50.993
29	13.120	14.256	16.147	17.708	19.768	39.087	42.557	45.722	49.586	52.333
30	13.787	14.954	16.791	18.493	20.599	40.256	43.773	46.979	50.892	53.672
31	14.457	15.655	17.538	19.280	21.433	41.422	44.985	48.231	52.190	55.000
32	15.134	16.362	18.291	20.072	22.271	42.585	46.194	49.480	53.486	56.328
33	15.814	17.073	19.046	20.866	23.110	43.745	47.400	50.724	54.774	57.646
34	16.501	17.789	19.806	21.664	23.952	44.903	48.602	51.966	56.061	58.964
35	17.191	18.508	20.569	22.465	24.796	46.059	49.802	53.203	57.340	60.272
36	17.887	19.233	21.336	23.269	25.643	47.212	50.998	54.437	58.619	61.581
37	18.584	19.960	22.105	24.075	26.492	48.363	52.192	55.667	59.891	62.880
38	19.289	20.691	22.878	24.884	27.343	49.513	53.384	56.896	61.162	64.181
39	19.994	21.425	23.654	25.695	28.196	50.660	54.572	58.119	62.426	65.473
40	20.706	22.164	24.433	26.509	29.050	51.805	55.758	59.342	63.691	66.766

参 考 文 献

[1] 张恩斌，余平洋，李文清. 经济数学[M]. 武汉：中国地质大学出版社，2014.

[2] 白水周. 经济应用数学[M]. 3 版. 长春：东北师范大学出版社，2019.

[3] 张红. 数学简史[M]. 北京：科学出版社，2007.

[4] 冯翠莲. 微积分[M]. 3 版. 北京：北京大学出版社，2016.

[5] 赵静，但琦. 数学建模与数学实验[M]. 3 版. 北京：高等教育出版社，2008.